普通高等教育"十三五"规划教材

画法几何与工程制图

钱淑香 刘仲秋 尹儿琴 荣 华 主编

HUAFA
JIHE YU
GONGCHENG
ZHITU

U0209779

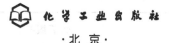 化学工业出版社

·北京·

本书除绪论外共有 18 章,内容包括:制图的基本知识,点、线、面的投影,立体,立体表面相交,组合体,轴测投影,工程形体的表达方法,工程上常见的曲面,标高投影,建筑施工图和结构施工图,给排水施工图,暖通施工图,水利工程图,道路和桥梁工程图。本书采用了现行国家标准,积累了编者多年丰富的教学经验,选用图例具有鲜明的专业特色。本书同时配套出版了《画法几何与工程制图习题集》,可供使用。

本书可作为高等学校土建类各专业图学课程的通用教材,也可供其他工程技术人员阅读参考。

图书在版编目(CIP)数据

画法几何与工程制图/钱淑香等主编. —北京:化学工业出版社,2017.8(2022.9重印)
普通高等教育"十三五"规划教材
ISBN 978-7-122-29815-7

Ⅰ.①画… Ⅱ.①钱… Ⅲ.①画法几何-高等学校-教材②工程制图-高等学校-教材 Ⅳ.①TB23

中国版本图书馆 CIP 数据核字(2017)第 120807 号

责任编辑:刘丽菲　　　　　　　　　　　文字编辑:谢蓉蓉
责任校对:宋　玮　　　　　　　　　　　装帧设计:史利平

出版发行:化学工业出版社(北京市东城区青年湖南街 13 号　邮政编码 100011)
印　　装:北京科印技术咨询服务有限公司数码印刷分部
787mm×1092mm　1/16　印张 21　字数 580 千字　2022 年 9 月北京第 1 版第 7 次印刷

购书咨询:010-64518888　　　　　　　　售后服务:010-64518899
网　　址:http://www.cip.com.cn
凡购买本书,如有缺损质量问题,本社销售中心负责调换。

定　　价:49.00 元　　　　　　　　　　　版权所有　违者必究

本书编写人员

主　　编：钱淑香　刘仲秋　尹儿琴　荣　华

副主编：徐宗美　王　萌　张　丽　高　源

编　　者：钱淑香　刘仲秋　尹儿琴　荣　华　徐宗美
　　　　　王　萌　张　丽　高　源　苑田芳　江　一
　　　　　李　云　魏彩欣　姜瑞雪　王学勇

前言
FOREWORD

为了适应人才市场需求和社会发展需要，提高学生的素质教育水平，培养学生的创新精神和实践能力，同时考虑学校大多按大土木招生、宽口径培养模式，编写了本教材。

本书在编写时，采用了国家现行标准，重在使学生掌握制图的基本投影理论知识，熟悉工程上常见的建筑表达方法，培养绘制和阅读土建类各专业工程图样的初步能力。在编制过程中，注重坚持内容体系的科学性、系统性和先进性，贯彻理论和实践相结合的原则，在内容和例题的选择上突出土建类特色，尽量选用国家标准上出现的图例，使教学内容更有针对性。同时考虑到本科模块化教学的需求，教材的理论知识以够用为度，对空间几何问题的解题方法和步骤等内容进行了适当的取舍，而专业内容尽量充实加强，包括建筑施工图、结构施工图、设备施工图、水利工程图和道路桥梁工程图等内容。

为了紧密配合本教材教学，与本书配套的《画法几何及工程制图习题集》尹儿琴等主编也已出版发行。

本书按 60~80 学时的教学内容编写，各学校和专业在使用时可根据专业特点和授课学时适当调节。

参加本教材编写工作的有：山东农业大学尹儿琴（绪论、第 3 章、第 7 章）、徐宗美（第 2章、第 12 章、第 13 章）、钱淑香（第 5 章、第 17 章、第 18 章）、刘仲秋（第 10 章、第 11 章、第 16 章）、王学勇（第 18 章），青岛理工大学（临沂）江一（第 4 章）、荣华（第 6 章）、苑田芳（第 8 章）、高源与李云（第 9 章），泰山职业技术学院张丽与山东农业大学姜瑞雪（第 14章），山东农业大学王萌与河北建筑科学研究院设计院魏彩欣（第 15 章）。钱淑香负责统稿、修改和定稿。

本书在编写过程中参阅了大量公开出版发行的画法几何和工程制图等方面的教材和专著，在此谨向作者表示衷心的感谢。同时感谢山东农业大学岳强、路桂华提供的道路桥梁专业的相关图纸。

限于编者水平、经验、精力和时间等因素，书中的不妥和疏漏之处在所难免，殷切期望广大读者和同行专家拨冗相助，不吝指教，我们将不胜感激。

编　者
2017 年 5 月

目录
CONTENTS

第 3 章 点、直线和平面的投影　　26

第 4 章 直线与平面及平面与平面的投影　　47

第8章 轴测图 115

第9章 工程形体的表达方法 127

第 12 章　房屋建筑图　　　173

第 13 章 结构施工图   197

第 14 章 建筑给水排水工程识图   223

第 15 章　暖通空调施工图　　　　　　　248

绪 论

0.1 本课程的性质和任务

工程制图是培养绘制和阅读工程图样基本能力的技术基础课。工程图样是按一定的规则和原理绘制的能表达被绘物体的大小、位置、构造功能和技术要求的图形。工程图样是表达和交流设计思想的重要工具，也是指导生产、施工管理等必不可少的技术资料，因此被誉为"工程界的技术语言"，而且是一种国际通用的语言。

本课程包括画法几何和工程制图等方面的内容。画法几何以空间物体与平面图形之间的关系为研究对象，研究空间物体转换为平面图形以及由平面图形构想空间物体的投影理论和方法；工程制图以工程应用为背景，研究适用于工程设计、施工、制造以及科学研究的图示方法和标准。

本课程的任务是学习投影的原理和方法，掌握基本图解理论和图示方法，熟悉工程图形技术手段，培养学生绘制和阅读工程图样的基本能力，提高学生的空间想象与构思能力，为后续课程的学习和专业技术工作打下必要的基础。

0.2 本课程的特点及学习方法

本课程理论和实践并重，且密切结合工程实际，因此在学习时要循序渐进，通过实践提高空间想象和空间分析能力，同时注意在不同行业中的应用，掌握各自的特点。

① 学习课程的理论基础时，要掌握正投影的原理和方法。对于投影规律切不可死记硬背，必须充分理解后，再作记忆，基本概念理解透彻，有助于分析、掌握空间形体和平面图形之间的对应关系。

② 本课程是一门实践性较强的课程。学习本门课程，不能只停留在阅读教材上，要多想、多看、多画，通过练习加强由物画图、由图想物的空间思维能力的训练，逐步掌握绘图、读图的方法和各种技能。

③ 工程图样是重要的技术文件，是施工和制造的依据，不能有丝毫的差错。因此在学习过程中要培养严肃认真、耐心细致的学习态度和工作作风；要严格遵守国家制图标准，做到绘图正确、表达合理、读图准确无误。

0.3 发展概况

制图技术的发展和人类的生产实践密切相关。几何学是由于丈量土地、兴修水利以及天文、航海的需要而产生的，房屋的修建、生产工具的制造又促进了制图技术的发展。在我国古代，历代封建王朝，无不大兴土木。根据历史记载，我国早已使用了较好的作图方法，如在《周髀算经》中就有商高用直角三角形边长为 3∶4∶5 的比例作直角的记载；在春秋战国时的著作中，也曾述及绘图与施工画线工具的应用，如在墨子的著述中就有"以方为矩、以圆为规、直以绳、衡以水、正以垂"；人们熟知的阿房宫是秦始皇于渭南上林苑所建朝宫的前殿，《史记》称："前殿阿房，东西五百步，南北五十丈，上可以坐万人，下可以建五丈旗，周驰为阁道，自殿下直抵南山"。这样巨大的建筑工程，没有图样是不可能建成的。宋代著名建筑家李诫于公元 1100 年编著成一本三十六卷的《营造法式》，概括了我国古代建筑技术上的成就和经验，其中有六卷是图册。可见，在几何学和制图方面，我国很早就有了较高的水平。

18 世纪，欧洲在英国工业革命和法国资产阶级革命的推动下，科学技术蓬勃发展。法国著名数学家加斯帕拉·蒙日汇集当时众多的图示和图解方法，并进行了严密论证和系统化，于 1795 年发表了以多面正投影为基础的画法几何学，为几何学增添了一个分支。多面正投影为在平面上表示空间形体提供了理论和方法，为工程制图奠定了理论基础。在以后的一个多世纪内，画法几何和工程制图获得了广泛的应用，并得到了很大的发展。工程制图标准的研究和制定，使工程图样逐渐实现标准化，发展成为世界通用的"工程技术语言"，也为使用计算机绘制工程图样提供了条件。

20 世纪 50 年代以来，随着工业生产的发展和计算机技术的普及，尤其是计算机绘图和计算机辅助设计的广泛应用，促进了纯几何学的研究向形数结合研究发展，从而开拓了计算几何学、计算机图形学以及分数维几何学等新的图学研究领域。新的绘图技术和崭新的几何学成果，使工程图学成为图学理论、制图标准、现代绘图技术融于一体的方兴未艾的新兴学科。

第1章

制图基本知识

1.1 基本制图标准

工程图纸是工程人员交流设计施工技术思想的语言，我们在学习工程制图之前，首先要掌握这门语言的基本要求——准确、合理、统一。如何使图纸的每一部分都达到这样的要求，相关的制图标准中都有严格的规定。我国的制图标准有四个层次：国家标准、行业标准、地方标准、企业标准。国家制图标准主要包括技术制图、机械制图、建筑工程制图、道路工程制图相关标准。《技术制图》《机械制图》标准都是系列标准的总称，包括很多分册。建筑工程制图标准有七个分册，分别是《房屋建筑制图统一标准》（GB/T 50001—2010）、《总图制图标准》（GB/T 50103—2010）、《建筑制图标准》（GB/T 50104—2010）、《建筑结构制图标准》（GB/T 50105—2010）、《建筑给水排水制图标准》（GB/T 50106—2010）、《暖通空调制图标准》（GB/T 50114—2010）和《建筑电气制图标准》（GB/T 50786—2012）。道路工程方面的国家制图标准为《道路工程制图标准》（GB 50162—1992）。这些标准中未能包含的工程专业也制定了相关的行业标准，如《水利水电工程制图标准》系列标准（SL 73—2013）、《供热工程制图标准》（CJJ/T 78—2010）、《燃气工程制图标准》（CJJ/T 130—2009）、《房屋建筑室内装饰装修制图标准》（JGJ/T 244—2011）。本书在介绍标准规范中的共通内容时，主要依据国家标准《技术制图》和《房屋建筑制图统一标准》，各专业的工程制图依据相关专业的国家制图标准和行业制图标准。

1.1.1 图纸幅面及标题栏

图纸幅面是指图纸的规格尺寸，简称图幅。国家标准中规定了 5 种基本图幅，分别为 A0～A4，绘制图样时应优先选用基本图幅，如表 1.1 所示。必要时，允许按基本图幅短边的整数倍增加图幅，具体尺寸参考国家标准。图框线和标题栏边框用粗实线绘制，图纸可以横放，也可以竖放。图框根据需要可留装订边，也可不留装订边，如图 1.1～图 1.3 所示。

标题栏一般置于图框的右下角处，图样方向与标题栏中的字头方向一致。当竖向图纸的标题栏内容较多，长度较长时，允许标题栏延长占满图框下方，如图 1.3（a）所示。有时需要利用已印制好图框和标题栏的图纸，也允许将图纸逆时针旋转 90°绘制图样，标题栏在图纸的右上方，图样方向与标题栏字头方向不一致，但应在图框下边框中间绘制方向符号，如图 1.3（b）所示。

表 1.1 基本图纸幅面及图框尺寸   单位：mm

幅面代号	A0	A1	A2	A3	A4
$B \times L$	841×1189	594×841	420×594	297×420	210×297
e	20			10	
c	10			5	
a	25				

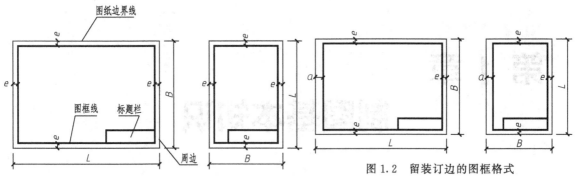

图 1.1 不留装订边的图框格式

图 1.2 留装订边的图框格式

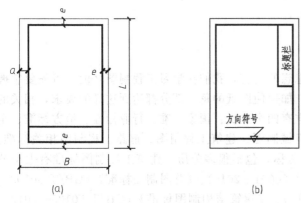

图 1.3 允许配置的标题栏

1.1.2 比例

比例为图样中图形与实物相应要素的线性尺寸之比。比值为 1 的比例（如 1∶1），称为原值比例；比值大于 1 的比例（如 2∶1），称为放大比例；比值小于 1 的比例（如 1∶100），称为缩小比例。绘图时，根据物体的大小和结构复杂程度首先选用优先选用比例，必要时也可采用允许选用比例，如表 1.2 所示。需要说明的是，《房屋建筑制图统一标准》（GB/T 50001—2010）在允许选用的比例中增加了 1∶80。

表 1.2 标准比例

种类	优先选用比例			允许选用比例				
原始比例	1∶1							
放大比例	5∶1 $5 \times 10^n \colon 1$	2∶1 $2 \times 10^n \colon 1$				4∶1 $4 \times 10^n \colon 1$	25∶1 $25 \times 10^n \colon 1$	
缩小比例	1∶2 $1 \colon 2 \times 10^n$	1∶5 $1 \colon 5 \times 10^n$	1∶10 $1 \colon 10 \times 10^n$	1∶1.5 $1 \colon 1.5 \times 10^n$	1∶2.5 $1 \colon 2.5 \times 10^n$	1∶3 $1 \colon 3 \times 10^n$	1∶4 $1 \colon 4 \times 10^n$	1∶6 $1 \colon 6 \times 10^n$

比例的符号为"∶"，应用阿拉伯数字表示。比例一般应标注在标题栏中的比例栏内，必要时也宜标注在图名的右侧或下方。比例的字高宜比图名的字高小一号或二号，如图 1.4 所示。

平面图
1∶100

$A—A$
1∶100

图 1.4 比例的注写

1.1.3 图线及其画法

图样中使用的图线需要符合相应专业制图标准中对线型和线宽的规定。图线的宽度根据复杂程度和比例大小，宜从以下系列中选取：0.13mm、0.18mm、0.25mm、0.35mm、0.5mm、0.7mm、1.0mm、1.4mm、2mm，该系列的公比为 $1 \colon \sqrt{2}$。《房屋建筑制图统一标准》（GB/T

50001—2010）规定的线宽组为粗线、中粗线、中线和细线，宽度比例为 4：2.8：2：1。

常用线型有实线、虚线、单点长画线、双点长画线、折断线和波浪线，其线宽及一般用途见表1.3。不同专业的图样中，线型的用途还应参照相应专业的制图标准。

表 1.3 常用线型

名称		线 型	线 宽	一 般 用 途
实线	粗		b	主要可见轮廓线
	中粗		$0.7b$	可见轮廓线
	中		$0.5b$	可见轮廓线、尺寸起止符号线、变更云线
	细		$0.25b$	尺寸线、尺寸界线、图例填充线、家具线
虚线	粗		b	见各专业制图标准
	中粗		$0.7b$	不可见轮廓线
	中		$0.5b$	不可见轮廓线、图例线
	细		$0.25b$	图例填充线、家具线
点画线	粗		b	见各专业制图标准
	中		$0.5b$	见各专业制图标准
	细		$0.25b$	中心线、对称线、轴线等
双点画线	粗		b	见各专业制图标准
	中		$0.5b$	见各专业制图标准
	细		$0.25b$	假想轮廓线、成型前原始轮廓线
折断线	细		$0.25b$	断开界线
波浪线	细		$0.25b$	断开界线

虚线、点画线宜采用图1.5的规格绘制。

图线的绘制也应符合如下要求。

① 同一张图纸内，相同比例的各图样，应选用相同的线宽组和线型画法。

② 图线相交时，应以线段相交，但当虚线是实线的延长线时，其连接处应留有空隙，如图1.6所示。

③ 点画线作为轴线或对称线时，两端应超出图形轮廓线 3～5mm。在较小的图形上绘制点画线难以分段时，可用细实线代替，如图1.6所示。

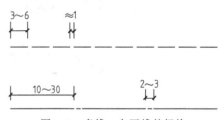

图 1.5 虚线、点画线的规格

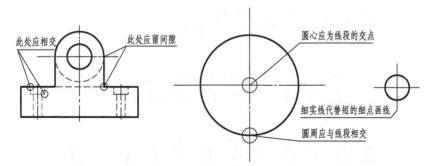

图 1.6 图线的绘制要求

1.1.4 字体

工程图纸上的文字包括汉字、字母、数字和符号。字体书写应做到：字体端正、笔画清楚、间隔均匀、排列整齐。字体的高度也代表字体的号数，简称字号。字高（h）的公称尺寸系列为 1.8mm、2.5mm、3.5mm、5mm、7mm、10mm、14mm、20mm。字高公比为 $1:\sqrt{2}$，如需更大的字体，字高可按$\sqrt{2}$的比率递增。

汉字应采用长仿宋体，并应采用《汉字简化方案》中规定的简化字。汉字的字高不应小于 3.5mm，字宽一般为 $h/\sqrt{2}$，书写样式如图 1.7 所示。《房屋建筑制图统一标准》（GB/T 50001—2010）中规定，建筑工程图中的字体还可以使用黑体，黑体的字高和宽度应相等。大标题、图册封面、地形图等的汉字也可写成其他字体，但应易于辨认。

字体工整 笔画清楚 间隔均匀 排列整齐
横平竖直 注意起落 结构均匀 填满方格

图 1.7　长仿宋体样式

字母和数字分为 A 型和 B 型。A 型字体的笔画宽度为字高的 1/14。B 型字体的笔画宽度为字高的 1/10。拉丁字母、阿拉伯数字和罗马数字的字高，不应小于 2.5mm。在同一图样中，只允许使用一种型式的字体。拉丁字母、字母和数字可以写成直体或斜体，斜体字的字头向右倾斜，与水平基线成 75°角。A 型字体的样式如图 1.8 所示。

ABCDEFGHIJKLMN

OPQRSTUVWXYZ

abcdefghijklmn

opqrstuvwxyz

1234567890

I II III IV V VI VII VIII IX X

α β γ δ ε ζ η θ ι κ λ μ

ν ξ ο π ρ σ τ υ φ χ ψ ω

图 1.8　A 型数字和字母样式

1.1.5 尺寸标注

工程图纸中除了要绘制图样外，还要标注尺寸。标注尺寸的基本要求是：正确合理，即标注方法符合相应制图标准；完整统一，即尺寸标注要全面，满足施工需要，相同部位的尺寸要一致，同一图样中的标注方式要一致；清晰整齐，即注写的位置要恰当、明显，排列整齐。

不同专业对尺寸标注的方法有不同要求，现主要参考《房屋建筑制图统一标准》（GB/T 50001—2010）中对尺寸标注的要求。

（1）尺寸组成

图样上的尺寸由尺寸界线、尺寸线、尺寸起止符号和尺寸数字组成，如图1.9所示。

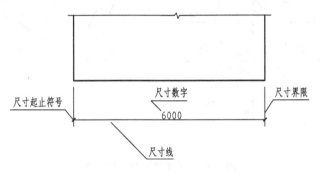

图1.9　尺寸组成

① 尺寸界线。尺寸界线是标注长度的界限。尺寸界线应用细实线绘制，一般应与被注长度垂直，一端离开图样轮廓线不应小于2mm，另一端宜超出尺寸线2～3mm。图样轮廓线有时可用作尺寸界线，如图1.10所示。总尺寸的尺寸界线应靠近所指部位，中间分尺寸的尺寸界线可稍短，但长度应相等，如图1.11所示。

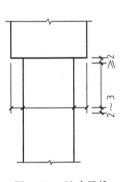

图1.10　尺寸界线

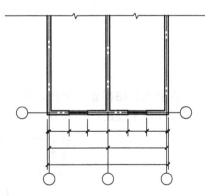

图1.11　尺寸的排列

② 尺寸线。尺寸线是标注长度的度量线。尺寸线用细实线画，应与被注长度平行，不得用图样中任何图线代替。图样轮廓以外的尺寸线，距图样最外轮廓之间的距离不宜小于10mm。平行排列的尺寸线间距，宜为7～10mm，并应保持一致。相互平行的尺寸线，应从被注写的图样轮廓线由近及远整齐排列，较小尺寸应离轮廓线较近，较大尺寸应离轮廓线较远，如图1.11所示。

③ 尺寸起止符号。尺寸起止符号是尺寸线两端所画的符号。一般用中粗斜短线绘制，倾斜

方向应与尺寸界线呈顺时针 45°角，长度宜为 2～3mm。半径、直径、角度与弧长的尺寸起止符号，宜用箭头表示，其画法如图 1.12 所示。

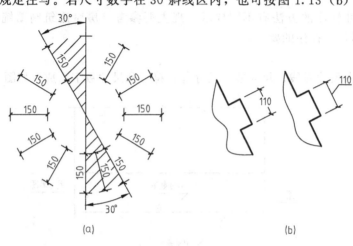

④ 尺寸数字。尺寸数字是所标注部位的实际尺寸。图样上的尺寸，应以尺寸数字为准，不得从图上直接量取。尺寸数字的单位，除标高及总平面图以米（m）为单位外，其他必须以毫米（mm）为单位。尺寸数字的方向，应按图 1.13（a）的规定注写。若尺寸数字在 30°斜线区内，也可按图 1.13（b）的方式注写。

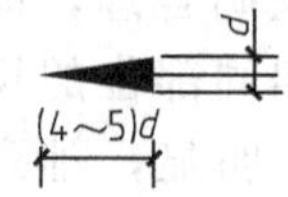

图 1.12　箭头起止符号画法

图 1.13　尺寸数字的注写方向

尺寸数字一般应依据其方向，注写在靠近尺寸线的上方中部。如没有足够的注写位置，最外边的尺寸数字可写在尺寸界线的外侧，中间相邻的尺寸数字可上下错开注写，如图 1.14 所示。

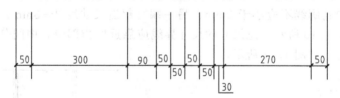

图 1.14　尺寸数字的注写位置

尺寸宜标注在图样轮廓以外，尺寸数字不宜与图样中的图线、文字及符号等重叠，不可避免时，应将尺寸数字处的图线断开，如图 1.15 所示。

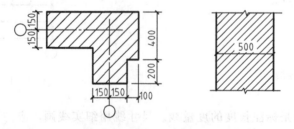

图 1.15　尺寸数字的布置

（2）半径、直径、球径的标注

① 半径。小于或等于半圆的圆弧宜标注半径。半径的尺寸线一端应从圆心开始，另一端画箭头指向圆弧。半径数字前应加注半径符号"R"，如图 1.16 所示。较小圆弧的半径，可按图

1.17 的形式标注。较大圆弧的半径,可按图 1.18 的形式标注。

② 直径。大于半圆的圆弧或圆应标注直径。直径数字前应加注直径符号"ϕ"。在圆或圆弧内标注的尺寸线应通过圆心,两端画箭头指至圆弧。也可标注在平行于任一直径的尺寸线上,同时应画出垂直于尺寸线的尺寸界线,尺寸起止符号应为斜短线,如图 1.19 所示。较小圆的直径,可按图 1.20 所示的形式标注。

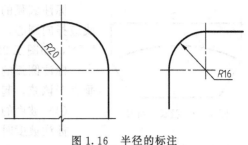

图 1.16 半径的标注

图 1.17 较小圆弧的半径标注

图 1.18 较大圆弧的半径标注

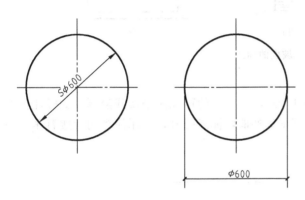

图 1.19 直径的标注

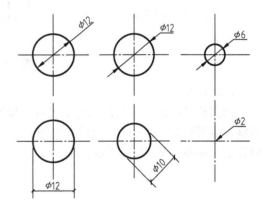

图 1.20 较小圆的直径标注

③ 球径。球径的标注与圆弧、圆的半径或直径的标注方式近似,但应在尺寸数字前加注"SR"或"$S\phi$"表示球半径或球直径。

(3) 角度、弧长、弦长的标注

角度的尺寸线应以圆弧表示,圆弧的圆心是该角的顶点,角的两条边为尺寸界线,起止符号用箭头表示,如没有足够位置画箭头,可用圆点代替,角度数字应沿水平方向注写,如图 1.21 所示。

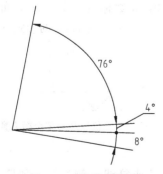

图 1.21 角度的标注

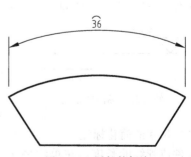

图 1.22 弧长的标注

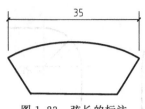

图 1.23　弦长的标注

标注圆弧的弧长时，尺寸线应为与该圆弧同心的圆弧线，尺寸界线应指向圆心，起止符号用箭头表示，弧长数字上方应加注圆弧符号"⌒"，如图 1.22 所示。

标注圆弧的弦长时，尺寸线应为平行于该弦的直线，尺寸界线应垂直于该弦，起止符号用中粗斜短线表示，如图 1.23 所示。

（4）坡度的标注

标注坡度时，应加注坡度符号"◄———"，该符号为单面箭头，指向下坡方向，坡度数字写在箭头一侧，如图 1.24（a）、（b）所示。坡度也可用直角三角形形式标注，如图 1.24（c）所示。

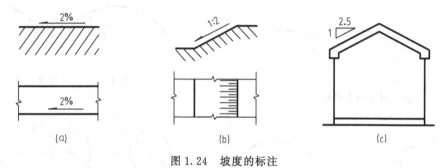

图 1.24　坡度的标注

（5）标高

标高符号应以等腰直角三角形表示，按图 1.25（a）所示的形式用细实线绘制，如标注位置不够，也可按图 1.25（b）的形式绘制。总平面图室外地坪标高符号，宜用涂黑的等腰直角三角形表示，如图 1.25（c）所示。

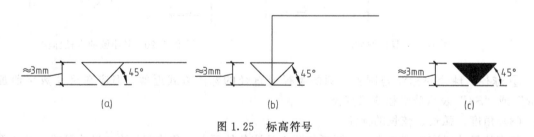

图 1.25　标高符号

标高符号的尖端应指至被标注高度的位置。尖端宜向下，也可向上。标高数字应注写在三角形的另一侧，字头向上，如图 1.26 所示。标高数字以 m 为单位，注写到小数点以后三位。在总平面图中，可注写到小数点以后两位。零点标高应注写成±0.000，正数标高不注"＋"，负数标高应注写"－"。在图样的同一位置需表示几个不同标高时，标高数字可按图 1.27 的形式注写。

图 1.26　标高的指向

图 1.27　图一位置注写多个标高数字

（6）尺寸的简化标注

杆件或管线的长度，在单线图上，可直接将尺寸数字沿杆件或管线一侧注写，如图 1.28 所示。

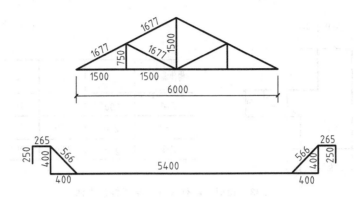

图 1.28　单线图杆件或管线长度标注

连续排列的等长尺寸，可用"等长尺寸×个数＝总长"的形式标注，如图 1.29 所示。
构配件内的构造因素如相同，可仅标注其中一个要素的尺寸，如图 1.30 所示。

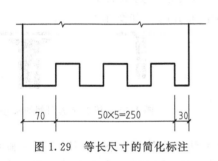

图 1.29　等长尺寸的简化标注

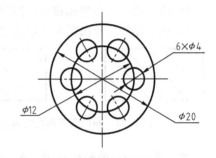

图 1.30　相同要素尺寸的简化标注

对称构配件采用对称省略画法时，该对称构配件的尺寸线应略超过对称符号，仅在尺寸线的一端画尺寸起止符号，尺寸数字应按整体全尺寸注写，其注写位置宜与对称符号对齐，如图 1.31 所示。

两个相似构配件，如个别尺寸数字不同，可在同一图样中将其中一个构配件的不同尺寸数字注写在括号内，该构配件的名称也应注写在相应的括号内，如图 1.32 所示。两个以上构配件相似，对有变化的尺寸数字，可用拉丁字母注写在同一图样中，另列表格写明具体尺寸，如图 1.33 所示。

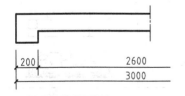

图 1.31　对称构配件尺寸标注

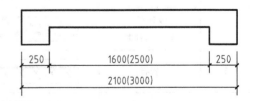

图 1.32　相似构配件尺寸标注

1.1.6　建筑材料图例

绘制工程图样时，有时要用特定的符号来表示构配件所使用的建筑材料，比如剖面图的剖切面和断面图中的断面区域。制图标准中对常用建筑材料的图例画法作了规定，但未对尺度比例作

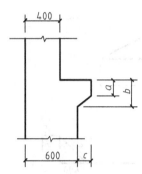

图 1.33　相似构配件尺寸表格式标注方法

构件编号	a	b	c
Z—1	200	200	200
Z—2	250	450	200
Z—3	200	450	250

具体规定，使用时，应根据图样大小而定，并应注意以下事项：

① 图例线应间隔均匀、疏密适度、图例正确、表示清楚；

② 不同品种的同类材料使用同一图例时，应在图上附加必要的说明；

③ 两个相同的图例相接时，图例线宜错开或使倾斜方向相反，如图 1.34 所示；

④ 两个相邻的涂黑图例应留有空隙，净宽度不得小于 0.5mm，如图 1.35 所示。

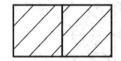 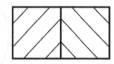

图 1.34　相同图例相接的画法

图 1.35　相邻涂黑图例的画法

若一张图纸内的图样只用一种图例时，或图形较小无法画出建筑材料图例时，可不画出图例，但应加以文字说明。若需画出的建筑材料图例面积过大时，可在断面轮廓线内，沿轮廓线局

表 1.4　常用建筑材料图例

序号	名称	图例	序号	名称	图例
1	自然土壤		9	干砌块石	
2	夯实土壤		10	浆砌块石	
3	砂、灰土		11	碎石	
4	砂砾石、碎砖三合土		12	干砌条石	
5	岩石		13	堆石	
6	金属		14	多孔材料	
7	混凝土		15	水、液体	
8	钢筋混凝土		16	黏土	

部表示。常用建筑材料图例见表 1.4，若选用的建筑材料不在表内，可自编图例，但不得与表中的图例重复，并应在适当位置画出该材料图例，同时加以说明。

1.2 几何作图

图样中的图形都是由基本几何形体组成的，正确掌握几何体形体的画法，能够提高绘图的准确性和效率。本节介绍几种常见的几何作图方法。

1.2.1 作圆的内接正多边形

（1）作圆的内接正五边形

已知一个正五边形的外接圆半径为 R，其中一顶点为 A，该五边形的作图步骤如下。

① 求作 OB 的中点 M：以 B 为圆点、OB 为半径画弧，交外接圆于 P、Q 两点，连接 P、Q，交 OB 于 M 点，如图 1.36（a）所示。

② 求作正五边形的边长 AN：以 M 为圆心、MA 为半径画弧，交 OB 延长线于 N，AN 的长即为正五边形的边长，如图 1.36（b）所示。

③ 求作正五边形的其他顶点：以 A 为圆心、AN 为半径画弧，交外接圆于一点，即为正五边形的第二个顶点，依次作出其他三个顶点，并连接即得正五边形，如图 1.36（c）所示。

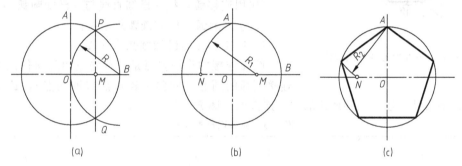

图 1.36　正五边形的作图步骤

（2）作圆的内接正六边形

已知正六边形的外接圆直径为 D，半径为 R，一顶点为 A，其画法有如下两种。

① 利用三角板和丁字尺的配合作图，如图 1.37（a）所示。

② 利用外接圆和圆规作图，如图 1.37（b）所示。

（3）作圆的内接正多边形

若已知正多边形的外接圆半径为 R 和一顶点 A，求作圆内接正多边形。现以正九边形为例，作图步骤如下：

① 将直径 AN 作九等分；

② 以 N 为圆心，NA 为半径作圆弧交水平中心线的延长线于点 M；

③ 自 M 与 AN 上的奇数或偶数点（图中为 2、4、6、8 点）连接并延长与圆周相交得 B、C、D、E，再作它们的对称点，依次连接即得正九边形，如图 1.38 所示。

1.2.2 圆弧连接

圆弧连接是指用连接弧——已知半径但未知圆心位置的圆弧，光滑地连接两已知线段（直线

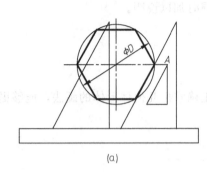

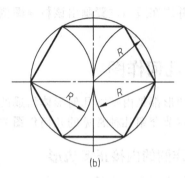

图 1.37　正六边形的作图方法

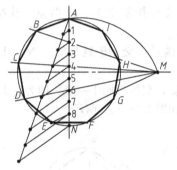

图 1.38　正九边形的作图方法

段或圆弧），即与两已知线段相切。常见的圆弧连接如下。

① 用连接弧连接两已知直线。

② 用连接弧连接两已知圆弧。其中包括：

a. 连接弧与两已知圆弧外连接；

b. 连接弧与两已知圆弧内连接；

c. 连接弧与两已知圆弧一端外连接、另一端内连接。

③ 用连接弧连接一已知直线与一已知圆弧。其中包括：

a. 连接圆弧与已知圆弧外连接；

b. 连接圆弧与已知圆弧内连接。

圆弧连接的作图要点是：首先应用几何作图的原理找出连接圆弧的圆心和两弧的连接点（即切点），这是保证光滑连接的必要条件。以上三种形式的圆弧连接的作图方法见表 1.5。

表 1.5　圆弧连接的作图方法

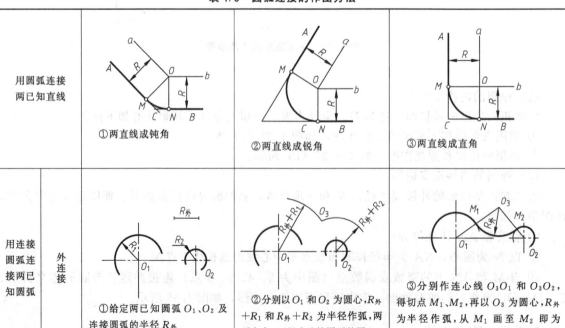

用圆弧连接两已知直线		①两直线成钝角	②两直线成锐角	③两直线成直角
用连接圆弧连接两已知圆弧	外连接	①给定两已知圆弧 O_1、O_2 及连接圆弧的半径 $R_外$	②分别以 O_1 和 O_2 为圆心，$R_外+R_1$ 和 $R_外+R_2$ 为半径作弧，两弧交点 O_3 即为连接圆弧的圆心	③分别作连心线 O_3O_1 和 O_3O_2，得切点 M_1、M_2，再以 O_3 为圆心，$R_外$ 为半径作弧，从 M_1 画至 M_2 即为所求

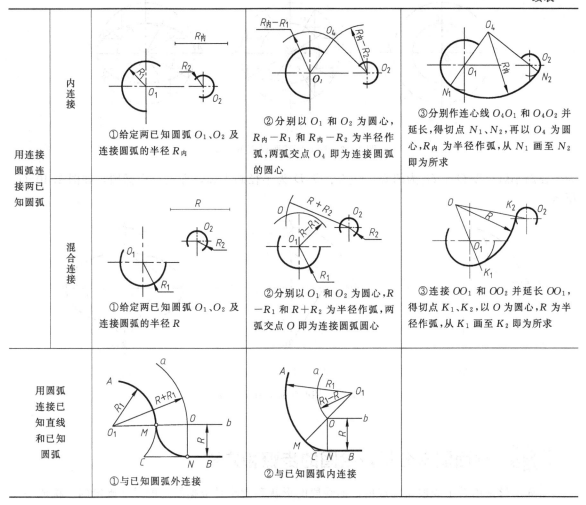

用连接圆弧连接两已知圆弧	内连接	①给定两已知圆弧 O_1、O_2 及连接圆弧的半径 $R_内$	②分别以 O_1 和 O_2 为圆心，$R_内-R_1$ 和 $R_内-R_2$ 为半径作弧，两弧交点 O_4 即为连接圆弧的圆心	③分别作连心线 O_4O_1 和 O_4O_2 并延长，得切点 N_1、N_2，再以 O_4 为圆心，$R_内$ 为半径作弧，从 N_1 画至 N_2 即为所求
	混合连接	①给定两已知圆弧 O_1、O_2 及连接圆弧的半径 R	②分别以 O_1 和 O_2 为圆心，$R-R_1$ 和 $R+R_2$ 为半径作弧，两弧交点 O 即为连接圆弧圆心	③连接 OO_1 和 OO_2 并延长 OO_1，得切点 K_1、K_2，以 O 为圆心，R 为半径作弧，从 K_1 画至 K_2 即为所求
用圆弧连接已知直线和已知圆弧		①与已知圆弧外连接	②与已知圆弧内连接	

1.2.3　椭圆

已知椭圆的长轴和短轴长度求作椭圆的方法有多种，本节介绍同心圆法和四心法。

（1）同心圆法

同心圆法的作图步骤如下。

① 画同心圆。分别以椭圆长轴 AB 和短轴 CD 为直径画两个同心圆，如图 1.39（a）所示。

② 求作椭圆上的点。将两个同心圆同时等分为若干份，过圆心及各等分点作辐射线与同心圆相交，过大圆交点作垂线，过小圆交点作水平线，两线交点即为椭圆上的点，如图 1.39（b）所示。

③ 补全椭圆。用曲线板将各点连成光滑的椭圆，如图 1.39（c）所示。

（2）四心法

已知椭圆的长轴和短轴长度，用四心法近似地画椭圆的步骤如下。

① 已知椭圆的长轴 AB、短轴 CD，以 O 为圆心，OA 为半径画弧 AE；以 C 为圆心，CE 为半径画弧 EF，如图 1.40（a）所示。

② 作 AF 的垂直平分线，与 AB 交于 O_1，与 CD 交于 O_2，如图 1.40（b）所示。

③ 在 AB 上作 O_1 的对称点 O_3，在 CD 作 O_2 的对称点 O_4，以 O_1、O_3 为圆心，O_1A、O_3B

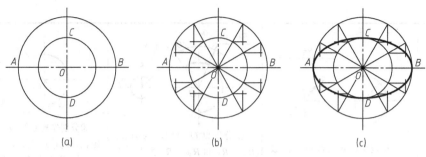

图 1.39 同心圆法画椭圆的步骤

为半径画小弧；以 O_2、O_4 为圆心，O_2C、O_4D 为半径画大弧，即近似得椭圆，如图 1.40（c）所示。

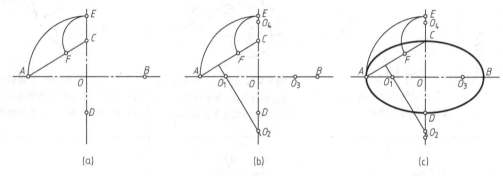

图 1.40 四心法画椭圆的步骤

1.3 平面图形分析及绘图的步骤和方法

平面图形是由若干线段所围成的，而线段的形状和大小是根据给定的尺寸确定的。构成平面图形的各种线段中，有些线段的尺寸是已知的，可以直接画出，有些线段需根据已知条件用几何作图方法来作出。因此，画图之前需对平面图形的尺寸和线段进行分析。

1.3.1 平面图形尺寸的分类

平面图形的尺寸根据其作用，可以分为定形尺寸和定位尺寸。

定形尺寸是用来确定平面图形各组成部分形状和大小的尺寸。如图 1.41 中的总尺寸长度、宽度，以及局部的直径、半径尺寸。

定位尺寸是用来确定平面图形各组成部分相对位置的尺寸。如图 1.41 中三个圆的定位尺寸。

在标注定位尺寸时，一般应从定位基准出发进行标注。所谓定位基准，就是标注定位尺寸的起点和依据。平面图形中，一般选用图形的对称线、主要圆或圆弧的中心线、较长的直线段等作为尺寸基准，如图 1.41 中所示的对称中心线Ⅰ、中心线Ⅱ、轮廓线Ⅲ和圆心Ⅳ等均用作定位尺寸基准。必须指出，定形尺寸与定位尺寸之间并没有明确的界线，

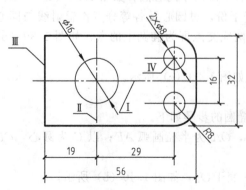

图 1.41 平面图形的定形尺寸和定位尺寸

有时一个尺寸可以兼有两种作用。

1.3.2　平面图形的线段分析

平面图形的线段分析是根据圆弧连接处线段的尺寸和连接关系，分析线段的类型、绘制的先后顺序和尺寸标注。线段的类型可分为以下三类。

① 已知线段。定形尺寸和定位尺寸齐全，可直接画出的线段称为已知线段。如图 1.42 所示的 $\phi 5$、$R15$ 和 $R10$ 的圆弧，长宽各为 15 和 20 的矩形等，均为已知线段。

② 中间线段。有定形尺寸，但定位尺寸不齐全，需待与其有关的线段按几何作图方法画出的线段称为中间线段。如图 1.42 中所示的 $R50$ 的圆弧，只有定位尺寸 $\phi 30$。

③ 连接线段。只有定形尺寸而无定位尺寸，需待与其两端相连接的线段作出后，再用几何作图的方法求出其位置和连接点（如上节所述圆的切线、圆弧连接等）才能画出的线段，称为连接线段。如图 1.42 中所示的 $R12$ 的圆弧。

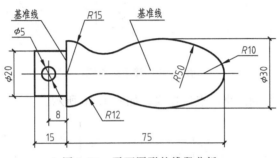

图 1.42　平面图形的线段分析

1.3.3　绘图的步骤

绘制平面图形时，一般遵循以下步骤：

① 对平面图形进行尺寸分析和线段分析；
② 选比例、定图幅；
③ 绘出定位基准线；
④ 依次绘出已知线段、中间线段和连接线段；
⑤ 标注定形尺寸、定位尺寸；
⑥ 描深成图。

1.3.4　徒手绘图

徒手绘图是指不用绘图仪器和工具，而以目测的方法绘制图样。它方便工程技术人员在技术交流过程中快速绘制图样，也是学生在学习过程中需要掌握的一种方法。

（1）直线

① 画水平线时，铅笔放平，从起点画线，眼睛看终点，掌握好方向，图线宜一次画成。对于较长的直线，可分段画出，自左而右画，如图 1.43 所示。

② 画铅直线时，与画水平线方法相同，但持笔可稍高些，自上而下画，如图 1.44 所示。

③ 画斜线时，画与水平线成 30°、45°、60° 等特殊角度的斜线，可按两直角边的近似关系，定出两端点后连接画出，如图 1.45 所示。

（2）圆

画圆时，可过圆心作均匀分布的直线，在每根线上目测半径，然后依次连接成圆。画较小的

图 1.43　徒手绘水平线

图 1.44　徒手绘铅直线

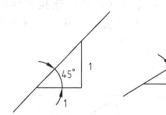

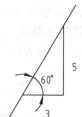

图 1.45　徒手绘斜线

圆，可在中心线上按半径目测定出四点后连成，如图 1.46 所示。

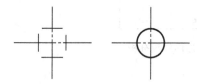

图 1.46　徒手画圆

（3）椭圆

已知椭圆的长短轴，先作出椭圆的外切矩形，然后连接对角线，在矩形各对角线的一半上目测十等分，并定出七等分的点，把这四个点与长短轴端点依次连接成椭圆，如图 1.47 所示。

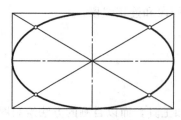

图 1.47　徒手绘椭圆

第 2 章

投影的基本知识

2.1 投影

2.1.1 投影的形成及分类

具有长度、宽度和高度的空间形体，如何在一张只有长度和宽度的平面图纸上准确而全面地表现出来呢？众所周知，物体在灯光的照射下，就会在地面和墙面上形成影子，并且影子会随着光线照射的角度和距离的变化而变化。人们从中受到启发，并总结出一些规律，作为工程制图的方法和理论依据，即投影原理。在工程上，工程图样是依据投影法绘制的。

图 2.1（a）中，灯光照射在三角形平面上，在地面或墙面上形成影子。光源抽象为一点 S，称为投射中心，光线 SA、SB、SC 称为投射线，H 平面称为投影面。连接三条投射线与投影面相交的交点 a、b、c 称为 A、B、C 在投影面上的投影；这种产生图像的方法称为投影法。根据投影法所得的图形称为投影图。

可见，投射中心或投射方向、被投射物体、投影面是产生投影的三个基本要素。

常用的投影法有中心投影法和平行投影法。

（1）中心投影法

图 2.1（a）中在 H 投影面上得到的 abc 是被投射物体——三角形 ABC 的投影。这种投射线均汇交于投射中心，所以这种投影方法称为中心投影法。

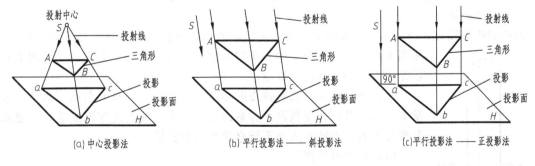

(a)中心投影法　　(b)平行投影法——斜投影法　　(c)平行投影法——正投影法

图 2.1　中心投影法

（2）平行投影法

如果将投射中心移至无穷远处，可认为各投射线相互平行，这种投影法称为平行投影法。平行投影法按投射线和投影面的倾角不同又可分为两种。

① 斜投影法。投射线与投影面相倾斜的平行投影法，如图 2.1（b）所示。

② 正投影法。投射线与投影面相垂直的平行投影法，如图 2.1（c）所示。

比较可以发现，在图 2.1（a）中，当投射中心 S 与平面 H 的相对位置不变时，移动三角形 ABC 则其投影 abc 的形状及大小发生改变；而在图 2.1（b）和图 2.1（c）中，沿投射线的方向平行移动三角形 ABC 时，其投影并不发生变化。

2.1.2 工程中常用的四种投影图

工程上常用的投影图有多面正投影图、轴测投影图、透视投影图和标高投影图。

（1）多面正投影图

多面正投影图是采用正投影法将形体向两个或以上互相垂直的投影面进行投射，并将各投影面展开在一个平面上所得的投影图。如图 2.2 所示，为一形体的三面正投影图。

正投影图的优点是能够准确地反映物体的形状，作图简便，度量性好，是工程设计中采用的主要图样；其缺点是缺乏立体感，需掌握一定的投影知识才能绘图和读图。

（2）轴测投影图

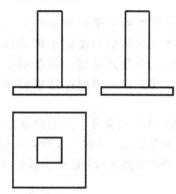

图 2.2 形体的三面正投影图

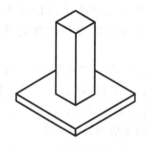

图 2.3 形体的轴测投影图

轴测投影图简称为轴测图，是采用平行投影法并选择适宜的方向投射到一个投影面上。轴测图能在单面投影图中反映出形体的长、宽、高，具有较强的立体感。如图 2.3 所示是图 2.2 中形体的轴测图。

轴测图的优点是直观性强；缺点是不便度量和标注尺寸，工程中仅用作辅助图样。

（3）透视投影图

透视投影图简称为透视图，是采用中心投影法绘制的单面投影图。透视图与照相原理相似，相当于将相机放在投影中心所拍的照片一样，显得十分逼真。如图 2.4 所示是图 2.2 中形体的透视图。

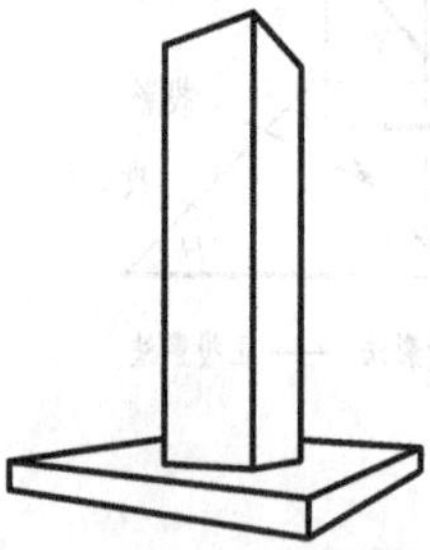

透视图的优点是富有较强的立体感和真实感，与人们观察物体的效果基本一致，常用作建筑设计方案比较和展览；缺点是作图复杂，且建筑物各部分的确切形状和大小不能直接在图中度量。

（4）标高投影图

标高投影图简称为标高投影或标高图，是一种单面正投影图。它是假想用一组高差相等的水平面剖切形体，可得到一组水平交线，每条交线均称为等高线，将各等高线投射到水平投影面上，并用数字标出其高程，这种图样称为标高投影图。如图 2.5 所示为一小山丘的标高投影图。

图 2.4 形体的透视图

标高图的优点是能在一个投影面上表达不同高度的形状；缺点是立体感差。

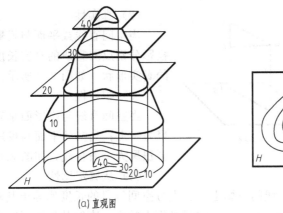
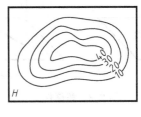

(a) 直观图　　　　　　　　　　　(b) 标高投影图

图 2.5　标高投影图

2.2　正投影的基本特性

投射线与投影面相垂直的平行投影法称为正投影法，采用正投影法得到的投影称为正投影图。在正投影图中，如果形体平面与投影面平行，则其投影能反映平面的真实形状和大小，且与平面离开投影面的距离无关，故工程图样的表达通常用正投影法。

正投影图具有类似性、真实性、积聚性、从属定比性、平行等比性的特点。

（1）类似性

如图 2.6 所示，当空间直线或平面与投影面倾斜时，其投影仍分别为直线或平面。其中，直线的投影比实际长度短，如图 2.6（a）所示；平面的投影比其实际形状小，但组成平面的边数不变，如图 2.6（b）所示。图中 H 表示投影面。

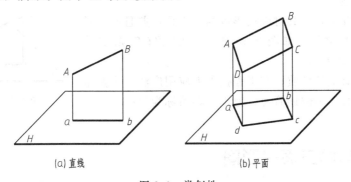

(a) 直线　　　　　　　　　　　(b) 平面

图 2.6　类似性

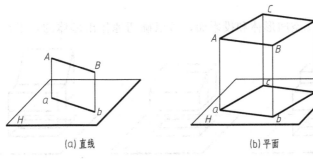

(a) 直线　　　　　　　　　　　(b) 平面

图 2.7　真实性

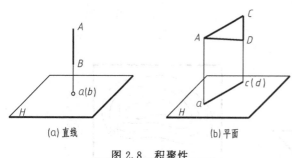

(a) 直线　　　　　(b) 平面

图 2.8　积聚性

（2）真实性

当空间直线或平面与投影面平行时，其投影分别反映直线的真实长度及方向或平面的真实形状，如图 2.7 所示。

（3）积聚性

当空间直线与投影面垂直时，其投影积聚为一点；当空间平面与投影面垂直时其投影积聚为一条直线，如图 2.8 所示。

（4）从属定比性

空间直线上的点其投影仍在直线的投影上，且点分空间线段的长度比等于其对应的投影长度比；如图 2.9（a）所示，$AC \colon CB = ac \colon cb$。空间平面上的点、直线其投影仍在平面的对应投影上，如图 2.9（b）所示。

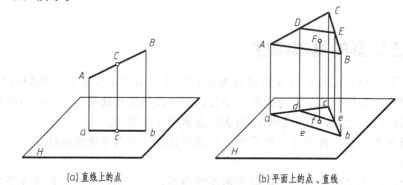

(a) 直线上的点　　　　　(b) 平面上的点、直线

图 2.9　从属定比性

（5）平行等比性

空间两直线相互平行，其对应投影也相互平行，并且两实长之比等于两投影长度之比。如图 2.10 所示，$AB \mathbin{/\mkern-5mu/} CD$ 则 $ab \mathbin{/\mkern-5mu/} cd$，且 $AB \colon CD = ab \colon cd$。

由于正投影具有上述性质，在工程技术上应用广泛，也是本课程学习的主要内容。为叙述简便，把正投影简称为投影。

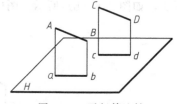

图 2.10　平行等比性

2.3　物体的三面投影图

当形体与投影面的相对位置确定后，其投影即被唯一地确定；但能否根据投影图唯一地确定形体的空间形状呢？

如图 2.11 所示，已知空间形体和投影面，可以确切地作出形体的正投影图。但如果只知道

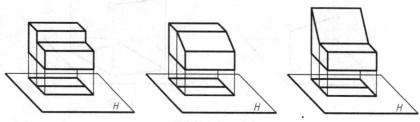

图 2.11　单面投影图

形体的单面投影，显而易见，则不能唯一确定形体的空间形状。

同样，如图 2.12 所示，如果知道形体的两面投影图，也不能唯一确定形体的空间形状。

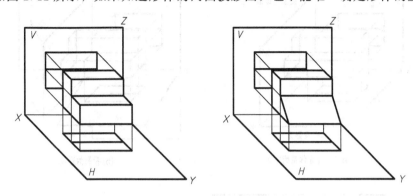

图 2.12　两面投影图

因此反映物体的形状和大小，需要画出物体的多面正投影图。工程实际中一般采用三面正投影图——简称三面投影图。

2.3.1　三面投影图

（1）建立三投影面体系

三投影面体系由三个互相垂直的投影面组成，如图 2.13（a）所示。其中：

① 投影面 H 水平放置，称为水平投影面，简称水平面；

② 投影面 V 立于正面，称为正立投影面，简称正面；

③ 投影面 W 立于侧面，称为侧立投影面，简称侧面。

三个互相垂直的投影面间的交线 OX、OY、OZ 也互相垂直，称为投影轴，其中：

① OX 轴（简称 X 轴），为 H 面与 V 面的交线，用于表示物体的长度方向；

② OY 轴（简称 Y 轴），为 H 面与 W 面的交线，用于表示物体的宽度方向；

③ OZ 轴（简称 Z 轴），为 V 面与 W 面的交线，用于表示物体的高度方向。

三根投影轴的交点 O，是坐标轴的基准点，称为原点。

（2）三面投影图的形成

将形体置于三投影面体系进行投射时，应尽可能使形体表面与投影面处于特殊位置——平行或垂直，以便使其投影尽可能多的反映形体表面的实形和外形轮廓。分别向三个投影面按照正投影法进行投射，即从上向下投射，在 H 面上得到水平投影图，简称水平投影；从前向后投射，在 V 面上得到正面投影图，简称正面投影；从左向右投射，在 W 面上得到侧面投影图，简称侧面投影，如图 2.13（a）所示。

（3）展开投影面

为了能够把三个投影画在一张图纸上，就需要把三个投影面按一定规则展开到一个平面上。习惯上，保持 V 面不动，使 H 面绕 X 轴向下旋转 $90°$，使 W 面绕 Z 轴向右旋转 $90°$ 展开，直到与 V 面在同一平面为止，如图 2.13（b）所示。展开后，正面投影在左上方，水平投影在正面投影的正下方，侧面投影在正面投影的正右方。这就是形体的三面投影图，如图 2.13（c）所示。

注意：在展开过程中，OY 轴被分为两部分，一部分随 H 面旋转为朝下方向，用 OY_H 表示；另一部分随 W 面旋转为朝右方向，用 OY_W 表示。但无论朝向如何，二者均表示物体的宽度方向，尺寸是相同的。

另外，三面投影图的大小与投影面的大小无关，一般绘图时省去投影面轮廓或投影轴线，使

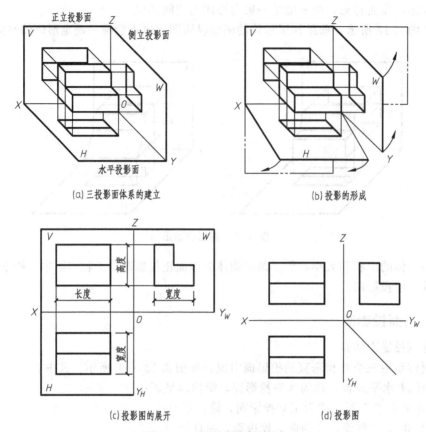

(a) 三投影面体系的建立

(b) 投影的形成

(c) 投影图的展开

(d) 投影图

图 2.13　三面投影图的形成

得图形更加清晰，如图 2.13 (d) 所示。

2.3.2　三面投影的基本规律

(1) 三面投影图的尺寸关系

由图 2.13 分析可知：

① 水平投影反映形体的长度和宽度尺寸；

② 正面投影反映形体的长度和高度尺寸；

③ 侧面投影反映形体的宽度和高度尺寸。

由于三面投影表达的是同一形体，在投射过程中，形体与三个投影面间的相对位置亦没有发生任何变化，所以，无论是整个形体，还是形体上某一部分，其三面投影之间一定符合如下规律：

① 正面投影与水平投影长度相等、左右对正——长对正；

② 正面投影与侧面投影高度相等、上下平齐——高平齐；

③ 水平投影与侧面投影宽度相等、前后对应——宽相等。

这些关系可简化为口诀"长对正、高平齐、宽相等"，即"三等"规律：等长、等宽、等高。作图时必须遵守这些关系。

作图时，使用丁字尺和三角板配合很容易实现"长对正"和"高平齐"；为了实现"宽相等"，可通过原点 O 作 45° 辅助线或以原点 O 为圆心画辅助圆弧来完成，此外，还可以用圆规或分规直接截取，如图 2.14 所示。

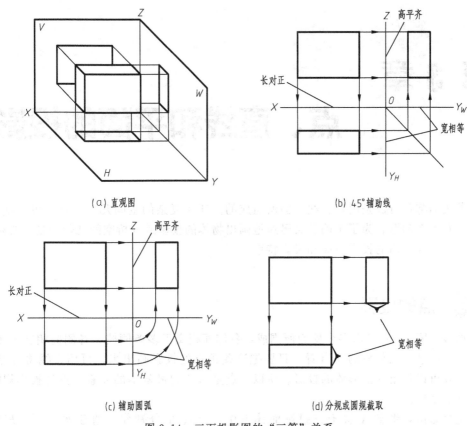

(a) 直观图

(b) 45°辅助线

(c) 辅助圆弧

(d) 分规或圆规截取

图 2.14　三面投影图的"三等"关系

（2）三面投影之间的方位关系

三面投影图不仅符合"三等"规律，还可以反映形体的上、下、左、右、前、后的方位关系。分析图 2.15 可知：

① 正面投影反映物体的左、右方向和上、下方向；

② 水平投影反映物体的左、右方向和前、后方向；

③ 侧面投影反映物体的上、下方向和前、后方向。

另外，水平投影和侧面投影中，靠近正面投影的一侧，表示物体的后面；远离正面投影的一侧，表示物体的前面。

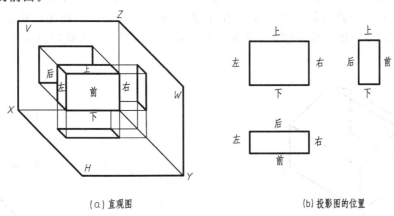

(a) 直观图

(b) 投影图的位置

图 2.15　三面投影图的位置关系

第 3 章

点、直线和平面的投影

物体的表面都可看成是由点、线、面所组成的。任何复杂的空间几何问题都可以抽象成点、线、面的相互关系问题。为了正确而又迅速地画出物体的投影或分析空间几何问题，必须首先研究几何元素点、线、面的投影规律和投影特性。

3.1 点的投影

房屋形体（图 3.1）是由多个侧面所围成，各侧面相交于多条侧棱，各侧棱相交于多个顶点 A，B，C，$\cdots$，J。从分析的观点看，只要把这些顶点的投影画出来，再用直线将各点的投影一一连接，就可以作出一个形体的投影。所以，点是形体的最基本的元素。点的投影规律是线、面、体投影的基础。

根据正投影法，将点 A 置于三投影面体系中，由点 A 分别作垂直于水平面（H）、正面（V）、侧面（W）的投射线，其投射线与投影面相交，得到点 A 的三个投影，点的投影依然是点。

按照点的标注规则，用大写字母表示空间点如 A，B，C，$\cdots$等，其水平投影用相应的小写字母 a，b，c，$\cdots$等表示，正面投影用相应的小写字母在右上角加一撇 a'，b'，c'，$\cdots$表示，侧面投影用相应的小写字母在右上角加两撇 a''，b''，c''，$\cdots$表示。

3.1.1 点的两面投影

如图 3.2 所示，空间点 A 在 H 面上的投影是过点 A 作 H 面的垂直投射线与 H 面的交点 a，这个投影是唯一确定的。但反之，由点的单面投影 b 却不能唯一确定 B 的空间位置，这是因为位于投射线上的每一个点（如点 B、B_1、B_2）的投影都在 b 处，因此无法确定 B 点的空间位置。由此可知仅已知点的一个投影，是不能确定空间点的位置的。要确定点在空间的投影，需要有点的两面投影。

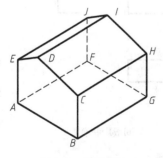

图 3.1 房屋形体

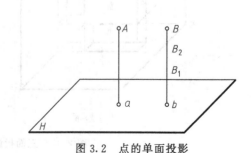

图 3.2 点的单面投影

（1）点在两面投影体系中的投影

由两个相互垂直的投影面组成的投影面体系称为两面投影体系。如图 3.3（a）所示，在由水平投影面 H 及正立投影面 V 所形成的两投影面体系中，过空间点 A 分别向 H 面及 V 面作垂直投影线，Aa 交 H 面于 a，Aa' 交 V 面于 a'，a 及 a' 即为空间点 A 的两面投影。a 称为点 A 的水平投影，a' 称为点 A 的正面投影。

为使点的两面投影画在同一平面上，须将投影面展开。展开时 V 面保持不动，将 H 面绕 OX 轴向下旋转 $90°$，与 V 面展成一个平面，便得到点 A 的两面投影图，如图 3.3（b）所示。投影图上的细实线 aa' 称为投影连线。在实际画图时，不必画出投影面的边框和点 a_X，图 3.3（c）即为点 A 的投影图。

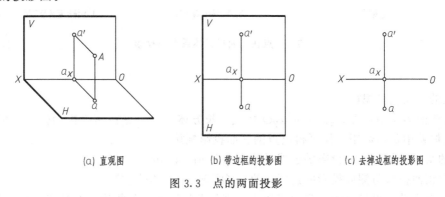

(a) 直观图   (b) 带边框的投影图   (c) 去掉边框的投影图

图 3.3 点的两面投影

（2）点的两面投影规律

空间三点 A、a'、a 构成一个平面，由于平面 $Aa'a_Xa$ 分别与 V 面、H 面垂直，所以这三个相互垂直的平面必定交于一点 a_X，且 $a'a_X \perp OX$、$aa_X \perp OX$。当 H 面与 V 面展平后，a、a_X、a' 三点必共线，即 $aa' \perp OX$。

又因 Aaa_Xa' 是矩形，所以 $a'a_X = Aa$，$aa_X = Aa'$。亦即：点 A 的 V 面投影 a' 与投影轴 OX 的距离，等于点 A 与 H 面的距离；点 A 的 H 面投影 a 与投影轴 OX 的距离，等于点 A 与 V 面的距离。

由此可得出点的两面投影规律：

① 点的水平投影与正面投影的连线垂直于 OX 轴，即 $aa' \perp OX$；

② 点的水平投影到 OX 轴的距离等于空间点到 V 面的距离，点的正面投影到 OX 轴的距离等于空间点到 H 面的距离，即 $aa_X = Aa'$，$a'a_X = Aa$。

根据点的两面投影可以唯一确定点的空间位置。方法是：将 H 面向上旋转复位与 V 面垂直，自 a 点引 H 面的垂线，自 a' 点引 V 面的垂线，两垂线的交点即为空间点 A。

3.1.2 点的三面投影

（1）点在三面投影体系中的投影

两面投影能确定点的空间位置，却不能充分表达立体的形状，所以需采用三面投影体系。三投影面体系是在两投影面体系的基础上，增加一个与 H 面和 V 面都垂直的侧立投影面 W 所组成。如图 3.4（a）所示，在三投影面体系中有一点 A，过点 A 分别向三个投影面作垂直投影线，投影线与投影面的交点分别记为 a、a'、a''。a 为点 A 的水平投影，a' 为点 A 的正面投影，a'' 为点 A 的侧面投影。

V 面不动，将 H 面绕 OX 轴向下旋转 $90°$，W 面绕 OZ 轴向后旋转 $90°$，使它们与 V 面重合，就得到点的三面投影图，如图 3.4（b）所示。在实际画图时，不必画出投影面的边框，如图 3.4

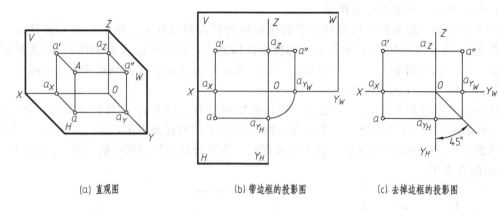

| (a) 直观图 | (b) 带边框的投影图 | (c) 去掉边框的投影图 |

图 3.4 点在三面投影体系中的投影

(c) 所示。

(2) 点的三面投影规律

在三投影面体系中，$Aaa_Xa'a_Za''a_YO$ 构成一长方体，由于点在两投影面体系中的投影规律在三投影面体系中仍然适用，便可得出点的三面投影规律：

① 点的水平投影与正面投影的连线垂直于 OX 轴，即 $aa'\perp OX$；

② 点的正面投影与侧面投影的连线垂直于 OZ 轴，即 $a'a''\perp OZ$；

③ 空间点到某一投影面的距离等于该点在其他两投影面上的投影到相应投影轴的距离。

也就是说，点的水平投影到 OX 轴的距离等于点的侧面投影到 OZ 轴的距离，它们反映空间点到 V 面的距离，即 $aa_X = a''a_Z = Aa'$；点的水平投影到 OY_H 轴的距离等于点的正面投影到 OZ 轴的距离，它们反映空间点到 W 面的距离，即 $aa_{Y_H} = a'a_Z = Aa''$；点的正面投影到 OX 轴的距离等于点的侧面投影到 OY_W 轴的距离，它们反映空间点到 H 面的距离，即 $a'a_X = a''a_{Y_W} = Aa$。

点的三面投影规律，就是形体三投影"长对正、高平齐、宽相等"三等关系的理论依据。

在点的三面投影图中，点的三个投影到各投影轴的距离，分别代表空间点到相应投影面的距离。其中任何两个投影都能反映出点到三个投影面的距离，也就是说点的任意两面投影可以唯一确定点的空间位置。因此，只要给出点的任意两面投影，点的空间位置即确定，可求其第三面投影。

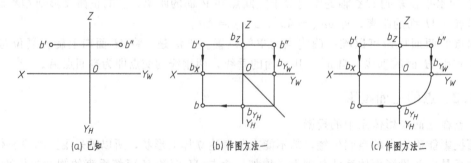

| (a) 已知 | (b) 作图方法一 | (c) 作图方法二 |

图 3.5 已知点的两个投影求第三投影

【例 3.1】 如图 3.5 (a) 所示，已知 B 点的两个投影 b'、b''，求 b。

分析 根据点的三面投影规律，水平投影 b 在与 OX 轴垂直的直线 $b'b_X$ 的延长线上，且水平投影 b 到 OX 轴的距离等于 b'' 到 OZ 轴的距离。

作图 ①过 b' 作 OX 轴的垂线，交 OX 轴于 b_X。

② 量取 $bb_X = b''b_Z$，即得水平投影 b。图3.5（b）是用45°斜线的作图方法，图3.5（c）是用圆弧的作图方法。

（3）点的坐标与三面投影的关系

若把三投影面体系看作直角坐标系，则投影轴、投影面、点 O 分别是坐标轴、坐标面和坐标原点。如图3.6（a）所示，则可得出点 A（x，y，z）的投影与其坐标的关系：

$x = a'a_Z = aa_{Y_H} = $ 点 A 到 W 面的距离 Aa''；

$y = aa_X = a''a_Z = $ 点 A 到 V 面的距离 Aa'；

$z = a'a_X = a''a_{Y_W} = $ 点 A 到 H 面的距离 Aa。

点的投影与直角坐标是相互对应的，已知点的坐标，根据点的三面投影规律，就可以求出它的投影，如图3.6（b）所示。点的一个投影反映了点的两个坐标，即 a 对应（x，y）、a' 对应（x，z）、a'' 对应（y，z）。

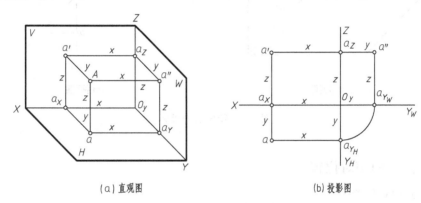

| (a) 直观图 | (b) 投影图 |

图 3.6 点的投影与直角坐标

【例3.2】 已知空间点 C 到三投影面 W、V、H 的距离分别为15、8、20，试作 C 点的三面投影。

作图 ① 画出投影轴。

② 量坐标值。自 O 点分别在 OX、OY、OZ 轴上量取15、8、20，得到 c_X、c_{Y_H}、c_{Y_W}、c_Z，如图3.7（a）所示。

③ 过 c_X、c_{Y_H}、c_{Y_W}、c_Z 分别作 X、Y、Z 轴的垂线，它们两两相交，得交点 c、c'、c''，就是 C 点的三个投影，如图3.7（b）所示。

（4）特殊位置点的投影

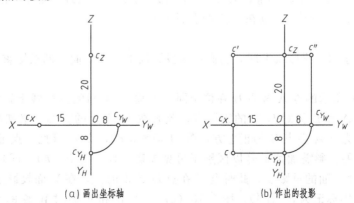

| (a) 画出坐标轴 | (b) 作出的投影 |

图 3.7 已知点的坐标求其投影

点的投影规律，同样适应于点在投影面或投影轴上的特殊情况。

① 投影面上的点——投影面上点的两个投影分别在投影轴上，另一个投影在相应的投影面上与空间点重合，如图 3.8 中的点 A。

② 投影轴上的点——投影轴上的点的两个投影在投影轴上，与空间点重合，另一个投影在原点处，如图 3.8 中的点 B。

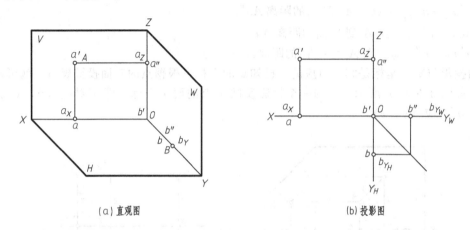

（a）直观图 　　　　　　　　　　 （b）投影图

图 3.8　特殊点的投影

3.1.3　两点的相对位置

（1）两点的相对位置

空间两点的相对位置是指空间两点的上下、左右和前后的位置关系。可由两点的三面投影图反映出来：

① V 面投影反映两点上下、左右位置关系；

② H 面投影反映两点左右、前后位置关系；

③ W 面投影反映两点上下、前后位置关系。

这种位置关系也可根据坐标的大小来判别：

① 按 x 坐标判别两点的左右关系，x 坐标大的在左，小的在右；

② 按 y 坐标判别两点的前后关系，y 坐标大的在前，小的在后；

③ 按 z 坐标判别两点的上下关系，z 坐标大的在上，小的在下。

如图 3.9 所示，由于 $x_A > x_B$，故点 A 在点 B 的左侧，同理，点 A 在点 B 之后（$y_A < y_B$）、之上（$z_A > z_B$），所以 A 点在 B 点的左后上方。

（2）重影点

当空间两点位于同一投影线上时，它们在该投影线垂直投影面上的投影重合，这两点称为对该投影面的重影点。

如图 3.10（a）所示的点 A 和点 B 在位于同一条垂直 H 面的投影线上，它们的水平投影 a 和 b 重合，则称点 A 和 B 为对 H 面的重影点，此时在 H 面上的投影，必然有一点可见，而另一个点不可见，因为点 A 在点 B 的正上方，向 H 面投影时，点 A 可见，点 B 被点 A 遮挡，是不可见的，不可见的投影需加圆括号以区别于可见投影，标记为 a（b）。同理，如图 3.10（b）所示点 C 和 D 为对 V 面的重影点，此时点 C 在点 D 的正前方，在 V 面投影上，点 C 可见，点 D 不可见，重合投影标记为 c'（d'）。图 3.10（c）中点 E 和 F 为对 W 面的重影点，此时点 E 在点 F 的正左方，在 W 投影上，点 E 可见，点 F 不可见，重合投影标记为 e"（f"）。

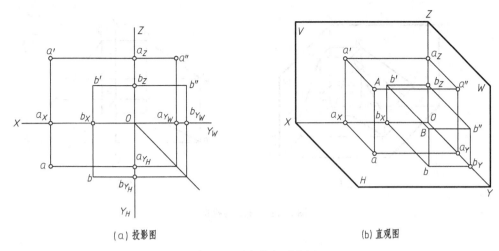

(a) 投影图   (b) 直观图

图 3.9 两点的相对位置

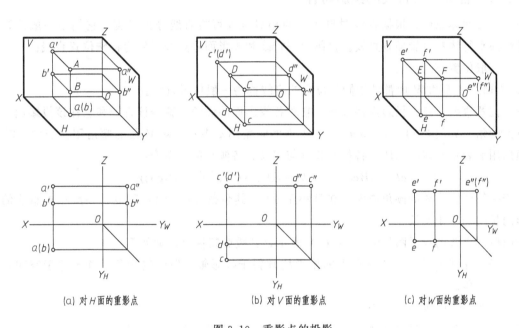

(a) 对 H 面的重影点   (b) 对 V 面的重影点   (c) 对 W 面的重影点

图 3.10 重影点的投影

3.2 直线的投影

3.2.1 直线的投影

空间一条直线可由直线上的任意两点确定，而直线的投影一般仍是直线。直线常用线段来表示，作直线的各个投影，只需作出该直线上任意两点（通常取线段的两个端点）在各个投影面上的投影，然后分别连接该两点在同一投影面上的投影（简称同面投影），即可得到直线的投影图。直线的投影用粗实线画出。如图 3.11 所示的直线 AB，求作它的三面投影时，可分别作出 A、B 两端点的投影 $(a$、a'、$a'')$、$(b$、b'、$b'')$，然后将其同面投影连接即得直线 AB 的三面投影 $(ab$、$a'b'$、$a''b'')$。

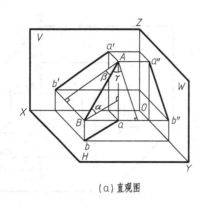

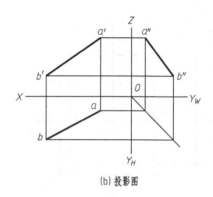

(a) 直观图　　　　　　　　　(b) 投影图

图 3.11　直线的投影

3.2.2　各种位置直线的投影特性

在三投影面体系中，根据直线对投影面的相对位置可将直线分为三类，它们是一般位置直线、投影面平行线和投影面垂直线。投影面平行线和投影面垂直线统称为特殊位置直线。

（1）一般位置直线

对 H 面、V 面和 W 面都处于倾斜位置的直线称为一般位置直线。

一般位置直线对三个投影面都倾斜，它对各投影面的倾角，就是该直线和它在该投影面上的投影所夹的角。如图 3.11（a）所示，对 H 面的倾角用 α 表示，对 V 面的倾角用 β 表示，对 W 面的倾角用 γ 表示。线段 AB 的各投影长度与实长、各倾角的关系为：

$$ab = AB\cos\alpha \quad a'b' = AB\cos\beta \quad a''b'' = AB\cos\gamma$$

由于一般位置直线的倾角均大于 0°且小于 90°，其余弦必小于 1，所以，一般位置直线的三个投影的长度均小于实长。

一般位置直线的投影图如图 3.11（b）所示，其投影特性可归纳如下。

① 一般位置直线在三个投影面上的投影均倾斜于投影轴，但倾斜的角度并不等于空间直线与投影面的倾角。

② 三个投影的长度都小于实长。

读图时，一条直线只要有两个投影是倾斜的，它一定是一般位置直线。

（2）投影面平行线

平行于某一个投影面，倾斜于另两个投影面的直线称为投影面平行线。投影面平行线有三种情况，其中：

① 与 V 面平行且与 H、W 面倾斜的直线称为正平线；

② 与 H 面平行且与 V、W 面倾斜的直线称为水平线；

③ 与 W 面平行且与 H、V 面倾斜的直线称为侧平线。

各种投影面平行线的投影图和投影特性见表 3.1。

归纳起来，投影面平行线的投影特性如下。

① 在与直线平行的投影面上的投影反映直线段的实长，且该投影与投影轴的夹角反映直线对相应投影面的倾角。

② 直线的另外两个投影平行于相应的投影轴，且都小于实长。

（3）投影面垂直线

表 3.1 投影面平行线的投影特性

名称	直观图	投影图	投影特性
正平线	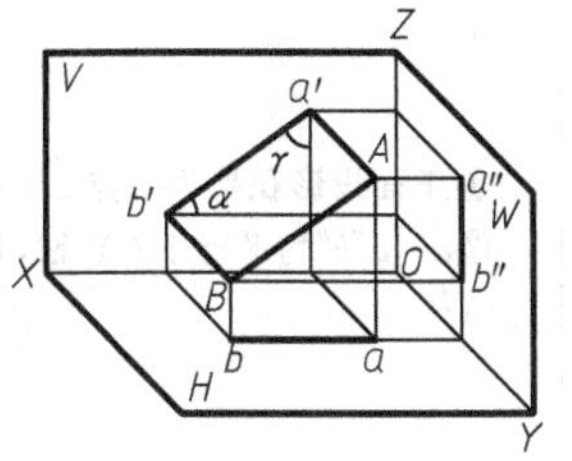	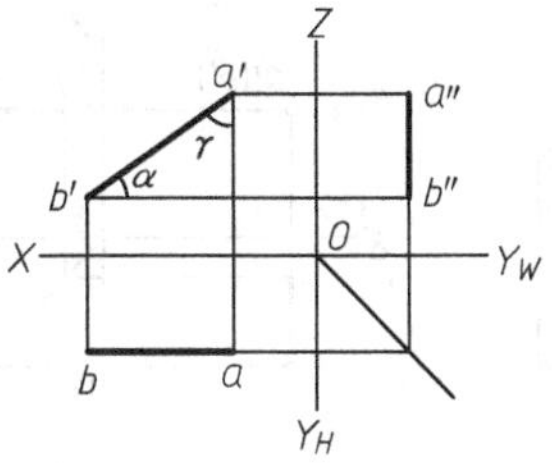	①$a'b'$反映实长,$a'b'$与OX、OZ轴的夹角α、γ分别反映AB与H面和W面的倾角; ②$ab /\!/ OX$轴,$a''b'' /\!/ OZ$轴,ab、$a''b''$均小于实长
水平线	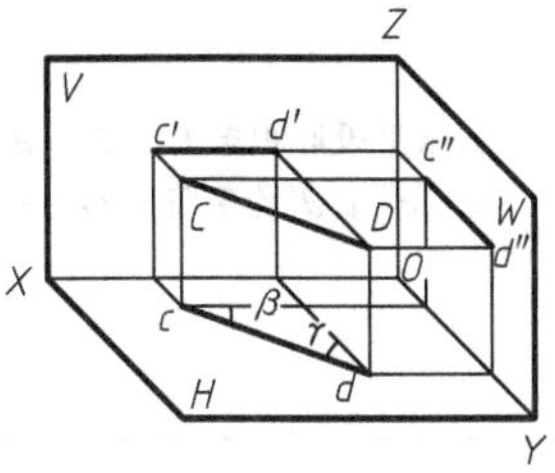	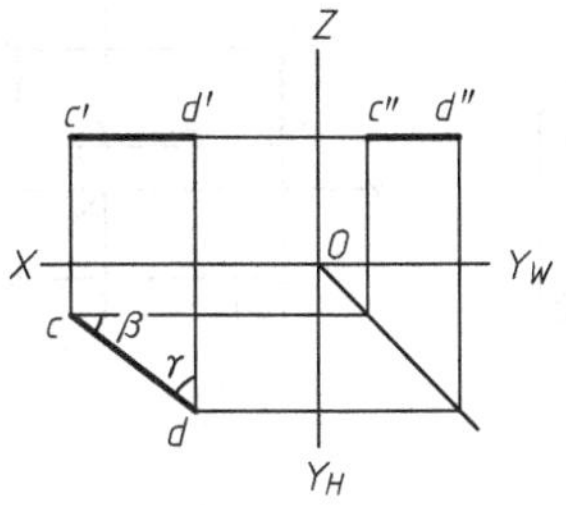	①cd反映实长,cd与OX、OY_H轴的夹角β、γ分别反映CD与V面和W面的倾角; ②$c'd' /\!/ OX$轴,$c''d'' /\!/ OY_W$轴,$c'd'$、$c''d''$均小于实长
侧平线	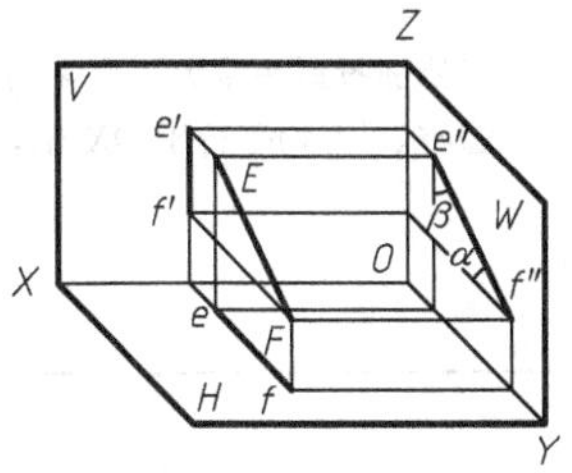	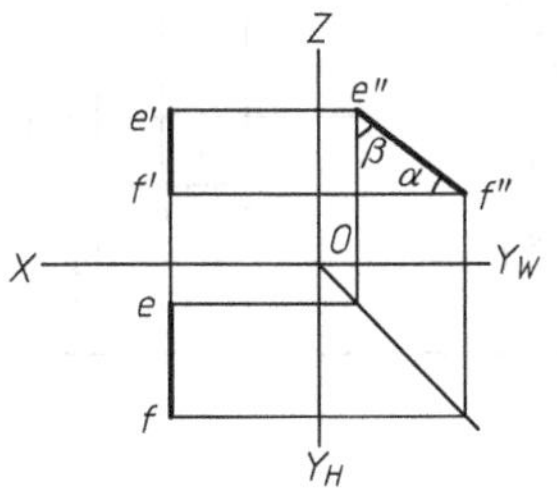	①$e''f''$反映实长,$e''f''$与OY_W、OZ轴的夹角α、β分别反映EF与H面和V面的倾角; ②$ef /\!/ OY_H$轴,$e'f' /\!/ OZ$轴,ef、$e'f'$均小于实长

垂直于某一个投影面,从而平行于另两投影面的直线称为投影面垂直线。投影面垂直线有三种情况,其中:

① 与V面垂直从而与H、W面平行的直线称为正垂线;

② 与H面垂直从而与V、W面平行的直线称为铅垂线;

③ 与W面垂直从而与H、V面平行的直线称为侧垂线。

各种投影面垂直线的投影图和投影特性见表 3.2。

归纳起来,投影面垂直线的投影特性如下。

① 在与直线垂直的投影面上的投影积聚成一个点。

② 直线的另外两个投影平行于同一个投影轴,且反映直线的实长。

3.2.3 线段的实长及其对投影面的倾角

一般位置直线的三个投影均不反映线段的实长和对投影面的倾角,但可利用空间线段与其投影之间的几何关系,用图解的方法求得其实长和倾角。

如图 3.12 (a) 所示的一般位置直线,若过 A 点作AB_1平行于ab,与Bb交于B_1点,得一直角三角形ABB_1。斜边AB为线段的实长,$\angle BAB_1$是AB对H面的倾角α,直角边$AB_1 = ab$,另一直角边BB_1等于A、B两点的z坐标差,即$\Delta Z = |z_A - z_B|$,这些都可根据线段的投影来确定。

表 3.2 投影面垂直线的投影特性

名称	直观图	投影图	投影特性
正垂线			①正面投影积聚为一点 $a'(b')$； ②ab、$a''b''$ 均平行于 OY 轴，且反映实长
铅垂线			①水平投影积聚为一点 $c(d)$； ②$c'd'$、$c''d''$ 均平行于 OZ 轴，且反映实长
侧垂线			①侧面投影积聚为一点 $e''(f'')$； ②ef、$e'f'$ 均平行于 OX 轴，且反映实长

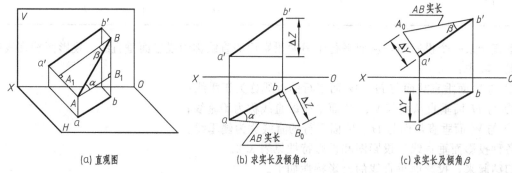

(a) 直观图　　　　(b) 求实长及倾角 α　　　　(c) 求实长及倾角 β

图 3.12　求线段的实长及倾角

图 3.12（b）中，过 b 作 ab 的垂线 bB_0，在此垂线上量取 $bB_0 = |z_A - z_B|$，则 aB_0 即为所求直线 AB 的实长，$\angle B_0ab$ 即为 AB 对 H 面的倾角 α。

同理，如图 3.12（c）所示，以 $a'b'$ 为一直角边，以 $\Delta Y = |y_A - y_B|$ 为另一直角边，作直角三角形 $A_0a'b'$，A_0b' 即为所求直线 AB 的实长，斜边 A_0b' 与 $a'b'$ 的夹角即为 AB 对 V 面的倾角 β。

以上利用直角三角形求实长与倾角的方法称为直角三角形法。从图 3.12 可知，用直角三角形法求线段的实长及对某投影面的倾角时，应以线段在该投影面上的投影长度为一直角边，以线段两端点至该投影面的距离差为另一直角边，斜边则为实长，斜边与投影的夹角为线段对该投影面的倾角。

【例 3.3】　已知线段 AB 的水平投影 ab 和点 A 的正面投影 a'，并知线段 AB 与 H 面夹角 $\alpha = 30°$，作出 AB 的正面投影，如图 3.13（a）所示。

分析　根据直角三角形法，若已知线段的投影长、两点的坐标差、实长及夹角四个条件中的任意两个，便可利用直角三角形求得另两个。该例可由线段的 H 投影及其对 H 的倾角 α，作出直角三角形，求出线段 AB 两端点的 Z 坐标差 Δz_{AB}，便可得到点 B 的正面投影 b'，连接 $a'b'$ 即为所求。

作图　如图 3.13（b）所示。

① 过点 b 作 ab 的垂线；

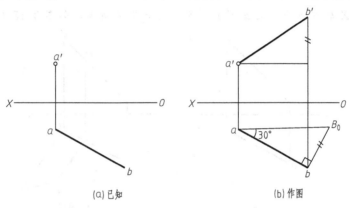

(a) 已知　　　　　(b) 作图

图 3.13　求 AB 的正面投影

② 作与 ab 成 30° 角的直线 aB_0，得直角三角形 abB_0，bB_0 即为 Δz_{AB}；

③ 过 b 作 OX 轴的垂线，截取 $\Delta z_{AB} = bB_0$，得 b'，连接 $a'b'$，完成投影（本题有两解）。

3.2.4　直线上的点

（1）直线上点的投影特性

直线上的点，其投影必在该直线的同面投影上，且符合点的投影规律。如图 3.14 所示，点 C 在直线 AB 上，且点 C 的三面投影 c、c'、c'' 必分别在 AB 的三面投影 ab、$a'b'$、$a''b''$ 上，且 c、c'、c'' 符合点的投影规律。反之，如果点的各个投影均在直线的同面投影上，且符合点的投影规律，则点在该直线上。

（2）点分割直线段成定比

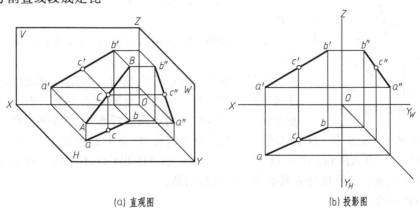

(a) 直观图　　　　　(b) 投影图

图 3.14　直线上的点

直线段上的点将直线段分成了两段，则两段长度之比等于其投影长度之比，如图 3.14（b）所示，$AC : CB = ac : cb = a'c' : c'b' = a''c'' : c''b''$。

【例 3.4】 如图 3.15（a）所示，已知直线段 AB 的投影 ab 及 $a'b'$，C 点在直线段 AB 上，$AC : CB = 2 : 1$，求 C 点的投影。

分析 根据分割线段定比性，$AC : CB = ac : cb = a'c' : c'b' = 2 : 1$，用等分线段的方法先求得 C 点的一个投影，再根据直线上点的投影特性，求 C 点的另一个投影。

作图 ① 自 a 作任意辅助线，并在其上截取 3 等分。

② 连接 $3b$，再过 2 点作 $3b$ 的平行线交 ab 于 c 点。

③ 自 c 点作 OX 轴的垂线，交 $a'b'$ 于 c' 点，c、c' 即为所求，如图 3.15（b）所示。

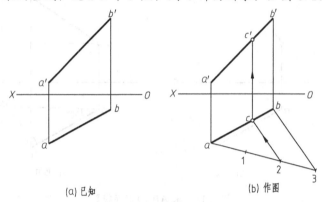

图 3.15 求分点的投影

3.2.5 两直线的相对位置

空间两直线的相对位置有平行、相交、交叉三种情况。如图 3.16 所示，AB 与 CD 互相平行，CD 与 CE 相交，BD 与 EF 交叉。下面分别介绍它们的投影特点。

（1）两直线平行

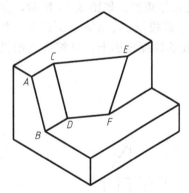

图 3.16 两直线的相对位置

由正投影的基本性质可知，平行两直线具有平行等比性。所以，若空间两直线互相平行，则其同面投影必平行，且两平行线段长度之比等于其各同面投影长度之比。

如图 3.17 所示，两直线 $AB \parallel CD$，则 $ab \parallel cd$，$a'b' \parallel c'd'$，$a''b'' \parallel c''d''$；且 $AB : CD = ab : cd = a'b' : c'd' = a''b'' : c''d''$。

反之，若两直线的同面投影都相互平行，则两直线在空间必平行。

当两直线是一般位置直线时，根据两直线的两对同面投影是否平行，就可判定它们在空间是否平行；但当两直线同为某投影面的平行线时，两对同面投影中则需包含平行投影面的投影。如图 3.18 所示，AB 和 CD 为侧平线，故需看它们在 W 面上的投影 $a''b''$ 和 $c''d''$ 进行判断，其中，图 3.18（a）中 AB 和 CD 平行，图 3.18（b）中 AB 和 CD 不平行。本例也可根据两直线是否符合定比关系、两直线是否共面等方法进行判断。

（2）两直线相交

根据正投影的从属性可知，两直线相交，其同面投影都相交，且各投影的交点满足同一个点的投影规律。如图 3.19 所示，交点 K 将两直线段分别分成具有不同定比的线段，线段在相应投

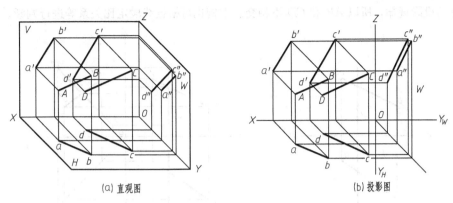

(a) 直观图　　　　　　　　　(b) 投影图

图 3.17　平行两直线的投影

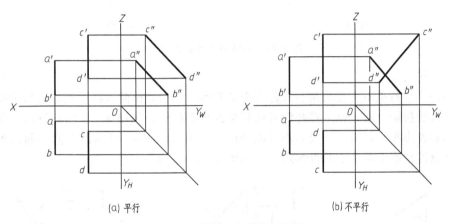

(a) 平行　　　　　　　　　(b) 不平行

图 3.18　判断两直线是否平行

影面上的投影比例不变。反之，如果两直线的各同面投影都相交，且各投影的交点符合点的投影规律，则两直线在空间必相交。

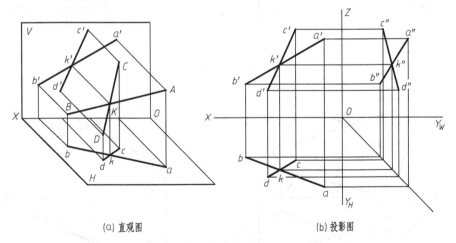

(a) 直观图　　　　　　　　　(b) 投影图

图 3.19　两直线相交

　　当两直线是一般位置直线时，只要两对同面投影相交且交点符合点的投影规律即可判定两直线相交；但若有一直线为某投影面的平行线时，两同面投影中必须包含平行于投影面的投影。如图 3.20 (a) 所示，CD 为侧平线，它是否与 AB 相交，需作出 W 面投影才能判定，从图 3.20 (b) 可见，交点不符合点的投影规律，所以 AB 和 CD 不相交。本例也可根据线段定比关系等进行判断。

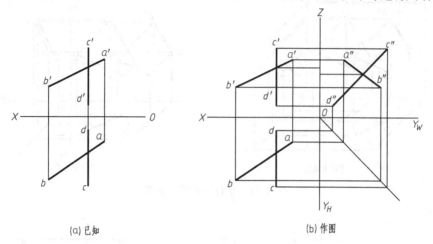

(a) 已知   (b) 作图

图 3.20 判断两直线是否相交

（3）两直线交叉

在空间既不平行也不相交的两直线称为交叉直线，即为异面两直线。交叉直线的投影既不符合两直线平行的投影特点，也不符合两直线相交的投影特点，如图 3.21（a）所示。交叉直线可能有两组同面投影平行，但第三投影不可能平行，如图 3.21（b）所示。它们的同面投影也可能相交，但交点的投影不符合点的投影规律，如图 3.21（c）所示。

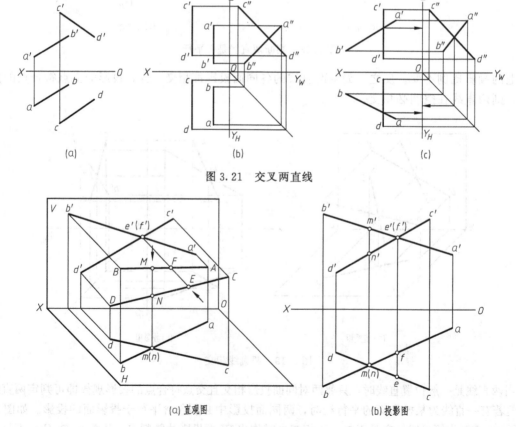

(a)   (b)   (c)

图 3.21 交叉两直线

(a) 直观图   (b) 投影图

图 3.22 两直线交叉

两直线交叉同面投影的交点，是两直线上对该投影面的重影点的投影。如图 3.22 所示，AB 线上的点 M 与 CD 线上的点 N 是对 H 面的重影点，因 M 高 N 低，故 m 可见，n 不可见，水平投影标注为 m（n）；点 E、F 是对 V 面的重影点，因 E 前 F 后，故 e' 可见，f' 不可见，正面投影标注为 e'（f'）。

3.2.6　两直线垂直

在投影图上一般不能如实反映相交两直线间的夹角大小，所以互相垂直的直线在投影图上一般不反映垂直关系。但当相交垂直或交叉垂直的两直线中至少有一条为某个投影面的平行线时，则它们在该直线所平行的那个投影面上的投影反映垂直关系。这个投影规律称为直角投影定理。如图 3.23 所示，$AB /\!/ H$ 面，AB 与 AC 垂直相交，与 DE 垂直交叉，其 H 面投影互相垂直。

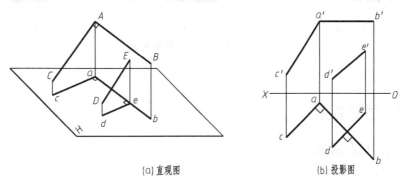

(a) 直观图　　　　　(b) 投影图

图 3.23　垂直两直线的投影

反之，如果两直线在某一投影面上的投影垂直，而且其中至少一条直线为该投影面的平行线，则这两条直线在空间一定相互垂直。

如图 3.24 所示，(a) 中 $AB /\!/ H$ 面，$ab \perp ac$，AB 与 AC 是垂直相交；(b) 中 DE 平行于 V 面，$d'e' \perp f'g'$，DE 与 FG 是交叉垂直；(c) 中虽然 $l'm' \perp m'n'$，但 LM、MN 都是一般位置直线，故两直线不垂直。

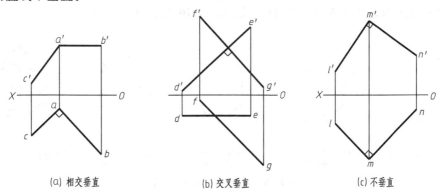

(a) 相交垂直　　　　(b) 交叉垂直　　　　(c) 不垂直

图 3.24　判断两直线是否垂直

【例 3.5】　如图 3.25（a）所示，求点 A 到正平线 BC 的距离。

分析　点到直线的距离是指该点到直线的垂直距离。解题应分两步进行，一是过已知点向已知直线引垂线，因为 BC 为正平线，根据直角投影定理，正面投影反映垂直，所以从正面投影入手；二是求垂线的实长，垂线为一般线，需用直角三角形法求出垂线实长。

作图　① 由点 a' 作 $b'c'$ 的垂线，得到垂足 K 的正面投影 k'，由 k' 作 OX 轴的垂线在 bc 上得到垂足 K 的水平投影 k，连接 $a'k'$、ak，得到垂线 AK 的两面投影，如图 3.25（b）所示。

② 运用直角三角形法作出垂线 AK 的实长，即为点 A 到直线 BC 的距离，如图 3.25（c）所示。

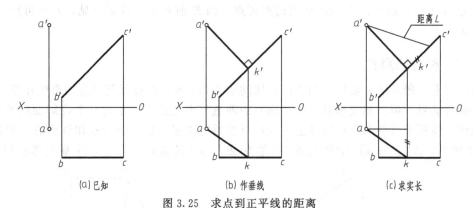

(a) 已知　　　　　　　(b) 作垂线　　　　　　　(c) 求实长
图 3.25　求点到正平线的距离

3.3　平面的投影

3.3.1　平面的表示法

（1）用几何元素表示

平面可以用不在同一直线上的三点来确定其空间位置。在投影图中，平面通常用不在同一直线上的三点或者由三点转换成的其他形式来表示。

① 不在同一直线上的三点，如图 3.26（a）所示。

② 一直线和直线外的一点，如图 3.26（b）所示。

③ 两条相交直线，如图 3.26（c）所示。

④ 两条平行直线，如图 3.26（d）所示。

⑤ 任意平面图形，如三角形、四边形、圆等，如图 3.26（e）所示。

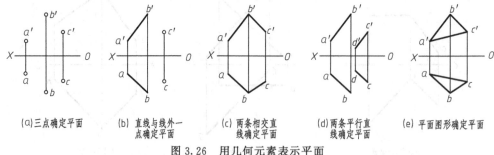

(a)三点确定平面　(b) 直线与线外一　(c) 两条相交直　(d)两条平行直　(e) 平面图形确定平面
　　　　　　　　点确定平面　　　线确定平面　　线确定平面
图 3.26　用几何元素表示平面

（2）用迹线表示

平面除用几何元素表示外，还可用迹线来表示。

平面与投影面的交线称为迹线，如图 3.27 所示，平面 P 与 H、V、W 面的交线分别称为水平迹线（P_H）、正面迹线（P_V）、侧面迹线（P_W）。平面 P 与 OX、OY、OZ 轴的交点，即两迹线的交点称为迹线集合点，分别用 P_X、P_Y、P_Z 来表示。

由于迹线是投影面上的直线，所以它的一个投影与迹线本身重合，其余投影均与投影轴重合。如图 3.27（b）所示，水平迹线 P_H 的水平投影与迹线本身重合，正面投影与 OX 轴重合，

侧面投影与 OY 轴重合。用迹线表示平面时，只画出与迹线本身重合的投影，并加以标注，标注方式与迹线相同，如图 3.27 所示。

如图 3.28 所示，CD 是平面 P 上一线段，若将该线段两端延长，与 H、V 面交于 M_1、N_1 两点（迹点）。M_1、N_1 是投影面上的点，也是平面 P 上的点，故迹点必在平面 P 与投影面的交线——迹线上。由此可得出，平面内所有直线的迹点都在该平面的同面迹线上。

用迹线表示的平面称为迹线面，用几何元素表示的平面称为非迹线面。迹线面与非迹线面之间可以相互转换。如图 3.28 所示，平面 P 由两相交直线 AB

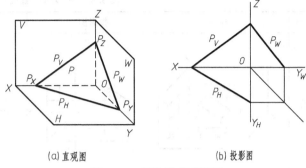

（a）直观图　　（b）投影图
图 3.27　用迹线表示平面

和 CD 所确定，要把该平面转换成迹线平面，只需求出平面上任意两条直线的迹点，并将同面迹点连接起来即可。

3.3.2　各种位置的平面

根据平面在三投影面体系中的位置不同，可分为一般位置平面、投影面平行面和投影面垂直面三类，后两类平面又统称为特殊位置平面。下面分别讨论它们的投影特征。

（1）一般位置平面

与三个投影面都倾斜的平面称为一般位置平面，如图 3.29 所示。一般位置平面的三个投影反映类似形，但不反映实形，且不反映平面对投影面的倾角。

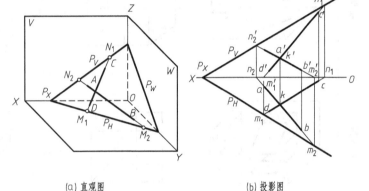

（a）直观图　　（b）投影图
图 3.28　几何元素组表示的平面与迹线平面的转换

（2）投影面垂直面

垂直于某一个投影面，而倾斜于另两个投影面的平面，称为投影面的垂直面。投影面垂直面有三种情况，其中：

① 与 V 面垂直且与 H、W 面倾斜的平面称为正垂面；

② 与 H 面垂直且与 V、W 面倾斜的平面称为铅垂面；

③ 与 W 面垂直且与 H、V 面倾斜的平面称为侧垂面。

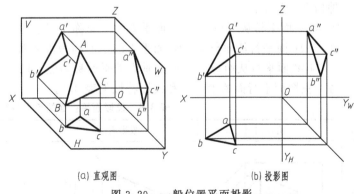

（a）直观图　　（b）投影图
图 3.29　一般位置平面投影

各种投影面垂直面的投影图和投影特征见表 3.3。

归纳起来投影面垂直面的投影特性如下。

① 在所垂直的投影面上的投影积聚成一条倾斜于投影轴的直线，这个积聚投影与投影轴的

夹角反映该平面对相应投影面的夹角。

② 其余两个投影均为原平面图形的类似形。

表 3.3　投影面垂直面的投影特征

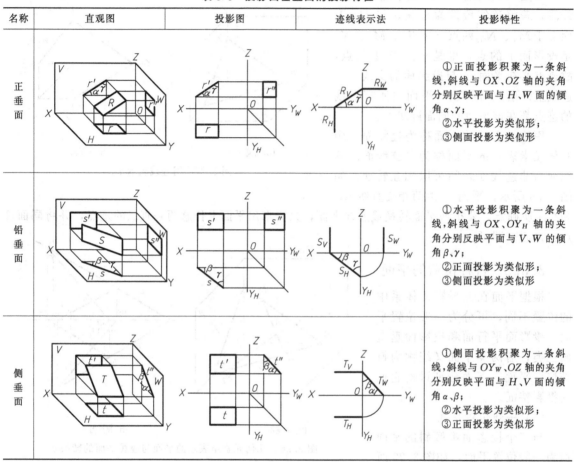

名称	直观图	投影图	迹线表示法	投影特性
正垂面				①正面投影积聚为一条斜线，斜线与 OX、OZ 轴的夹角分别反映平面与 H、W 面的倾角 α、γ；②水平投影为类似形；③侧面投影为类似形
铅垂面				①水平投影积聚为一条斜线，斜线与 OX、OY_H 轴的夹角分别反映平面与 V、W 的倾角 β、γ；②正面投影为类似形；③侧面投影为类似形
侧垂面				①侧面投影积聚为一条斜线，斜线与 OY_W、OZ 轴的夹角分别反映平面与 H、V 面的倾角 α、β；②水平投影为类似形；③正面投影为类似形

（3）投影面平行面

平行于某一个投影面，从而垂直于另两个投影面的平面，称为投影面平行面。投影面平行面有三种情况，其中：

① 与 V 面平行从而与 H、W 面垂直的平面称为正平面；

② 与 H 面平行从而与 V、W 面垂直的平面称为水平面；

③ 与 W 面平行从而与 H、V 面垂直的平面称为侧平面。

各种投影面平行面的投影图和投影特性见表 3.4。

表 3.4　投影面平行面的投影特征

名称	直观图	投影图	迹线表示法	投影特性
正平面				①正平面投影反映实形；②水平投影积聚成一条与 OX 轴平行的直线；③侧面投影积聚成一条与 OZ 轴平行的直线

续表

名称	直观图	投影图	迹线表示法	投影特性
水平面				①水平投影反映实形； ②正面投影积聚成一条与 OX 轴平行的直线； ③侧面投影积聚成一条与 OY_W 轴平行的直线
侧平面				①侧面投影反映实形； ②水平投影积聚成一条与 OY_H 轴平行的直线； ③正面投影积聚成一条与 OZ 轴平行的直线

归纳起来，投影面平行面的投影特性如下。

① 在所平行的投影面上的投影反映平面图形的实形。

② 在其余两个投影面上分别积聚为一条直线，且平行于相应的投影轴。

3.3.3 平面内的点、直线

（1）平面内的点

点在平面内的几何条件是：点在平面内的任一直线上。如图 3.30 所示，点 M 在直线 AB 上，点 N 在直线 AC 上，而直线 AB、AC 都在平面 ABC 内，所以点 M、N 在平面 ABC 内。

【例 3.6】 已知△ABC 平面内点 K 的正面投影 k'，试求其水平投影 k，如图 3.31（a）所示。

分析 若一点位于某一平面内，则它必在该平面内过该点的任一直线上。因而可首先在△ABC 内过点 K 作一辅助线，所求点的水平投影 k 一定在所作辅助线的水平投影上。

方法一：过点 K 任作一直线交△ABC 于两点，为简便，通常与已知点连线作辅助线。如图 3.31（b）所示，连接 $a'k'$，并延

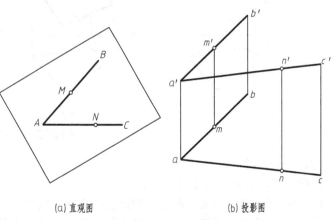

（a）直观图　　（b）投影图

图 3.30　平面内的点

长与 $b'c'$ 交于 d'，然后求出 H 投影 d，则 k 必在 ad 直线上。

方法二：过点 K 作已知直线的平行线为辅助线。如图 3.31（c）所示，过 k' 作 $a'c'$ 的平行线 $e'f'$，与 $b'c'$ 交于 e'，然后求出 H 投影 e，作 ef//ac，则 k 在 ef 上。

【例 3.7】 如图 3.32（a）所示，已知四边形 ABCD 的水平投影及其两条边 AB、AD 的正

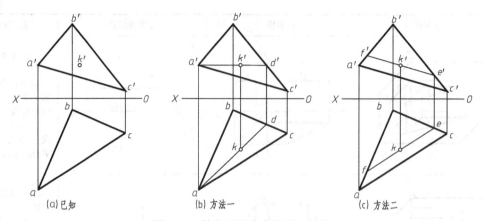

图 3.31　补出平面内点的另一投影

面投影，要求补全其正投影。

分析　若求出 C 点的正面投影 c'，就能补全四边形的正面投影。

方法一：

① 过 c 作一直线 $ec // ab$，与 ad 交于 e，再由 e 作 OX 轴的垂线与 $a'd'$ 交于 e'。

② 过 e' 作 $a'b'$ 的平行线，与由 c 作 OX 轴的垂线交于 c'，连接 $c'd'$ 及 $b'c'$，完成四边形的正面投影，如图 3.32（b）所示。

方法二：

① 连接 a，c 及 b，d，其交点为 k，过 k 作 OX 轴的垂线与 $b'd'$ 交于 k'。

② 连接 a'、k'，并延长与由 c 作 OX 轴的垂线交于 c'，连接 $c'd'$ 及 $b'c'$，完成四边形的正面投影，如图 3.32（c）所示。

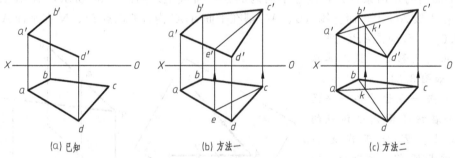

图 3.32　补全四边形的投影

（2）平面内的直线

直线在平面内的几何条件如下。

① 若一直线通过平面内两点，则此直线在该平面内。

② 若一直线通过平面内一点，且平行于平面内另一直线，则此直线在该平面内。

如图 3.33 所示，直线 DE 上的点 D 在 $\triangle ABC$ 的 AB 边上，点 E 在 $\triangle ABC$ 的 AC 边上，故直线 DE 在 $\triangle ABC$ 平面上。又直线 BM 通过 $\triangle ABC$ 平面上的点 B，且平行于平面内的直线 AC，所以 BM 在 $\triangle ABC$ 平面内。

（3）平面内的特殊位置直线

平面上有两种特殊位置线对解决空间几何问题有重要作用，这两种特殊位置线是投影面平行线和最大斜度线。

① 平面内的投影面平行线。平面上平行于 H 面、V 面、W 面的直线分别称为平面内的水平线、平面内的正平线及平面内的侧平线，如图 3.34 所示。

平面内的投影面平行线同时具有投影面平行线及平面内直线的投影性质。

② 平面内的最大斜度线。众所周知，当下雨时，雨点一定沿着斜坡屋面对地面的最大斜度方向流淌下来，如图 3.35 所示。这就是我们所说的平面内的最大斜度线。

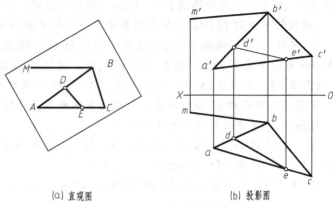

(a) 直观图   (b) 投影图

图 3.33   平面内的直线

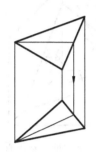 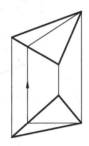 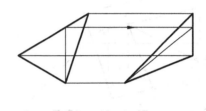

(a) 平面内的水平线   (b) 平面内的正平线   (c) 平面内的侧平线

图 3.34   平面内的投影面平行线

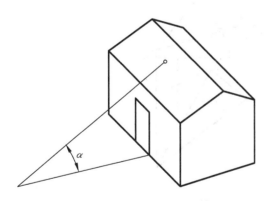

图 3.35   斜坡屋面对地面的最大斜度线

平面内对某投影面倾角最大的直线称为对该投影面的最大斜度线。显然，这种线有无数条。

过平面内的任一点，可在该面上作无数条倾斜于某投影面的直线，但每一条线的倾角是不同的，其中只有一条对该投影面倾角最大。图 3.36 中的 MN_1 是平面 P 内的任一直线，设它与 H 面的倾角为 α_1，MN 是垂直于平面 P 内水平线 AB 和水平迹线 P_H 的直线，它与 H 面倾角为 α，比较两直角三角形 $\triangle MNm$ 和 $\triangle MN_1m$ 就可以看出：$\sin\alpha = Mm/MN$，$\sin\alpha_1 = Mm/MN_1$。因 MN 垂直于 P_H，在直角 $\triangle MNN_1$ 中，斜边 $MN_1 >$ 直角边 MN，故得 $\alpha > \alpha_1$。

由此可知：平面内垂直于水平线（或水平迹线）的直线，就是平面上对 H 面的最大斜度线。同理，平面内垂直于正平线（或正面迹线）的直线，就是对 V 面最大斜度线；平面内垂直于侧平线（或侧面迹线）的直线，就是对 W 面的最大斜度线，如图 3.37 所示。其中平面上对 H 面的最大斜度线叫作最大坡度线。

下面仍以 MN 为例，讨论对 H 面的最大斜度线的投影特点。

① 其水平投影垂直于平面内的水平线的水平投影。如图 3.36 所示，因 MN 垂直于平面内水

平线 AB，亦垂直于水平迹线 P_H，根据直角投影定理，它的水平投影 mN 垂直于 ab 和水平迹线 P_H，故可知平面对 H 面最大斜度线的水平投影与平面内水平线的水平投影垂直。

② 它对 H 面的倾角等于它到所在平面对 H 面的倾角。由于 $MN \perp P_H$、$mN \perp P_H$，那么，$\angle MNm$ 就是平面 P 对水平投影面 H 的倾角。对 V 面和 W 面的最大斜度线也有类似的特征。

【例 3.8】 如图 3.38（a）所示，求 $\triangle ABC$ 对 H 面的倾角 α。

分析 求平面对 H 面的倾角，也就是求平面内最大斜度线对 H 面的倾角。

作图 ① 作平面内的水平线 AE。

② 作平面对 H 面的最大斜度线 BD，根据最大斜度线定义 $BD \perp AE$，根据直角投影定理，可知 $bd \perp ae$，作出 BD 的两面投影 bd、$b'd'$。

③ 用直角三角形法求出 BD 对 H 面的倾角 α，即为 $\triangle ABC$ 对 H 面的倾角 α，如图 3.38（b）所示。

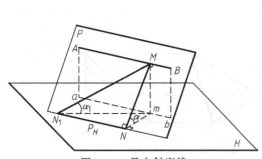

图 3.36 最大斜度线

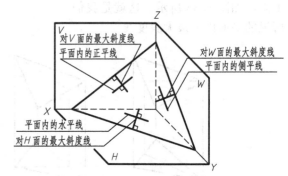

图 3.37 平面内的特殊位置线

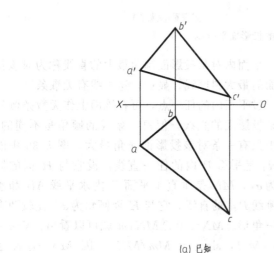

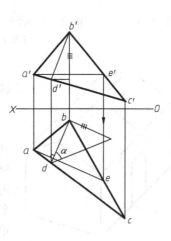

(a) 已知   (b) 作图

图 3.38 求平面对 H 面的倾角

第 4 章

直线与平面及平面与平面的投影

▶▶

在空间中，直线与平面、平面与平面的相对位置可分为平行、相交和垂直三种情况。本章重点讲述直线与平面、平面与平面之间三种相对位置关系的判定条件以及求其交点、交线的作法。

4.1 平行问题

4.1.1 直线与平面平行

初等几何学证实直线与平面的平行关系为：在平面内任一直线与空间中某一直线平行，则该平面与此空间中的直线相互平行。由此推断可知，若某平面和一直线平行，那么平面内某一直线必与此直线相互平行。据此条件，即可以用来对直线和平面是否平行进行验证和制图。

如图 4.1 所示，平面△ABC 中，直线 AF 平行于直线 DE，因此直线 DE 与平面△ABC 互相平行。图 4.1（a）为空间状况，图 4.1（b）为投影图。

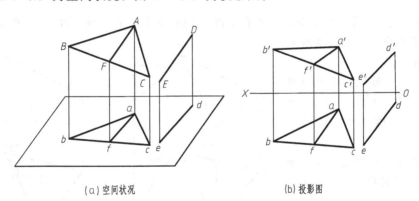

(a) 空间状况　　　　　　　　　(b) 投影图

图 4.1　直线与平面平行

【例 4.1】　如图 4.2（a）所示，已知直线 DE 和平面△ABC 的两面投影，要求：检验直线 DE 是否与△ABC 相互平行。

分析　检验直线 DE 是否与平面△ABC 平行，只需要在平面△ABC 内，检验是否能作出一条与其平行的直线即可，否则二者不平行。作图步骤如图 4.2（b）所示。

作图　① 在水平投影中平面△abc 内作直线 af 平行于直线 de，过 f 作 OX 轴的投影连线，交 b'c' 于 f'，连接 f' 与 a'。

② 经过观察，在图中直线 a'f' 与直线 e'd' 是不平行的，因此说明直线 DE 与平面△ABC 不

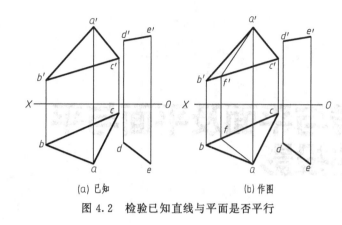

(a) 已知   (b) 作图

图 4.2 检验已知直线与平面是否平行

平行。

当平面垂直于投影面时，与此平面具有平行关系的直线，同样可在投影面中反映其平行关系。如图 4.3 所示，空间中一直线 FG 与铅垂面 $\triangle ABC$ 相互平行，又因直线 DE 与平面 $\triangle ABC$ 平行，所以该直线 DE 与平面 $\triangle ABC$ 在 H 面上的投影相互平行。

由此推出，当平面与投影面相互垂直，直线与平面平行时，则在该平面垂直的投影面上直线的投影与平面的投影必定相互平行。

【例 4.2】 如图 4.4 所示，过点 D 作正平线 DE 与平面 $\triangle ABC$ 平行。

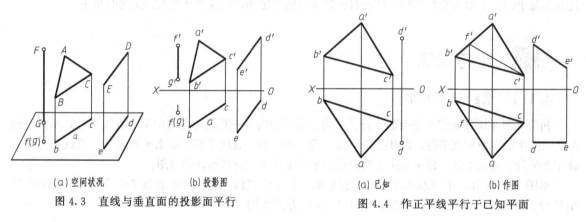

(a) 空间状况   (b) 投影图

图 4.3 直线与垂直面的投影面平行

(a) 已知   (b) 作图

图 4.4 作正平线平行于已知平面

分析 作直线平行于已知平面，首先在平面 $\triangle ABC$ 内作一正平线，过 D 作直线使其平行于 $\triangle ABC$ 内正平线即可。作图步骤如图 4.4（b）所示。

作图 ① 在平面 $\triangle ABC$ 内作正平线 CF，过 C 作 OX 轴平行线，交 ab 于 f，过 f 向 OX 轴作投影连线得直线 $c'f'$。

② 分别过 d、d' 作 de、$d'e'$ 平行于 fc、$f'c'$，则直线 DE 为所求正平线。

4.1.2 平面与平面平行

平面与平面相互平行的检验标准是：若在一平面内两条相交直线，分别与另一平面内两条相交直线平行，那么两平面必定相互平行。

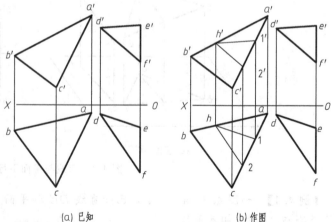

(a) 已知   (b) 作图

图 4.5 平面与平面平行

【例 4.3】 如图 4.5（a）所示，已知平面 $\triangle ABC$ 和平面 $\triangle DEF$ 的两面投影，求：平面 $\triangle ABC$ 是否平行于平面 $\triangle DEF$。

分析　如何证实两平面互相平行，只要在其中一平面内作两条相交直线，并且观察是否与另一平面内相交直线平行即可。作图步骤如图 4.5 (b) 所示。

作图　① 在平面 △$a'b'c'$ 内的 $a'b'$ 边上找一点 h'，作出其水平投影 h。

② 过 h' 作 $h'1'$ 平行于 $d'e'$；过 h' 作 $h'2'$ 平行于 $d'f'$。

③ 过 $1'$、$2'$ 向 OX 轴作投影连线交 ac 于 1、2，然后连接 $h1$、$h2$。

④ 经过观察 $h1$ 平行于 de，$h2$ 平行于 df，因此平面 △ABC 平行于平面 △DEF。

【例 4.4】　如图 4.6 (a) 过点 D 作一平面使其与已知平面 △ABC 平行。

分析　过一点作平面与另一平面平行，据平面之间相互平行几何原理，需要过点作两条相交直线与已知平面内相交直线平行即可。作图步骤如图 4.6 (b) 所示。

作图　① 过点 d 作 df 平行于 ab，de 平行于 bc。

② 过点 d' 作 $d'e'$ 平行于 $b'c'$，作 $d'f'$ 平行于 $a'b'$。

③ 两条直线 de、df 所确定的平面平行于平面 △ABC。

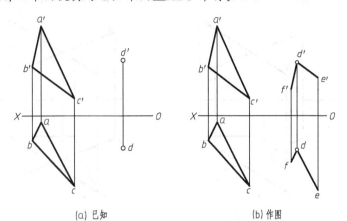

(a) 已知　　　　　　　　(b) 作图

图 4.6　过点作平面与已知平面平行

如图 4.7 所示，若两平面相互平行并且都位于同一投影面的垂直位置时，则投影面中的积聚性投影相互平行。

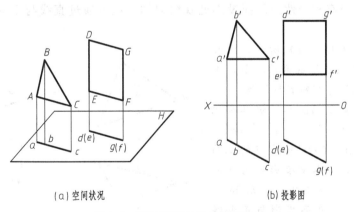

(a) 空间状况　　　　　　　　(b) 投影图

图 4.7　两平行面垂直投影面平行

4.2　相交问题

4.2.1　直线与平面相交

直线与平面相交的问题，目的是为了求出直线与平面的交点和判定其可见性，直线与平面相交，两者必有其交点，而此交点则是两者的公共交点，因此它既是直线上的一点，也是平面上的一点。

（1）直线与投影面垂直面相交

直线与投影面垂直面相交，其交点的投影分别由交点及与 OX 轴的垂直线求得。

【例 4.5】 如图 4.8（a）所示，已知直线 DE 和平面△ABC 的两面投影，求作直线 DE 与平面△ABC 的交点，并判断其可见性。

分析 由于平面△ABC 的正面投影有积聚性，因此其正面投影都积聚在投影 $a'b'c'$ 上，所以直线 DE 与平面△ABC 的交点的正面投影必在投影 $a'b'c'$ 上，而交点也位于直线 DE 上，那么在 $d'e'$ 与 $a'b'c'$ 相交处，过 f' 作垂线交 de 于 f 即可。作图步骤如图 4.8（b）所示。

作图 ① 过直线 $d'e'$ 与平面 $b'a'c'$ 的交点 f' 作投影连线交 de 于点 f，即求得直线与平面交点的水平投影 f。

② 首先在正面投影中观察其直线 DE 的可见性，交点 f 左侧位于平面△abc 之上，因此 df 段可见，用实线画出，另一段则不可见，并以虚线表示。

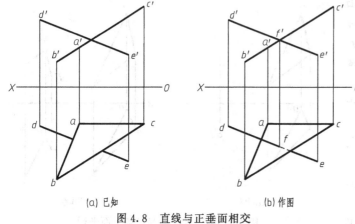

(a) 已知   (b) 作图
图 4.8　直线与正垂面相交

（2）平面与具有积聚性投影直线相交

平面与位于垂直投影面并且具有积聚性的直线相交，直线上必有一点经过平面，因此如何来求该直线和平面的交点，实际上就是求平面内点的位置。其交点的投影一个为直线的积聚投影，另一个则可通过平面内直线取点方法求得。可见性问题，可通过没有积聚性的同面投影处观察得知，或者通过直线与平面的重影点来进行判断是否可见。

【例 4.6】 如图 4.9（a）所示，已知正垂线 AB 和平面△CDE 的两面投影，求其交点 F 的两面投影并判断其可见性。

分析 由于正垂线 AB 其投影具有积聚性，因此其投影都积聚于一点 b'（a'），所以直线 AB 与平面△CDE 的交点的正面投影与 b'（a'）重合，水平投影可用辅助线法求得。作图步骤如图 4.9（b）所示。

作图 ① 交点 F 正面投影与正垂线 AB 重合，过 f' 点作 $c'g'$ 交 $d'e'$ 于 g'。

② 过 g' 向 OX 轴作投影连线交 de 于 g，连接 cg，则其与 ab 交于一点 f，即为水平投影。

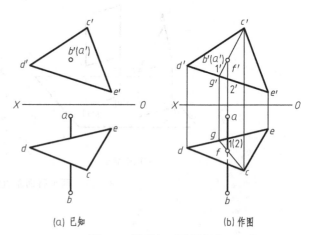

(a) 已知   (b) 作图
图 4.9　平面与正垂线相交

③ ab 与 de 相交处为重影点 1（2），过 1（2）向上作投影连线交 $d'e'$ 于点 $2'$，与 $a'b'$ 重合于点 $1'$，由于 $1'$ 点位于 $2'$ 点上方，因此，直线 AB 上的点Ⅰ可见，而 FⅡ被平面△CDE 遮挡不可见，所以 $f1$ 画为粗实线，另一段用虚线表示。

（3）无积聚性投影的直线和平面相交

当直线和平面所处位置都不与投影面垂直时，则其相交的投影面不具有积聚性，可以利用辅助直线来求得交点。

如图 4.10 所示，空间中有一直线 DE 和平面
△ABC 相交，要求直线 DE 和平面△ABC 的交点，
而交点 K 作为直线和平面的共有点，则必在平面
△ABC 过 K 的直线 MN 上，在平面△ABC 内取辅助
直线 MN，使其与直线 DE 的水平投影重合，平面
△ABC 内辅助直线 MN 与 DE 的交点即为所求。

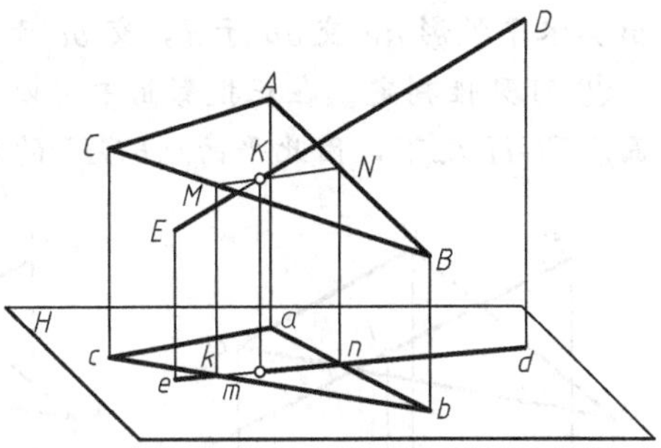

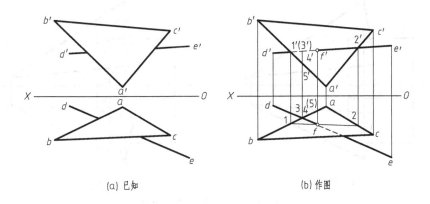

图 4.10　辅助直线求直线平面交点

【例 4.7】　如图 4.11（a）所示，已知直线 DE 和
平面△ABC 的两面投影，求交点 F 并判断其投影可
见性。

分析　根据上述过程，直线和平面投影都不具有
积聚性，可利用辅助直线来求得交点。

作图步骤如图 4-11（b）所示。

作图　① 在平面△a′b′c′内标出与直线 d′e′的重影点Ⅰ、Ⅱ。

② 过点 1′、点 2′向 OX 轴作投影连线交 ab 于 1，交 ac 于 2 连接 1、2 与 de 交于点 f。

③ 过 f 作 OX 轴的投影连线交 d′e′的连线于 f′，即为所求交点 F。

④ 判定可见性，通过重影点Ⅰ、Ⅲ的水平投影 1、3 观察得出，1 位于 3 的前方，故在正面
投影中，直线 DE 有一段被平面△ABC 遮挡，因此 f′1′段画为虚线，同理 2f 可见。

(a) 已知　　　　　　　　　(b) 作图

图 4.11　辅助线法求交点

4.2.2　平面与平面相交

平面与平面相交的交汇处必有一条直线，这条交线是两平面所共有的直线，因此要求出交
线，可先求出交线的端点。

（1）一般平面与具有积聚性平面相交

两平面相交，只要有一平面投影面具有积聚性，则该积聚性投影和交线同面投影重合。

【例 4.8】　如图 4.12（a）所示，已知平面△ABC 和平面△FGH 两面投影，求作交线 DE
并判定其可见性。

分析　由于平面△FGH 在正面投影中有积聚性，因此交线正面投影与其重合，而交线也在
平面△ABC 内，那么可由重影点向 OX 轴作投影连线，连接与平面△ABC 水平投影的交点即
可。作图步骤如图 4.12（b）所示。

作图　① 过平面△ABC 和平面△FGH 重影点 DE 的正面投影 d′e′向 OX 轴作投影连线，

得出其水平投影 *de* 交 *ab* 于 *d*，交 *bc* 于 *e*。

② 可见性判定。在正投影面中可以看出平面 *ADEC* 位于平面 △*FGH* 的上方，平面 *DBE* 在平面 △*FGH* 之下，因此平面 △*FGH* 的水平投影中平面 *DBE* 与平面 △*FGH* 的重合部分不可见。

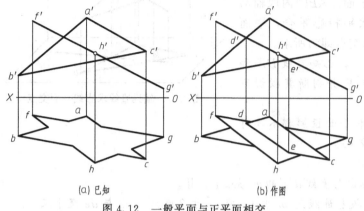

(a) 已知   (b) 作图

图 4.12　一般平面与正平面相交

【例 4.9】　如图 4.13（a）所示，已知平面 △*ABC* 和平面四边形 *DEGF* 的两面投影，求作交线及两面投影，判定其可见性。

分析　观察得知平面四边形 *DEGF* 为水平面，在正投影面中积聚为一条直线投影，则交线部分会与其水平投影部分重合，交线为两平面的共有部分，则可根据点在平面内任一直线上确定其中一点的两面投影。作图步骤如图 4.13（b）所示。

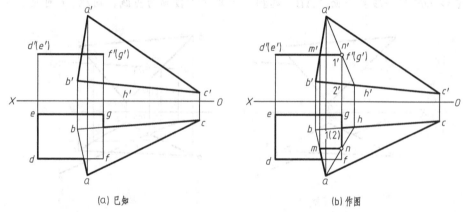

(a) 已知   (b) 作图

图 4.13　水平面与一般面相交

作图　① 首先连接 *a'f'* 并延长交 *b'c'* 于 *h'*。

② 过 *h'* 作 *OX* 轴的投影连线交 *bc* 于 *h*，连接 *ah* 交 *gf* 于 *n*。*M* 点的两面投影则可根据直线的投影性质来求出。

③ 判定可见性。由正面投影可知重影点点 *1'* 位于点 *2'* 的上方，因此直线 *BC* 在直线 *FG* 的下方，所以 *mn2b* 面不可见，同理可知位于平面四边形 *degf* 交线 *mn* 前方部分不可见。

（2）不具有积聚性投影的两平面相交

当相交的两平面投影都不具有积聚性时，两个平面的交线实际上首先要求一平面和另一平面内两边

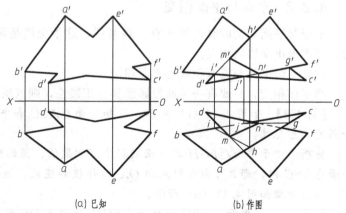

(a) 已知   (b) 作图

图 4.14　两一般面相交求交线

或一边线的投影面交点，然后两个交点的连线即为交线。

【例 4.10】　如图 4.14 (a) 所示，已知平面 $\triangle ABC$ 与平面 $\triangle DEF$ 的两面投影，求两平面交线，判定其可见性。

分析　两面都是一般平面，投影都不存在积聚性，先求出其中一个平面内两边，分别与另一平面的交点投影，然后连接交点即为所求。作图步骤如图 4.14 (b) 所示。

作图　① 分别包含 DE、DF 作正垂面投影。

② 求正垂面与平面 ABC 交线 HI、GJ，它们分别与 DE、DF 交于点 M 和 N。连接 m、n 及 m'、n' 两点，即得 MN 的两个投影。

③ 判定可见性。利用前述的方法即可，判定结果如图 4.14 (b) 所示。

4.3　垂直问题

4.3.1　直线与平面垂直

直线与平面垂直的条件是：如果一条直线与平面内任意两条直线垂直，那么此直线必与该平面垂直；如果一条直线垂直于投影面平行线，则在此投影面中，它们的投影也相互垂直。由此我们可以根据此几何条件来进行直线和平面的垂直判定和作图。

【例 4.11】　如图 4.15 (a) 所示，已知平面四边形 $ABCD$ 和点 E 的两面投影，求作垂直于平面的过 E 点直线的两面投影。

分析　过 E 的直线没有限定长度，因此可以是任意长度的直线，然后可分别作出正平线和水平线作为相交直线，再作垂直于过点的直线。作图步骤如图 4.15 (b) 所示。

作图　① 过 d 作 $d1$ 平行于 OX 交 bc 于 1，过 1 向 OX 轴作投影连线交 $b'c'$ 于 $1'$，连接 $d'1'$。

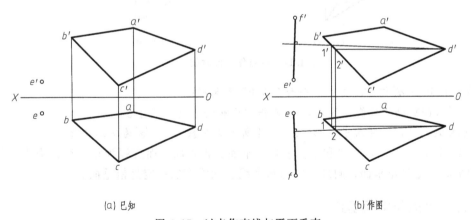

(a) 已知　　　　　　　　　　　　　(b) 作图

图 4.15　过点作直线与平面垂直

② 过 d' 作 $d'2'$ 平行于 OX 交 $b'c'$ 于点 $2'$，并过点 $2'$ 向 OX 轴作投影连线，交 bc 于 2，连接 $d2$。

③ 分别过 ee' 作 $d2$、$d'1'$ 延长线的垂线，并延长，EF 即为所求。

【例 4.12】　如图 4.16 (a) 所示，已知平面 $\triangle ABC$ 以及空间中一点 D 的两面投影，求过 D 点作平面 $\triangle ABC$ 垂线的两面投影。

分析　可以先作平面 $\triangle ABC$ 的水平线与正平线，然后再作过点的直线，并且作其两面投影分别与平面 $\triangle ABC$ 的水平线与正平线两面投影垂直。作图步骤如图 4.16 (b) 所示。

作图 ① 过 c 作 $c1$ 平行于 OX 轴交 ab 于点 1，并作 CI 的正面投影 $c'1'$。

② 过 b' 作 $b'2'$ 平行于 OX 轴交 $a'c'$ 于点 $2'$，并作 BII 的水平投影 $b2$。

③ 过 d' 作 $d'e'$ 垂直于 $c'1'$，过 d 作 de 垂直于 $b2$，DE 的两面投影即为所求。

由上述的例子我们可以得出：直线与平面垂直，则该直线的正面投影垂直于平面内水平线的正面投影；同样直线的水平投影垂直于平面内正平线的水平投影。

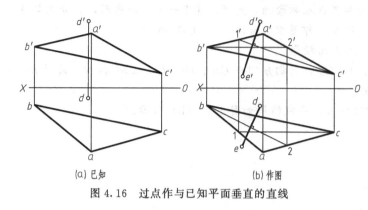

(a) 已知　　　　(b) 作图

图 4.16　过点作与已知平面垂直的直线

【例 4.13】 如图 4.17（a）所示，已知点 D 和平面 $\triangle ABC$ 的两面投影，求作过点 D 到平面 $\triangle ABC$ 的垂线和垂足的两面投影，以及点到平面的实际距离。

分析 观察得知平面 $\triangle ABC$ 为正垂面，因此过点 D 需作一条正平线，使其垂直于正垂面 $\triangle ABC$，即为所求实际距离。作图步骤如图 4.17（b）所示。

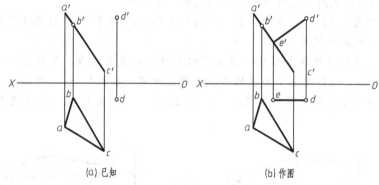

(a) 已知　　　　(b) 作图

图 4.17　过点作平面垂线、垂足

作图 ① 过点 d' 作 $d'e'$ 垂直于平面 $\triangle ABC$ 于点 e'；

② 过 e' 向 OX 轴作投影连线，与过 d 作 OX 轴的平行线交于 e；

③ 直线 de、$d'e'$ 即为所求投影，e、e' 为所求垂足投影，$d'e'$ 为实际距离。

如图 4.17（b）所示，直线和平面垂直，平面为正垂面，而直线为正平线，推出：与正平线相垂直的平面一定是正垂面，同理可知与水平线互相垂直的一定是铅垂面。

4.3.2　平面与平面垂直

两平面相互垂直且都垂直于同一投影面，则两平面内所有平行于此投影面的直线也相互垂直；两平面的交线必垂直于投影面，同时两平面位于此投影面的投影具有积聚性。

如图 4.18（a）所示，平面 A 和平面 B 互相垂直，并且都垂直于面 P；如图 4.18（b）所示，位于平面 A、B 并且平行于垂直投影面的直线，它们也都互相垂直，平面、平面的交线以及平面内的直线在 P 面的投影都具有积聚性。

【例 4.14】 如图 4.19（a）所示，已知平面 $\triangle ABC$ 以及 D 点的两面投影，求过点 D 作平面的两面投影并使其垂直于平面 $\triangle ABC$。

分析 已知一平面，作另一平面与其垂直，一平面内必包含能够与另一平面相垂直的直线，

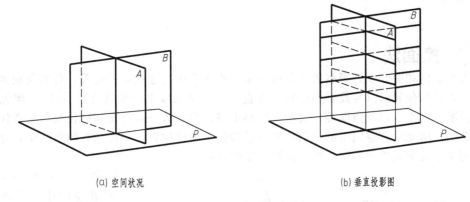

(a) 空间状况   (b) 垂直投影图

图 4.18 两平面相互垂直

因此需要先过已知点作一条直线与另一平面垂直，之后作另一条直线确定一平面即可。

作图步骤如图 4.19（b）所示。

作图 ① 过点 b 作正平线，过点 b' 作水平线，然后作辅助线求出两面投影。

② 作 de 垂直于 bg，$d'e'$ 垂直于 $b'g'$。

③ 作任意长度直线 $d'f'$，作出其水平投影 df，平面 def、$d'e'f'$ 即为所求平面两面投影。

【例 4.15】 如图 4.20（a）所示，已知平面 $\triangle ABC$ 与平面 $\triangle DEF$ 的两面投影，判断两平面是否垂直。

分析 判断两平面是否垂直：过一平面内两点作另一平面的垂线，观察其另一投影面的垂线投影，投影点是否位于垂线及图形投影界限内。作图步骤如图 4.20（b）所示。

作图 ① 作平面 $\triangle ABC$ 的正平线及水平线的两面投影。

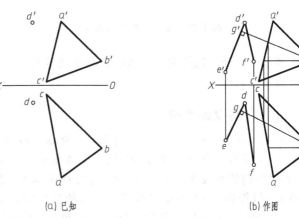

(a) 已知   (b) 作图

图 4.19 过已知点和平面作两平面垂直

② 过点 e' 作 $e'g'$ 垂直于 $a'g'$ 交 $d'f'$ 于点 $3'$，同样过 e 作 eg 垂直于 $a1$。

③ 判断两平面是否垂直，通过观察发现点 3 不在 DF 上，因此可判定平面 $\triangle ABC$ 与平面

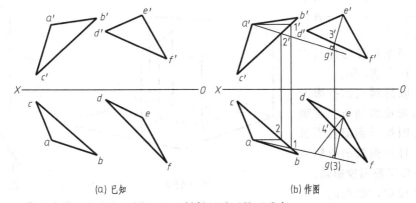

(a) 已知   (b) 作图

图 4.20 判断两平面是否垂直

△DEF 不垂直。

4.4 换面法

根据投影法的相关知识，观察关于几何元素在投影面中存在的位置关系，我们发现当几何元素位于投影面特殊位置时（与投影面平行、垂直、两几何元素平行或垂直），判定几何元素的位置问题（长度、交点、以及角度等）会相对简单很多，为了进一步方便和简化我们思考作图的过程，我们会把几何元素在空间中的一般位置关系转化为特殊位置，即在原有的空间中，建立新的投影面使其位于几何元素的特殊位置，这种方法叫作换面法。

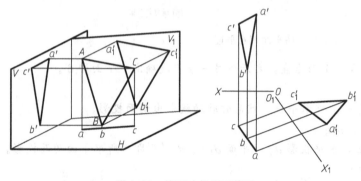

图 4.21 换面法投影面体系

如图 4.21 所示，平面 △ABC 在空间中为铅垂面，其在平面 H、V 中的投影均不反映实形，那么创建 V_1 面平行于平面 △ABC 且垂直于 H 面，因此在所构成新的投影面体系 V_1H 中，反映平面 △ABC 的实形投影。

综上所述，新投影面的建立需要满足以下两个原则：①新创建的投影面必须垂直于原投影面体系中的任一投影面；②新投影面所创建的位置，必须确保空间中的几何元素有利于解题（平行或垂直）。

4.4.1 点的投影变换

点作为几何元素中最基本形态，是我们研究掌握投影变换规律的基础。点的一次变换如下。

如图 4.22 所示，点 A 位于 V/H 投影面体系中，a 为其水平投影，a′ 为其正面投影。在固定平面 H 面中创建新投影面 V_1，使 V_1 为铅垂面即 V_1 垂直于 H，形成新的投影体系 V_1/H，则投影面 V_1 与投影面 H 的交线 O_1X_1 为新的投影轴，点 a_1' 则为 A 点在投影面 V_1 的新投影，点 A 在 H 面的投影 a 为固定投影，投影面 V 被 V_1 替换掉，因此投影面 V 为旧投影面，正面投影 a 则为旧投影，旧投影面的交线 OX 轴为旧投影轴。

在图 4.22（a）中观察得知，新旧投影体系中水平面 H 是固定不变的，所以点 A 在两个平面体系中的投影到水平面 H 的距离是相同的：$a'a_x = a_1'a_{x_1} = Aa$，而根据点的投影规律可知 a a 垂直于 OX 轴，则在新投影体系中 a a_1' 同样垂直于 O_1X_1 轴。

由以上可以得到点的投影变换规律：点的新投影到新投影轴的距离和点的旧投影到旧投影轴的距离相等，且点到新旧投影点的连线分别垂直于新旧投影轴。

根据变换规律，则点的一次变换 V 面的投影图画法如图 4.22

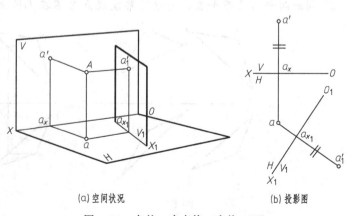

(a) 空间状况　　(b) 投影图

图 4.22 点的一次变换（变换 V 面）

（b）所示：

① 在固定水平面 H 面中作新投影轴 O_1X_1 轴；

② 过水平投影点 a 作 O_1X_1 轴的垂线 aa_{x_1} 交 O_1X_1 于点 a_{x_1}；

③ 在垂线的延长线上截取 $a_{x_1}a_1' = a'a_x$，a_1' 即为所求的新投影。

如图 4.23 所示，该图为变换 H 面的作图过程。同理取 V 面为固定投影面，创建正垂面 H_1，则构成新投影体系 V/H_1，同时也有 $aa_x = a_1a_{x_1} = Aa'$。在图 4.23（b）中，表现在投影图中，依次按照上述变换 V 面步骤作出即可。

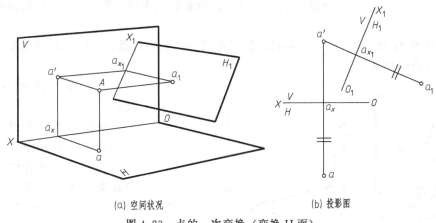

（a）空间状况　　　　　　　　　　（b）投影图

图 4.23　点的一次变换（变换 H 面）

4.4.2　点的二次变换

通过点的一次变换我们看出，在解决问题的时候一次变换是有局限性的，因此还需要针对特殊情况进行二次甚至多次的变换才能达到解题的目的，实际上二次变换是在一次变换的基础上来进行的，过程和一次变换是相同的：即在一次变换的投影面上去创立另一个投影面并且与其相互垂直，在进行多次更替变换时，须在上次变换的基础上进行下一次的变换，因此不能同时进行两个投影面的变换。具体作法如图 4.24 所示。

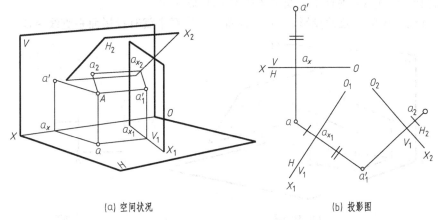

（a）空间状况　　　　　　　　　　（b）投影图

图 4.24　点的二次变换

4.4.3　直线的投影变换

（1）投影面直线的平行变换

　　投影面直线平行变换的目的是为了使新投影平行于已知直线，从而在新投影体系中解决直线的实长和投影面倾角问题。

　　如图 4.25 所示，将空间中直线 AB 的投影变换为平行投影，创建替换 V 面的新投影面 V_1 面，并且使其平行于已知直线 AB，垂直于固定面 H 面，所以新投影轴 O_1X_1 轴平行于 H 面的固定投影，位于新投影面 V_1 面上的新投影 $a_1'b_1'$ 反映直线 AB 的实际长度。其投影图如图 4.25（b）所示：

　　① 作新投影轴 O_1X_1 使其平行于已知直线的水平投影 ab；

　　② 根据点的变换规律分别作出 a、b 的新投影 $a_1'b_1'$；

　　③ 连接点 a_1'、b_1'，即为新投影 $a_1'b_1'$，其与新投影轴的夹角 α 为直线 AB 与固定投影面 H 面所呈的倾角。

　　同理，转换 H 面创建 H_1 面同样可以得到直线 AB 的平行投影，则新投影与 V 面所呈的角度通过倾角 β 反映出来。

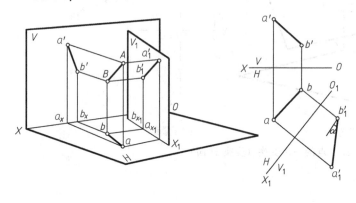

（a）空间状况　　　　　（b）投影图

图 4.25　投影面直线的平行变换

（2）投影面平行线的垂直变换

　　投影面平行线到投影面垂直线的变换，需要作一个新投影面使其能够与已知直线垂直，并且该投影面应垂直于已知投影面的其中之一，目的是为了解决已知直线和投影面直线以及点到新投影面的距离等问题。

　　如图 4.26（a）所示，V/H 体系中直线 AB 为其正平线，要使投影面平行线变换为垂直线，须作新投影面与已知直线 AB 相互垂直，经过观察可通过转化固定投影面 H 面为 H_1 面来实现，则形成的新投影体系 V/H_1 具有所求投影面垂直线的特征。其投影图的作图过程如图 4.26（b）所示：

　　① 作新投影轴 O_1X_1 垂直于直线 AB 的 V 面投影 $a'b'$；

　　② 作出直线 AB 的积聚性投影 a_1b_1；在新投影体系中就有投影面垂直线 AB。

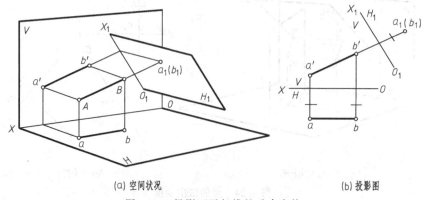

（a）空间状况　　　　　（b）投影图

图 4.26　投影面平行线的垂直变换

4.4.4　平面的投影变换

（1）平面的投影面垂直面变换

平面的投影面垂直面变换，由其投影性特点可知，目的旨在解决平面在投影面的倾角以及平面上的点与投影面的真实距离、平面与直线和平面与平面相交等问题。

要使平面变换成与投影面垂直，必须在平面中取一直线，在变换中可以先在平面中选择一条直线，作其投影面平行线，然后再作与平行线相互垂直的投影面即可。

如图 4.27 所示，在 V/H 体系中有平面 $\triangle ABC$，要使其变换为投影面垂直面，须创建新投影面 V_1 面与平面 $\triangle ABC$ 中某直线垂直，由于新投影面 V_1 面垂直于水平面 H 面，因此平面 $\triangle ABC$ 内的直线 CD 垂直于新投影轴，此时平面 $\triangle ABC$ 的新投影面投影具有积聚性。

变换为垂直面的作图过程如图 4.27（b）所示：

① 在平面 $\triangle ABC$ 内作水平直线 CD，并作其水平投影、正面投影（cd、$c'd'$）；

② 作新投影轴 O_1X_1 使其垂直于 cd，则确立新投影面 V_1 面；

③ 根据投影变换规律分别作出点 A、B、C 的新投影 a_1'、b_1'、$(c_1'd_1')$；新投影 $a_1'c_1'b_1'$ 与新投影轴 O_1X_1 所呈的夹角 α 即为平面 $\triangle ABC$ 与水平面的倾角。

同理，变换 H 作新投影面 H_1 使其与平面 $\triangle ABC$ 内的正平线垂直，则平面 $\triangle ABC$ 与正平面 V 面的倾角 β 将通过新投影面的积聚性投影与新投影轴的夹角反映出来。

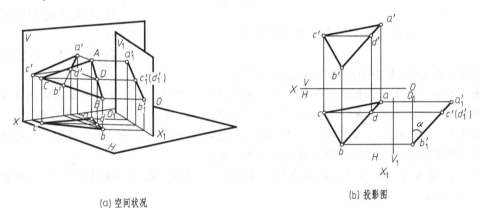

(a) 空间状况　　　　　　　　　　　　(b) 投影图

图 4.27　平面的投影面垂直面变换

（2）平面投影面垂直面的平行变换

平面投影面垂直面变换为平行面，需创立一个新平面与已知的某一平面平行，根据投影面投影特性可知新投影面则会垂直于另一已知平面，变换后的新投影面反映投影面垂直面的实形，并且新投影轴与垂直面具有积聚性的投影相互平行。

如图 4.28 所示，将正垂面 $\triangle ABC$ 变换为投影面平行面的步骤如下：

① 首先作新投影轴 O_1X_1 平行于正垂面 $\triangle ABC$ 的积聚性投影 $a'b'c'$；

② 根据投影变换规律在新投影面上求出平面 $\triangle ABC$ 的新投影平面 $\triangle a_1b_1c_1$，投影面 $\triangle a_1b_1c_1$ 反映其实形。

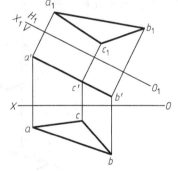

图 4.28　平面投影面垂直面的平行变换

4.4.5　换面法的应用

【例 4.16】　如图 4.29（a）所示，已知直线 DE 与平面 $\triangle ABC$ 的两面投影，求直线 DE 与平面 $\triangle ABC$ 的交点。

分析　通过观察，直线 DE 和平面 $\triangle ABC$ 均处于一般位置，因此要求出两者的交点，可作平面投影面的垂直面，利用换面法变换平面△ABC 的投影面为垂直面即可。作图步骤如图 4.29 （b）所示。

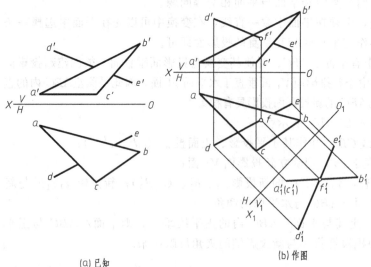

（a）已知　　　　　　（b）作图

图 4.29　换面法求直线与平面的交点

作图　①作平面△ABC 的投影面垂直面 V_1 面，即作新投影轴 O_1X_1 垂直于 ac，又因为 ac 为水平线，所以新投影面 V_1 面与水平面 H 面互相垂直；

②在新投影体系 V_1/H 中，分别作出直线 DE 与平面 △ABC 的新投影 $d_1'e_1'$、$a_1'c_1'b_1'$，得出其交点 f_1'；

③过 f_1' 向新投影轴 O_1X_1 作垂线与 de 交于点 f，同理得出交点 f'；

④判定直线 DE 的投影面可见性。

【例 4.17】　如图 4.30（a）所示，求平面△ABD 与平面△BCD 之间的夹角 α。

分析　要求得两平面三角形之间的夹角，需在投影面上显示并反映两平面的夹角实形，因此要转变两平面为投影面垂直面；由于两平面存在公共交线 BD，并且 BD 为一般位置上的直线，所以需要将其转变成投影面垂直线，而其中的转变过程需要两次：先转变为投影面平行线，再将其转变为投影面垂直线。作图步骤如图 4.30（b）所示。

作图　①作新投影轴 O_1X_1 使其平行于交线 bd，即在新投影体系 V_1/H 中，使交线投影 bd 平行于 V_1 面；

②作新投影轴 O_2X_2 使其垂直于新投影面 V_1 面交线投影 $b_1'd_1'$，即在新投影体系 V_1/H_2 中，使交线投影 $b_1'd_1'$ 垂直于 H_2 面，观察发现此时两平面三角形在新投影面 H_2 面上变为两条具有积聚性的直线投影 $b_2(d_2)\,c_2$、$b_2(d_2)\,a_2$，则角 $a_2b_2c_2$ 即为所求夹角 α。

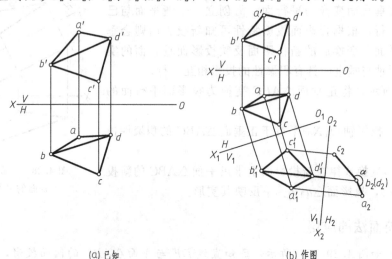

（a）已知　　　　　　（b）作图

图 4.30　换面法求两平面三角形夹角

立体的投影

一般的工程形体不论它们的形状如何复杂，都可看成是由一些简单的几何体如棱柱、棱锥、圆柱、圆锥、圆球等叠加或切割而成的，这些简单的几何体为基本几何体。基本几何体按其表面性质的不同，可分为平面立体和曲面立体两类。

5.1 平面立体

平面立体是由若干平面围成的基本几何体。最常见的平面立体有棱柱、棱锥（包括棱台）等，其侧面称为棱面，端面称为底面，棱面间的交线称棱线，棱面与底面的交线为底边。

画平面立体的投影，就是画出各棱面和底面的投影，也可以说是画出各棱线及底边的投影，并区别可见性。投影要求可见的轮廓线画成粗实线，不可见的轮廓线画成细虚线，当粗实线与细虚线重合时，应画粗实线。

由于立体的投影主要是表达物体的形状，无需表达物体与投影面间的距离。因此在画投影图时，不必再画出投影轴；为了使图形清晰，也不必画出投影之间的连线，但要注意立体的各投影之间要留有一定的距离，同时遵循着投影关系。

5.1.1 棱柱

（1）棱柱的投影

棱柱由棱面及上下底面组成，各棱线互相平行。其上下两个底面为全等且互相平行的多边形，各个棱面为矩形且与底面垂直；各条棱线等长，是棱柱的高并与底面垂直。如图 5.1（a）所示的正五棱柱。

如图 5.1（b）所示为此五棱柱的投影。正五棱柱的上下底面平行于水平投影面，其水平投影反映实形，且重合为一个正五边形；由棱柱的高可确定上下底面的正面投影和侧面投影，分别积聚成水平方向的直段线。五条棱线的水平投影都积聚在五边形的五个顶点上，其正面投影和侧面投影为反映棱柱高的直段线。在正面投影中，棱线 DD_1 被前边的棱面挡住不可见，画成虚线。在侧面投影中，棱线 BB_1、CC_1 分别被棱线 AA_1、EE_1 挡住，且投影重合，故不画虚线。

（2）棱柱表面上点和线的投影

绘制平面立体表面上点和线的投影，可采用前面所学的平面上取点和线的作图原理和方法。对棱柱而言，当表面都处在特殊位置时，表面上的点的投影可利用积聚性作图。

【例 5.1】 如图 5.2（a）所示，已知在正五棱柱表面上有点 M 和 N 的正面投影 m'、(n')，求另外两面投影。

分析 由正五棱柱三面投影知，m' 可见，故点 M 在最前面棱面 ABB_1A_1 上，此棱面为正平面；而 (n') 不可见，故点 N 应在左面后面的棱面 EDD_1E_1 上，此棱面为铅垂面。

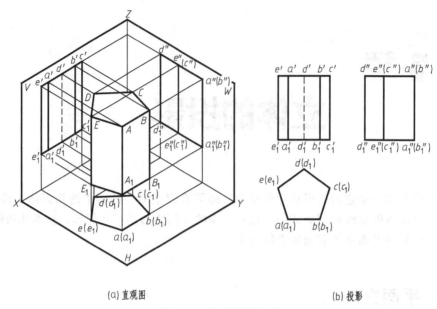

(a) 直观图   (b) 投影

图 5.1 正五棱柱的投影

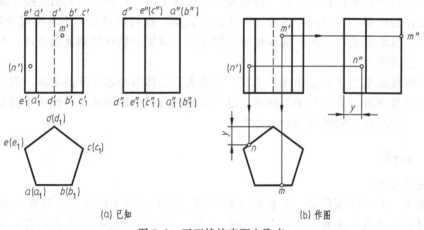

(a) 已知   (b) 作图

图 5.2 正五棱柱表面上取点

作图 ① 分别过点 m'、(n') 作竖直投影连线，交五边形的边于 m、n，m 在前，n 在后。

② 分别过点 m'、(n') 作水平投影连线，交棱面 ABB_1A_1 于 m''，用投影关系，量取 y 坐标得 n''。

③ 判别可见性。因点 N 所在棱面 EDD_1E_1 侧面投影可见，故 n'' 可见。结果如图 5.2（b）所示。

注意：立体表面上的点的可见性的判别，由点所在表面的可见性所确定。如本例中点 N 所在平面 EDD_1E_1 上，该平面的侧面投影可见，故 n'' 可见。当点所在平面积聚为一线段时，则不需判别点在该投影中的可见性，如本例中的点 m、n、m''。

【**例 5.2**】 如图 5.3（a）所示，已知在正五棱柱表面上折线 RMN 的正面投影 $r'm'n'$，求其另外两面投影。

分析 由正五棱柱三面投影知，点 R 在棱面 CBB_1C_1 上，此棱面的侧面投影不可见，点 M 在棱线 BB_1 上，点 N 在棱面 ABB_1A_1 上，故线段 RM 在 CBB_1C_1 上，线段 MN 在棱面

ABB_1A_1 上。

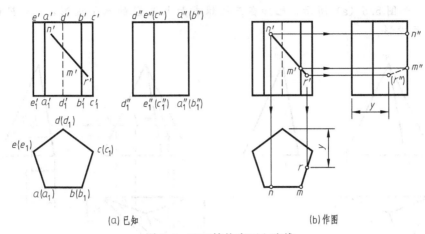

(a) 已知   (b) 作图

图 5.3 正五棱柱表面上取线

作图 ① 分别过点 r'、m'、n' 作竖直投影连线，交五边形的边为 r、m、n。

② 分别过点 r'、m'、n' 作水平投影连线，交棱面 ABB_1A_1 于 m''、n''，利用投影关系量取 y 坐标得 r''。

③ 判别可见性并连线。折线 RMN 的水平投影 rmn 重合在棱面有积聚性的水平投影上，线段 RM 的侧面投影 $(r'')m''$ 不可见，画成虚线，线段 MN 的侧面投影 $m''n''$ 可见，画粗实线，结果如图 5.3（b）所示。

5.1.2 棱锥

（1）棱锥的投影

底面为多边形，各棱面是由有一个公共顶点的三角形组成的立体称为棱锥。如图 5.4（a）所示为一个三棱锥的立体图和投影图。底面 ABC 为水平面，棱面 SAC 为侧垂面，其余两个棱面为一般位置平面，其中 AB、BC 为水平线，AC 为侧垂线，棱线 SA、SB、SC 皆为一般位置直线。

底面 ABC 的水平投影反映实形，正面和侧面投影积聚为水平

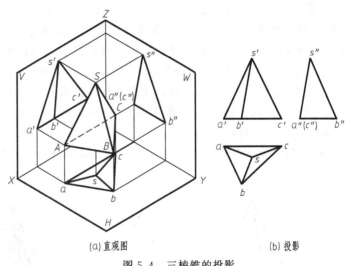

(a) 直观图   (b) 投影

图 5.4 三棱锥的投影

直线段；锥顶 S 的水平投影 s 在 $\triangle abc$ 内，根据三棱锥的高度，对应水平投影 s 可作出其正面投影 s' 和侧面投影 s''。最后将锥顶 S 和各顶点 A、B、C 的同面投影分别连线，即得该三棱锥的三个投影图。

在水平投影中，三个棱面的水平投影可见，底面被三个棱面挡住，投影不可见；在正面投影中，前棱面 SAB、SBC 的正面投影可见，后棱面 SAC 的正面投影不可见；在侧面投影中，左棱面 SAB 的侧面投影可见，右棱面 SBC 被左棱面 SAB 挡住，投影重合。

（2）棱锥表面上点和线的投影

在棱锥表面上定点，需要在点所在的平面上作辅助线，然后在辅助线上作出点的投影。

【**例**5.3】 如图 5.5（a）所示，已知在三棱锥表面上点 E 的水平投影 e，点 F 的正面投影 f'，求作其余两投影。

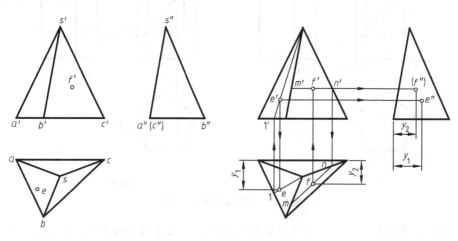

(a) 已知 　　　　　　(b) 作图

图 5.5 三棱锥表面上取点

分析 从三面投影上可知，e、f' 可见，故点 E 在左棱面 SAB 上，点 F 在右棱面 SBC 上，两点均在一般位置平面上，需分别作辅助线求出它们的另两面投影。

作图 ① 在水平投影上，连 se 并延长交 ab 于点 1，由 1 作竖直投影连线，交 a'、b' 于点 $1'$，得到辅助线 S Ⅰ 的正面投影；在正面投影上，过点 f' 作底边 $b'c'$ 的平行线 $m'n'$（m'、n' 分别在 $s'b'$ 和 $s'c'$ 上），过点 n' 作竖直投影连线，交 sc 于 n，由 n 作 bc 的平行线 mn。

② 点 E、F 分别在 S Ⅰ、MN 上，过点 e、f' 分别作投影线，与 $s'1'$ 交于 e'，与 mn 交于 f。

③ 分别过点 e'、f' 作水平投影连线，利用投影关系，分别量取 y_1、y_2 坐标得 e''、f''。

④ 判别可见性。因点 F 所在棱面 SBC 的侧面投影不可见，故 f'' 不可见，其余点均可见，结果如图 5.5（b）所示。

【**例**5.4】 如图 5.6（a）所示，已知在三棱锥表面上一折线 RMN 的水平投影 rmn，求其另外两面投影。

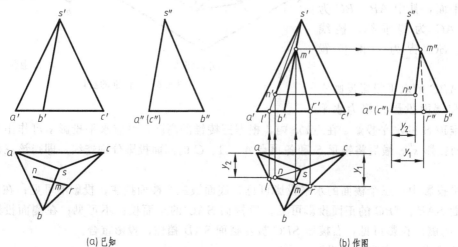

(a) 已知 　　　　　　(b) 作图

图 5.6 三棱锥表面上取线

分析　由三棱锥投影知，点 R 在底边 BC 上，点 M 在棱线 SB 上，点 N 在棱面 SAB 上，故线段 RM 在棱面 SBC 上，线段 MN 在棱面 SAB 上。

作图　① 求 r'、r''。根据点的从属性，直接在正面投影上求出点 R 的正面投影 r'，同时量取 y_1 坐标得 r''。

② 求 m'、m''。因点 M 在棱线 SB 上，可直接由 m' 求得水平投影 m、侧面投影 m''。

③ 求 n'、n''。连接 sn 并延长得辅助线 sl，求出 SL 的正面投影 $s'l'$，过点 n 作竖直投影连线，交 $s'l'$ 于 n'，量取 y_2 坐标得 n''。

④ 判别可见性并连线。由于棱面 SAB 和棱面 SBC 正面投影均可见，所以正面投影 $r'm'n'$ 可见，画粗实线。线段 RM 在棱面 SBC 上，侧面投影不可见，画成虚线，线段 MN 在棱面 SAB 上，侧面投影可见，$m''n''$ 画粗实线，结果如图 5.6（b）所示。

5.2　回转体

曲面立体的表面由曲面或曲面与平面包围而成。常见的曲面立体是回转体，如圆柱、圆锥、圆球、圆环等。回转体是由回转曲面或回转曲面与平面围成的立体。回转曲面是由运动的母线（直线或曲线）绕着固定的轴线（直线）做回转运动而成的；曲面上任一位置的母线称为素线；母线上任一点的运动轨迹是一个垂直于轴线的圆，称为纬圆。

画回转体的三面投影，应该先画出轴线和圆的中心线，然后再绘制围成立体的回转曲面和平面的投影。

5.2.1　圆柱

（1）圆柱表面的形成

如图 5.7（a）所示，一直母线 AA_1 绕与其平行的轴线 OO_1 旋转一周，所形成的曲面称为圆柱面；母线两端点 A、A_1 旋转形成的上、下两个圆周称为上、下底圆。圆柱面上的所有素线都与轴线相互平行。

（2）圆柱的投影

如图 5.7（b）所示为一直立圆柱的三面投影。当圆柱的轴线为铅垂线时，圆柱面上所有的素线均为铅垂线，圆柱面的水平投影积聚为一圆；圆柱的上下底圆是水平面，水平投影为反映实形的圆，画图时用垂直相交的细点画线表示圆的中心线，中心线超出圆周 2～

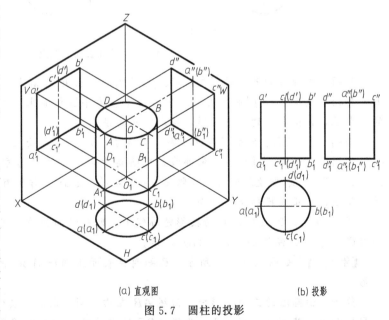

(a) 直观图　　　　　　　　　　(b) 投影

图 5.7　圆柱的投影

5mm，它们的交点为轴线的水平投影。圆柱的正面和侧面投影为相同形状的矩形，矩形的上下两边为圆柱上下底圆的积聚投影，长度等于圆的直径；点画线表示圆柱轴线的投影，轴线的投影超过矩形 2～5mm。正面投影矩形的左右两边 $a'a_1'$、$b'b_1'$ 分别为圆柱面最左、最右素线 AA_1、

BB_1 的投影，它们把圆柱面分为前后两半，前半圆柱面在正面投影中可见，后半圆柱面在正面投影中不可见，因此 AA_1、BB_1 称为圆柱面的正面投影转向轮廓线（简称正面转向轮廓线）。这两条素线的水平投影积聚在圆周的最左、最右点 a（a_1）、b（b_1）上，侧面投影与细点画线重合。由于圆柱面是光滑过渡的，因此 $a''a_1''$、$b''b_1''$ 不需要表示。

圆柱侧面投影矩形的两边 $c''c_1''$、$d''d_1''$ 为圆柱面上最前、最后素线 CC_1、DD_1 的侧面投影，它们把圆柱面分为左右两半，左半圆柱面在侧面投影中可见，右半圆柱面在侧面投影中不可见，因此 CC_1、DD_1 称为圆柱面的侧面投影转向轮廓线（简称侧面转向轮廓线）。这两条素线的水平投影积聚在圆周的最前、最后点 c（c_1）、d（d_1）上，正面投影与细点画线重合。由于圆柱面是光滑过渡的，因此 $c'c_1''$、$d''d_1''$ 不需要表示。

（3）圆柱表面上点和线的投影

在圆柱表面上定点和线，可以直接利用圆柱表面投影的积聚性来作图。

【例5.5】 如图5.8（a）所示，已知圆柱面上点 E、G 的正面投影为 e'、g'，点 F 的侧面投影 f''，求各点的另外两面投影。

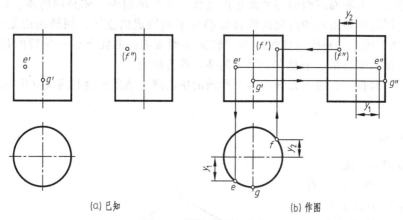

(a) 已知　　　　　　　(b) 作图

图5.8　圆柱表面上取点

分析 由圆柱的三面投影知，e'、g' 可见，故点 E 在前半、左半圆柱面上，点 G 在前边侧面投影轮廓线上，而 f'' 不可见，点 F 在后半、右半圆柱面上，因此可先利用圆柱面的水平投影的积聚性，作出各点的水平投影，再求出侧面投影。

作图 ① 求 E、F 的另两面投影。因点 E、F 在圆柱面上，其水平投影必在圆柱面有积聚性的圆周上。过点 e' 作竖直投影连线，交圆周于 e，e 在前；量取坐标 y_2 得 f，f 在后。分别过点 e'、（f''）作水平投影连线，量取 y_1 坐标得 e''，过点 f 作竖直投影连线得 f'。因点 F 在后半圆柱面上，故正面投影 f' 不可见。

② 求点 G。因点 G 在侧面投影轮廓线上，即圆柱面最前素线上，所以过 g' 作投影连线，分别求得 g'、g''。结果如图5.8（b）所示。

【例5.6】 如图5.9（a）所示，已知圆柱表面上曲线 ABC 的正面投影 $a'b'c'$，求其另两面投影。

分析 由圆柱的三面投影知，曲线 AB 在右半圆柱面上，其侧面投影不可见，曲线 BC 在左半圆柱面上，其侧面投影可见。曲线 ABC 的水平投影积聚在圆周上，求作其侧面投影时需先求出曲线上的特殊位置点，如极限点（曲线上最前、最后，最左、最右，最上、最下点）、投影轮廓线上的点，然后再取足够数量的一般位置点，最后判别可见性并连线。

作图 ① 求曲线端点 A 和 C 的投影。A 和 C 两点的水平投影 a、c 积聚在圆周上，可作投

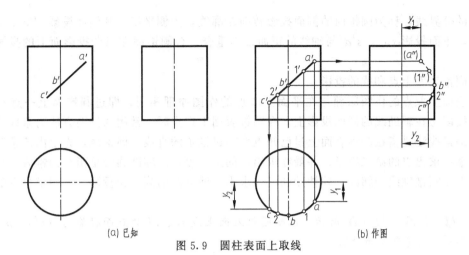

(a) 已知　　　　　　　　　　　　(b) 作图
图 5.9　圆柱表面上取线

影连线直接求出；再利用投影关系，分别量取 y_1、y_2 坐标得 a''、c''，注意 a'' 不可见。

② 求曲线在投影轮廓线上的点 B 的投影。因点 B 在侧面投影轮廓线上，所以过 b' 作投影连线，分别求得 b、b''。

③ 求适当数量的一般点 Ⅰ、Ⅱ。分别在曲线 AB、BC 的正面投影中取点 $1'$、$2'$，然后求其水平投影 1、2 和侧面投影 $1''$、$2''$，作图方法同求 A、C。

④ 判别可见性并连线。以投影轮廓线上的点 B 为分界点，曲线 AB 在右半圆柱面上，其侧面投影不可见，画虚线。曲线 BC 在左半圆柱面上，其侧面投影可见，画粗实线。曲线 ABC 的水平投影积聚在圆周上。结果如图 5.9（b）所示。

5.2.2　圆锥

（1）圆锥表面的形成

如图 5.10（a）所示，一直母线 SA 绕与它相交的轴线 SO 旋转一周而形成的曲面称为圆锥面，母线的端点 A 旋转形成的圆周称为底圆。圆锥面的所有素线均相交于 S 点。

（2）圆锥的投影

如图 5.10（b）所示为圆锥的三面投影。当圆锥的轴线为铅垂线时，圆锥的水平投影为一圆，这是圆锥面的投影，也是圆锥底圆的投影。画图时用垂直相交的细点画线表示圆的中心线，交点为锥顶的水平投影。

圆锥的正面投影和侧面投影为相等的等腰三角形，其底边是底圆的积聚投影，长度等于底圆的直径。正面投影中三角形的两腰为圆锥最左、最右两条素线 SA、SB 的投影，此两条素线是圆锥前半锥面和后半锥面的分界线，称为圆锥面的正面投影转向轮廓线，为正平

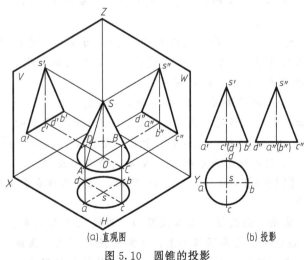

(a) 直观图　　　　　　　　(b) 投影
图 5.10　圆锥的投影

线。其正面投影 $s'a'$、$s'b'$ 反映素线实长，侧面投影 $s''a''$、$s''b''$ 与轴线的侧面投影重合。侧面投影中三角形的两腰为圆锥最前、最后两条素线 SC、SD 的投影，此两条素线是圆锥左半锥面和

右半锥面的分界线，称为圆锥面的侧面投影转向轮廓线，为侧平线。其侧面投影 $s''c''$、$s''d''$ 反映素线实长，正面投影 $s'c'$、$s'd'$ 与轴线的正面投影重合。合圆锥面在三个投影面上的投影都没有积聚性。

（3）圆锥表面上点和线的投影

圆锥表面上取点的作图原理与在平面上取点的作图原理相同，即过圆锥面上一点作一辅助线，点的投影必在辅助线的同面投影上。在圆锥表面上定点时，常用的作图方法为素线法和辅助圆法。所谓素线法是指在圆锥表面上过已知点作一过锥顶的直线，即素线，先求出该素线的第二面投影，继而求出点的第二投影，并最终求出点的第三投影。辅助圆法是指在圆锥表面上过已知点作一垂直于圆锥轴线的纬圆，即辅助圆，先求出该辅助圆的第二面投影，继而求出点的另两面投影。

【例5.7】 如图 5.11（a）所示，已知圆锥表面上点 K、M 的正面投影为 (k')、m'，点 N 的水平投影 n，求其余二面投影。

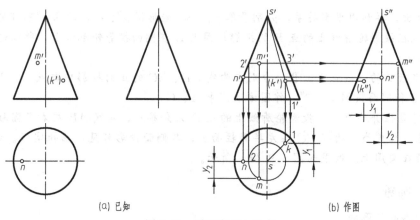

图 5.11　圆锥表面上取点

分析　由圆锥的三面投影知，(k') 不可见，故点 K 在右半、后半圆锥面上；m' 可见，故点 M 在左半、前半圆锥面上，因此可采用素线法或纬圆法作图求出另两面投影。点 N 在正面投影的轮廓线上。

作图　① 素线法求点 K 的其余二面投影。过 k' 作一过锥顶的素线 $s'l'$，即圆锥面素线 $S\mathrm{I}$ 的正面投影，再求出其水平投影，过 k' 作投影连线，与 sl 相交得 k；量取 y_1 坐标得 k''。因点 K 在右半圆锥面上，故 k'' 不可见。

② 辅助圆法求点 M 的其余二面投影。过 m' 作一垂直于轴线的水平线段，即辅助纬圆，交正面投影轮廓线的正面投影于 $2'$、$3'$ 点，以 s 为圆心，$2'3'$ 为直径画圆，即为此纬圆的水平投影；从 m' 作投影连线，交前半圆于 m；量取 y_2 坐标得 m''。结果如图 5.11（b）所示。

③ 利用投影关系求出点 N 的其余二面投影。

【例5.8】 如图 5.12（a）所示，已知圆锥表面上曲线 ABC 的正面投影 $a'b'c'$，求其另两面投影。

分析　由圆锥的三面投影知，曲线 AB 在前半、右半圆锥面上，其侧面投影不可见，曲线 BC 在前半、左半圆锥面上，其侧面投影可见。曲线 ABC 在圆锥面上，故水平投影可见。求作其水平和侧面投影时需先求出曲线上的特殊位置点，然后再取足够数量的一般位置点，最后判别可见性并连线。

作图过程如图 5.12（b）、（c）所示，作图结果如图 5.12（d）所示。

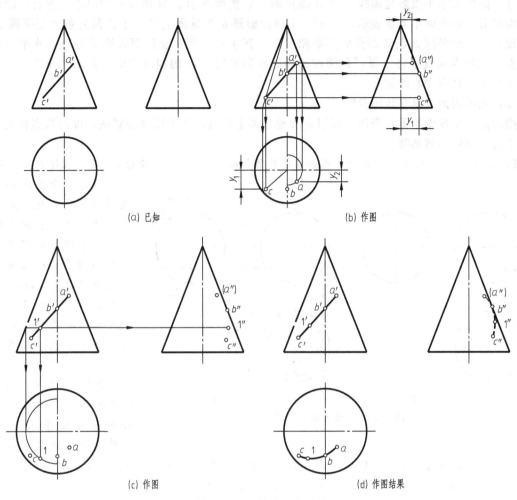

(a) 已知　　　　　　　　　　(b) 作图

(c) 作图　　　　　　　　　　(d) 作图结果

图 5.12　圆锥表面上取线

5.2.3　圆球

（1）圆球面的形成

以圆周为母线，以它的直径为轴线旋转一周而形成的曲面为圆球面。母线上任意点运动的轨迹均为圆周，如图 5.13（a）所示。

（2）圆球的投影

图 5.13（a）为圆球的三面投影。圆球的投影均为三个大小相等的圆，直径等于圆球的直径，它们分别是这个球面的三个投影面的转向轮廓线的投影。其中水平投影圆 a 是球面上平行于水平面的最大水平圆 A 的水平投影，此水平圆 A 将球面分成上半和下半，其正面投影 a' 和侧面投影 a'' 分别与水平方向的细点画

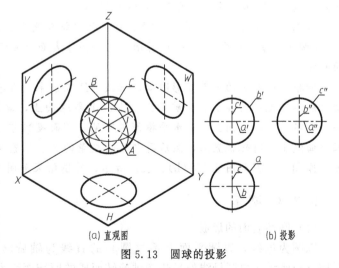

(a) 直观图　　　　(b) 投影

图 5.13　圆球的投影

线重合。圆球的水平投影轮廓线 A 的正面投影 a'、侧面投影 a'' 分别与水平中心线重合，因球面是光滑过渡，画图时不需要表示 a'、a''。正面投影圆 b' 是球面上平行于正面的最大正平圆 B 的正面投影，此正平圆 B 将球面分成前半和后半，其水平投影 b 和侧面投影 b'' 分别与水平方向和竖直方向的细点画线重合。圆 c'' 是圆球的侧面投影轮廓线 C 的侧面投影，其水平投影 c 和正面投影 c' 分别与竖直中心线重合。

（3）圆球表面上点和线的投影

圆球的三个投影均无积聚性，所以在圆球表面上定点，需采用辅助圆法，即过该点作与各投影面平行的圆作为辅助圆。

【例 5.9】 如图 5.14 （a）所示，已知圆球表面上点 A、B 的一个投影 a'、b''，求作另两面投影。

分析 由圆球的三面投影知，a' 可见，故点 A 在左半、下半、前半球面上，需采用辅助圆法求出另两面投影；b'' 可见，且在左视图圆上，故点 B 在上半、前半球面上，且在侧面投影轮廓线上，可直接根据从属性求出另两面投影。

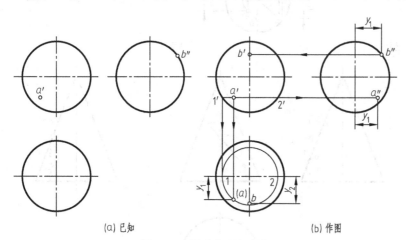

(a) 已知　　　　　　(b) 作图

图 5.14 圆球表面上取点

作图 ① 求点 A 过 a' 作水平线，与正面投影轮廓线相交于点 $1'$、$2'$，$1'2'$ 即为所作水平辅助圆的正面投影；求出其水平投影后，从 a' 作投影连线，交该辅助圆的前半圆于 a；量取 y_1 坐标得 a''。由于点 A 在左半、下半球面上，故 a 不可见，a'' 可见。

② 求点 B 点 B 在上半、前半球面上，且在侧面投影轮廓线上，可直接根据投影关系求出另两面投影 b'、b。结果如图 5.14 （b）所示。

本例点 A 的另两面投影也可通过作一侧平辅助圆求出，请读者自行分析。

【例 5.10】 如图 5.15 （a）所示，已知圆球表面上曲线 $ABCD$ 的正面投影 $a'b'c'd'$，求其另两面投影。

分析 由圆球的三面投影图知，曲线 AB 在前半、右半、上半球面上，其水平投影可见，侧面投影不可见；曲线 BC 在前半、左半、上半球面上，其水平、侧面投影可见，曲线 CD 在前半、左半、下半球面上，其水平投影不可见，侧面投影可见。求作曲线的水平和侧面投影时需先求出曲线上的特殊位置点，然后再取足够数量的一般位置点，最后判别可见性并连线。

作图 过程如图 5.15 （b）、（c）所示，作图结果如图 5.15 （d）所示。

5.2.4 圆环

（1）圆环表面的形成

以圆为母线，以圆平面上不过圆心的直线为轴旋转一周而形成的曲面为圆环面，如图 5.16 （a）所示。由圆母线外半圆绕轴旋转而成的回转面称为外环面，由圆母线内半圆绕轴旋转而成的回转面称为内环面，母线上任意点运动的轨迹均为圆线。

圆环的表面是环面，环面由圆绕圆所在平面上且在圆外的直线旋转而成。

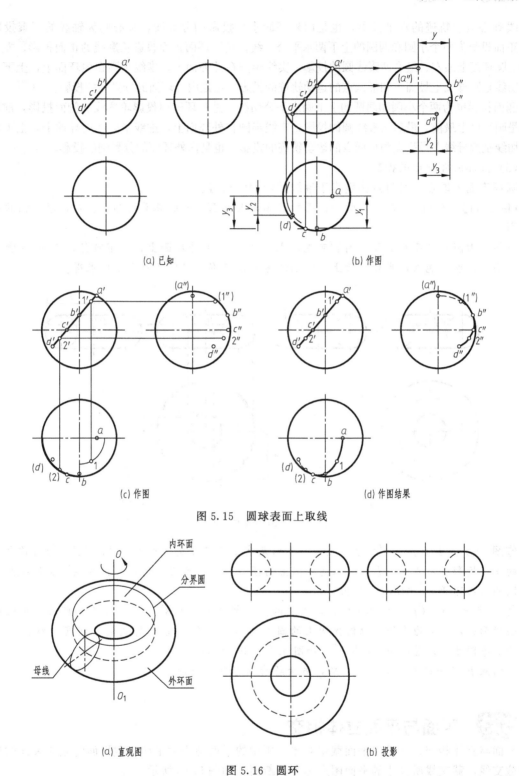

(a) 已知　　　　　　　　　　(b) 作图

(c) 作图　　　　　　　　　(d) 作图结果

图 5.15　圆球表面上取线

(a) 直观图　　　　　　　(b) 投影

图 5.16　圆环

（2）圆环的投影

如图 5.16 所示为轴线垂直于水平投影面的圆环的三面投影。其中：水平投影是上半个圆环面与下半个圆环面的重合投影，最大圆和最小圆为圆环水平投影轮廓线的水平投影；点画线圆为圆母线圆心运动轨迹的水平投影，也是内外环面水平投影的分界线，圆心则为轴线的积聚投影。

正面投影为两个小圆和两圆的上下两水平公切线，是圆环面正面投影轮廓线的正面投影，左右两小圆是圆环面上最左、最右两素线圆的投影，实线半圆在外环面上，虚线半圆在内环面上，上下两水平公切线是圆母线上最高点和最低点的运动轨迹的投影，也是内外环面的分界圆的投影。

侧面投影也为两个小圆和两圆的上下两水平公切线，是圆环侧面投影轮廓线的侧面投影，前后两小圆是圆环面上最前、最后两素线圆的投影，实线半圆在外环面上，虚线半圆在内环面上，上下两水平公切线是圆母线上最高点和最低点的运动轨迹的投影，也是内外环面的分界圆的投影。

（3）圆环表面上点的投影

圆环表面上取点。可过点作垂直于轴线的辅助圆求得。

【例 5.11】 如图 5.17（a）所示，已知圆环面上点 E、F 的正面投影 e'、f'，求它们的另两面投影。

分析 由圆环三面投影知，因 e' 可见，点 E 应在前半外环面上，f' 不可见，点 F 可能在上半内环面上，也可能在后半外环面上，它们的另两面投影可借助于一水平圆求得。

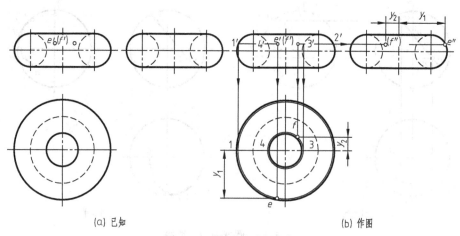

图 5.17 圆环表面上取点

作图 ① 求点 E。过 e' 作水平线，与左右两实线圆部分交于点 $1'$、$2'$，$1'2'$ 即为所作水平辅助圆的正面投影；以 $1'2'$ 为直径，以俯视图上的圆心为圆心画圆，过 e' 作投影连线交俯视图上该辅助圆的前半圆于 e，量取 y_1 求出 e''。

② 求点 F。过（f'）作水平线，与左右两虚线部分交于点 $3'$、$4'$，$3'4'$ 即为所作水平辅助圆的正面投影；以 $3'4'$ 为直径，以俯视图上的圆心为圆心画圆，过 f' 作投影连线交俯视图上该辅助圆的后半圆于 f；量取 y_2 求出 f''。如图 5.17（b）所示。

本例点 F 的另两面投影共有三解，另两解请读者自行分析。

5.3 平面与平面立体相交

平面与立体相交，就是用平面截切立体，所用的平面称为截平面，截平面与立体表面的交线称为截交线，截交线所围成的平面图形称为截断面，如图 5.18 所示。

在工程图样中，为了正确、清楚地表达物体的形状，常需画出物体上的截交线或截断面，如图 5.19（a）所示，截交线 $ABCD$ 实际上是大堤的斜面与小堤的截交线，图 5.19（b）所示为涵洞洞身与胸墙外表面的交线 ABC，图 5.19（c）所示截交线 $ABCD$ 是房屋的坡屋面与天窗的截交线。

截交线既在截平面上，又在立体表面上，因此截交线是截平面与立体表面的共有线。截交线上的点为截平面与立体表面的共有点。由于立体表面是封闭的，因此截交线必定是一个或若干个封闭的平面图形。截交线的形状取决于立体表面的形状和截平面与立体的相对位置。

平面与平面立体相交，截交线为由直线段组成的平面多边形。多边形的各边是立体表面与截平面的交线，

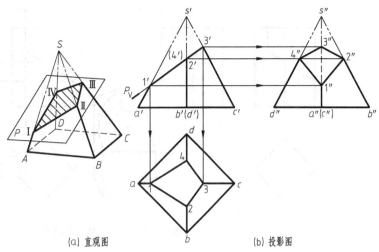

(a) 直观图　　(b) 投影图

图 5.18　截交线的基本概念

多边形的顶点是立体的棱线或底边与截平面的交点。因此，求平面与平面立体的截交线可归结为：求平面立体棱线或底边与截平面的交点，或求截平面与平面立体表面的交线。

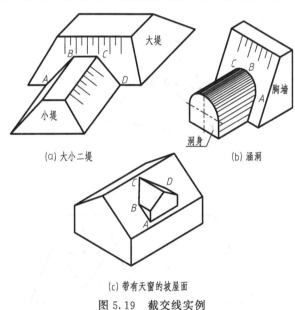

(a) 大小二堤

(b) 涵洞

(c) 带有天窗的坡屋面

图 5.19　截交线实例

画成虚线。

【例 5.12】 求四棱锥 $SABCD$（图 5.18）被正垂面 P 切割后截交线的投影。

分析 从图 5.18（b）的 V 面投影看出：平面 P 与三棱锥的三条棱线均相交，因此截交线为四边形，各顶点为平面 P 与三条棱线的交点。V 面投影 $1'2'3'4'$ 积聚在 P_V 上，可直接求得，进而可得到 H 面投影 1234 和 W 面投影 $1''2''3''4''$。然后依次连接即得截交线的 H、W 面投影。

作图 ① 分别从 $1'$、$2'$、$3'$、$4'$ 作投影连线，与 H 面投影、W 面投影的各条棱线相交于点 1、2、3、4、$1''$、$2''$、$3''$、$4''$。

② 依次连接 1234 和 $1''2''3''4''$，分别得截交线的 H、W 面投影

③ 由于棱面 SBC 和 SDC 的 W 面投影不可见，所以该投影面上棱线 $3''c''$ 不可见，

【例 5.13】 如图 5.20（a）所示，完成切口正四棱柱的 H、W 面投影。

分析 切口四棱柱可看作是被侧平面 P 和正垂面 Q 切去一部分形成的。从图 5.20（a）的 V 面投影看出：截平面 Q 与四棱柱的三条棱线相交，交点的侧面投影可直接得到，同时能得到交线；截平面 P 与四棱柱的顶面和棱面相交的交线可利用积聚性直接求得，依次连接即得截交线 H、W 面投影。截平面 P 与 Q 相交的交线必须画出。

作图 ①分别从 f'、g'、e' 作投影连线，与 W 面投影的各条棱线相交于点 f''、g''、e''。

②分别从 c'、d' 作投影连线，与 H 面投影交于点 c、d，量取 y_1、y_2 在侧面投影上得点 c''、d''。

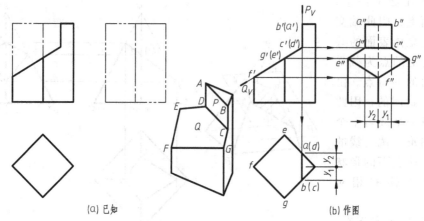

图 5.20 切口四棱柱的投影

③ 依次连接 $f''g''c''b''a''d''e''f''$，得截交线的 W 面投影。

④ 连接 ab、$c''d''$，并补全四棱柱侧面投影的轮廓。如图 5.20（b）所示。

【例 5.14】 如图 5.21（a）所示，完成切口三棱台的 H、W 面投影。

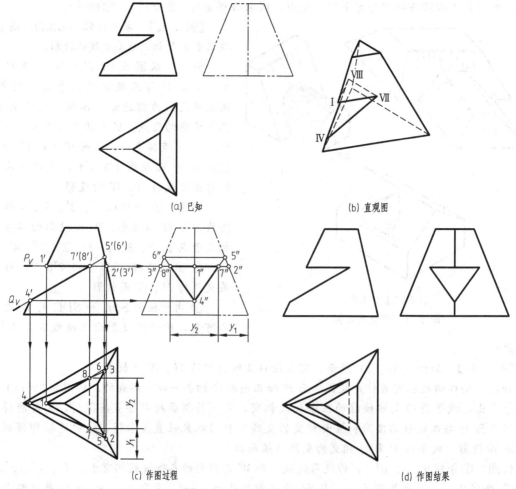

图 5.21 切口三棱台的投影

　　分析　切口三棱台可看作是被水平面 P 和正垂面 Q 切去一部分形成的，如图 5.21（b）所示。切口是由水平面 P 与三棱台的交线Ⅰ Ⅶ Ⅷ和正垂面 Q 与三棱台的交线Ⅳ Ⅶ Ⅷ组成，其中交线Ⅰ Ⅶ Ⅷ与棱台的底边平行。切口的正面投影可直接得到，需要作出 H、W 面投影。截平面 P 与 Q 的交线必须画出。

　　作图　① 分别作出水平面 P 和正垂面 Q 与整个三棱台的截交线Ⅰ Ⅱ Ⅲ和Ⅳ Ⅴ Ⅵ。

　　② 分别从 $7'$、$8'$ 作投影连线，与 H 面投影12和13分别交于点7、8，量取 y_1、y_2 在侧面投影上得点 $7''$、$8''$。

　　③ 依次连接178、$1''7''8''$、748 和 $7''4''8''$，得截交线的 H、W 面投影。

　　④ 补全三棱台水平和侧面投影的轮廓，注意 78 线为虚线，如图 5.21（d）所示。

5.4 平面与曲面立体相交

　　平面与回转体表面相交时，其截交线是由曲线或曲线与直线组成的封闭平面图形。截交线既是截平面上的线，又是回转体上的线，它是回转体表面与截平面的共有线。因此求截交线的实质是求截交线上的若干共有点，然后按顺序连接成封闭的平面图形。

　　求截交线的方法如下。

　　① 利用截平面和回转体表面的积聚性，按投影关系直接求出截交线上点的投影。

　　② 利用截平面的积聚性和求曲面立体上点的方法，求出截交线上点的投影。

　　求回转体截交线的一般步骤如下。

　　① 确定截交线的空间形状和在各个投影面上的形状。

　　② 找出截交线的已知投影，并确定截交线上的特殊位置点，这些点包括截交线位于投影轮廓线上的点、特征点（如椭圆的长轴和短轴端点，双曲线和抛物线的顶点等）、极限点（也就是最左、最右、最前、最后、最上、最下点）和截交线的起止点等，作出这些点的其余投影。

　　③ 求作截交线的一般位置点（当特殊位置点不是很多时，画出的图形不很准确，此时需要找出一些中间点补充，一般选择对称位置的点）。

　　④ 将求作的所有点连接，若两点之间为直线，就用直线连接两点，若为曲线，就用曲线按照顺序光滑连接。

　　⑤ 判别可见性并擦去多余的作图线，整理完成全图。

5.4.1　圆柱的截交线

　　根据截平面与圆柱轴线位置的不同，圆柱上的截交线有椭圆、圆和矩形三种情况，见表 5.1。

表 5.1　圆柱的截交线

截平面位置	垂直于轴线	倾斜于轴线	平行于轴线
截交线形状	圆	椭圆	两条素线
立体图	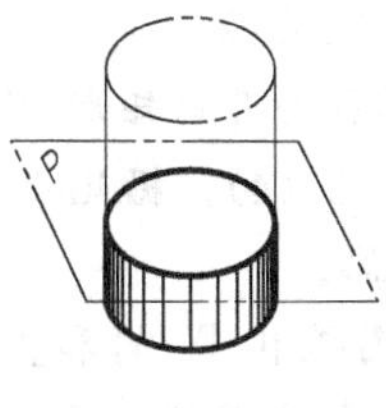	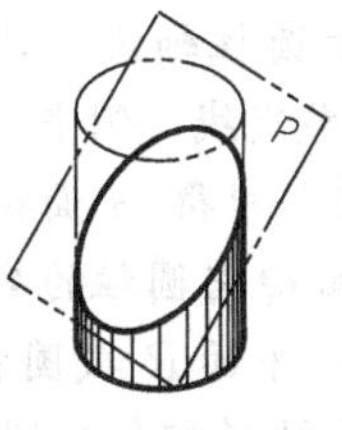	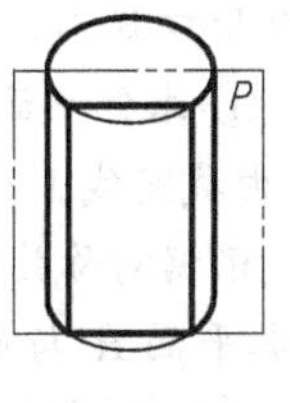

截平面位置	垂直于轴线	倾斜于轴线	平行于轴线
投影图	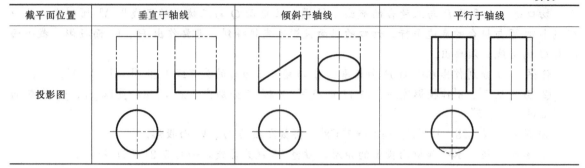		

求作圆柱上的截交线时，应注意利用其投影的积聚性。

【例 5.15】 如图 5.22（a）所示，圆柱被截平面截割后的投影。

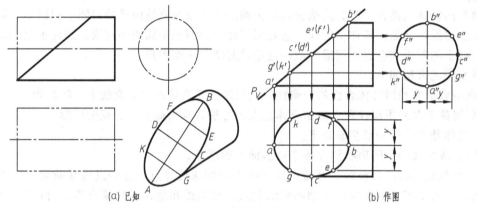

图 5.22 平面与圆柱的截交线

分析 圆柱轴线垂直于 W 面，截平面 P 垂直于 V 面且与圆柱轴线斜交，截交线为一椭圆。椭圆的长轴 AB 平行于 V 面，短轴 CD 垂直于 V 面。其 V 面投影积聚在 P_V 上，W 面投影积聚在圆周上。因此，只需求出截交线的 H 面投影，利用投影关系可直接求得。

作图 ① 先求特殊点。求长短轴端点 A、B、C、D 的 V 面投影，据此求出长短轴端点的 H 面投影 a、b、c、d。

② 求若干一般位置点。如在截交线 V 面投影任取点 e'，据此求出 W 面投影 e'' 和 H 面投影 e。由于椭圆为对称图形，可作出与点 E 对应的点 F、G、K 的各投影。求作这些点时，要注意坐标 "y"。

③ 连线并判别可见性。在 H 面投影上依次连接 $agcebfdka$，即为所求。

④ 补全图形轮廓并判别可见性，如图 5.22 所示。

【例 5.16】 如图 5.23（a）所示，已知圆柱榫头的 V 面投影，求另外两面投影。

分析 从给出的 V 面投影可知，圆柱榫头是由对称侧平面 P、Q 和水平面 R 切割圆柱而形成的，且三个截平面都未全部截断圆柱，只是局部切割。其中侧平面 P、Q 平行于圆柱轴线，截交线均为开口矩形，水平面 R 垂直于圆柱轴线，截交线为两段圆弧。

作图 ① 求侧平面 P、Q 与圆柱的截交线。侧平面 P 切割圆柱为开口矩形 I II IV III，其中 I II 和 III IV 为素线，由截交线 $1'2'$、$(3')(4')$ 可直接求得 H 面投影 1（2）、3（4），据此投影关系求出 W 面投影 $1''2''3''4''$。根据对称关系，可求出侧平面 Q 与圆柱的截交线的投影。

② 求水平面 R 与圆柱的截交线。水平面 R 截圆柱为两段圆弧 II IX VI 和 IV X VIII。其 V 面投影 $2'9'6'$ 和 $4'10'8'$ 重合在 R_V 上，H 面投影重合在圆周上，可直接求得。W 面投影为两直线段

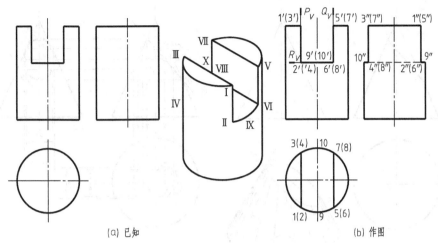

图 5.23　圆柱榫头的投影

2″9″6″和 4″10″8″。由于点 Ⅸ、Ⅹ 分别在圆柱的最前、最后轮廓素线上，故可直接求得 9″、10″。如图 5.23 所示。

③ 求三截面彼此间交线，判别可见性，完成作图。P 与 R 交线为 Ⅱ Ⅳ，Q 与 R 交线为 Ⅳ Ⅷ，只要将同面投影连接即得。其中 W 面投影 2″4″、6″8″不可见。圆柱的最前轮廓素线点 Ⅸ、最后轮廓素线点 Ⅹ 以上被截断，故圆柱 W 面投影轮廓线 9″、10″以上不能连线。

5.4.2　圆锥的截交线

根据截平面与圆锥轴线位置的不同，圆锥上的截交线有五种情况，见表 5.2。

表 5.2　圆锥的截交线

截平面位置	垂直于轴线 $\theta=90°$	倾斜于轴线且 $\theta>\alpha$	平行于一条素线 $\theta=\alpha$	平行于轴线且 $\theta=0°$	过锥顶 $\theta<\alpha$
截交线形状	圆	椭圆	抛物线	双曲线	两条素线
立体图					
投影图					

【例 5.17】　如图 5.24（a）所示，求圆锥被截平面截割后的投影。

分析　截平面 P 与圆锥的所有素线相交，截交线为一椭圆。P 面与圆锥最左、最右两条轮

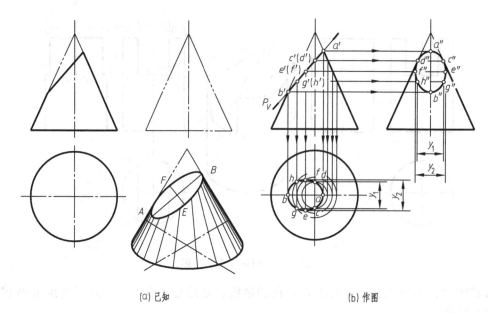

(a) 已知   (b) 作图

图 5.24　平面与圆锥的截交线

廓素线的交点的连线 AB 为椭圆的长轴；短轴 EF 必过 AB 的中点，且垂直于 V 面。该椭圆的 V 面投影积聚在 P_V 上，其 H、W 面投影仍为椭圆，但不反映实形。

作图　① 因椭圆长轴端点 A、B 的 V 面投影分别位于最左、最右两条轮廓素线上，可直接确定 a'、b'，据此求出 H 面投影 a、b 和 W 面投影 a''、b''。

② 作椭圆短轴端点 E、F 的投影。过 $a'b'$ 的中点 $e'(f')$ 作辅助水平圆，求出 e、f；再由投影关系求出 W 面投影 e''、f''。

③ 求最前、最后轮廓素线上的点 C、D。先由 c'、d' 求 c''、d''，再求出 c、d。

④ 求两个一般位置点 G、H。

⑤ 光滑连接各点，得截交线的三面投影。

⑥ 补全图形轮廓并判别可见性。如图 5.24（b）所示。

【例 5.18】 如图 5.25（a）所示，求圆锥被截平面截割后的投影。

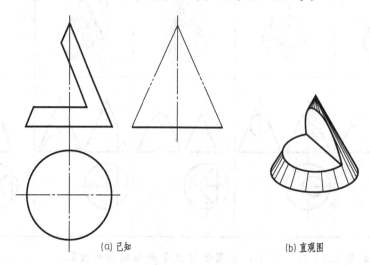

(a) 已知   (b) 直观图

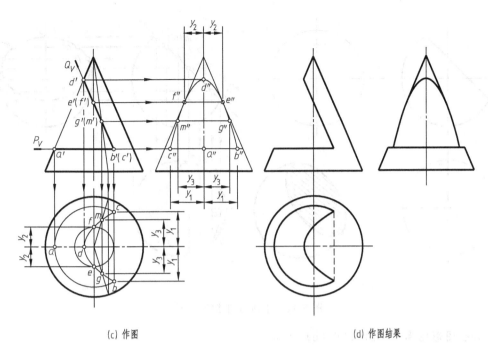

(c) 作图

(d) 作图结果

图 5.25 平面与圆锥的截交线

分析 水平面 P 与圆锥相交,截交线为一圆弧,正垂面 Q 与圆锥相交,截交线为一抛物线,如图 5.25 (b)。圆弧的 V 面投影积聚在 P_V 上,H 面投影反映实形,W 面投影也积聚为一直线;抛物线的 V 面投影积聚在 Q_V 上,另两面投影为一抛物线,但不反映实形。截平面 P 与 Q 相交的交线必须画出。

作图 ① 求圆弧 BAC。在 H 面投影上,以中心线交点为圆心,点 a 到该点为半径,作出圆弧 bac。W 面投影积聚为一直线 $b''a''c''$,注意坐标"y_1"。

② 求抛物线 $BGEDFMC$。特殊点 D、E、F 分别位于最左、最前、最后轮廓素线上,可直接确定,注意坐标"y_2"。一般点 G、M 采用素线法求得,注意坐标"y_3"。

③ 光滑连接各点,补全图形轮廓并判别可见性。结果如图 5.25 (d) 所示。

5.4.3 圆球的截交线

平面与圆球相交,所得截交线为圆。当截平面为投影面平行面时,截交线在截平面所平行的投影面上的投影为圆,反映实形,其他两投影为直线段,长度等于圆的直径。当截平面为投影面垂直面时,截交线在截平面所垂直的投影面上的投影为直线段,长度等于圆的直径,其他两投影为椭圆。

【**例 5.19**】 如图 5.26 (a) 所示,求圆球被截平面截割后的投影。

分析 截平面 P 截圆球所得圆的 V 面投影是积聚在 P_V 上的一直线段,其他两投影为椭圆。

作图 ① 求椭圆长短轴端点 A、B、C、D。由 V 面投影上 a'、b' 两点可知,AB 是截交线圆的直径($AB // V$ 面),与 AB 垂直的另一条直径 CD 是正垂线,$c'(d')$ 位于 $a'b'$ 的中点。其中可直接确定 a'、b'、a''、b'',而 C、D 为圆球上的一般位置点,需用辅助纬圆法求出投影。

② 求其他特殊点 E、F、G、H。E、F、G、H 为圆球轮廓线与 P_V 的交点,可直接确定。

③ 求一般位置点 M、N、K、L。需用辅助纬圆法求出投影。

④ 光滑连接各点,得截交线的三面投影。

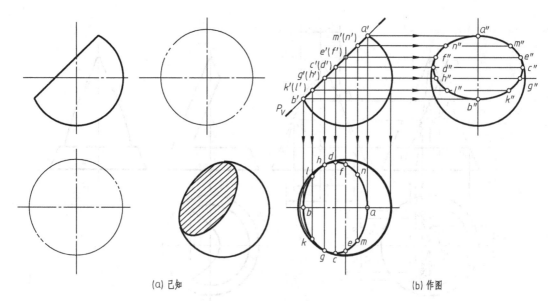

(a) 已知 (b) 作图

图 5.26 平面与圆球的截交线

⑤ 补全图形轮廓。如图 5.26（b）所示。

【例 5.20】 有一建筑物，外形如图 5.27（a）所示，其水平投影为矩形，屋盖为球面，试画它的三面投影。

分析 建筑物外墙与圆球面的交线均为圆周（屋盖为半球，交线则为半圆），作图时利用积聚性和不变性的投影关系便不难得出，如图 5.27（b）所示。

作图 结果如图 5.27（b）所示。

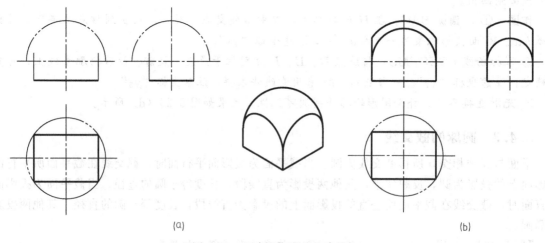

(a) (b)

图 5.27 以球面为屋盖的建筑物

第 6 章

立体表面相交

两相交的立体称为相贯体，立体表面的交线称为相贯线。工程中常见的三种相贯体如图 6.1 所示。

立体相交时，根据立体的几何性质可分为：

① 平面立体与平面立体相交，如图 6.1（a）所示——坡屋顶与烟囱相贯；

② 平面立体与曲面立体相交，如图 6.1（b）所示——柱子与梁和板相贯；

③ 曲面立体与曲面立体相交，如图 6.1（c）所示——三通管，圆柱与圆柱相贯；

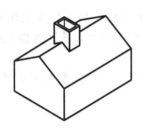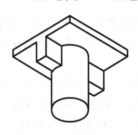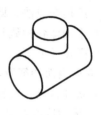

（a）平面立体相交   （b）平面立体与曲面立体相交   （c）曲面立体相交

图 6.1　工程中常见的相贯体

由图 6.1 可知相贯线具有如下的性质。

① 共有性。相贯线在两立体的表面上，是两立体表面的共有线，相贯线上的点是两立体表面的共有点。因此，求相贯线实质上是求两立体表面的公共交线或公共点的问题。

② 封闭性。由于参与相贯的两立体都占有一定的空间，所以相贯线一般是闭合的。当两立体相交时，相贯线一般为封闭折线或封闭曲线。

6.1　平面立体与平面立体相交

两平面立体相交，又称两平面立体相贯。两平面立体的相贯线一般是一条或几条闭合的空间折线或平面折线，每一段折线都是一平面立体棱面与另一平面立体棱面的交线，每一个转折点都是一平面立体的棱线与另一平面立体棱面（特殊情况下也有可能是棱线）的交点，也就是贯穿点。

因此，求两平面立体相贯线的投影实质上就是求两平面立体的相交棱面的交线的投影，而求各条交线的投影需求出交线的端点（转折点）的投影，所以，求两平面立体的相贯线，实质上就是求直线与平面的交点或两平面交线的问题。

两立体相交，当一个立体全部贯穿另一个立体时，所得的相贯线为封闭折线，这种情形称为全贯，如图 6.2（a）所示；当两个立体有部分相交时，所得到的交线是一条封闭折线，这种情形称为互贯，如图 6.2（b）所示。

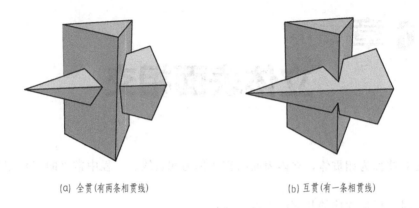

(a) 全贯(有两条相贯线)   (b) 互贯(有一条相贯线)

图 6.2 全贯与互贯

6.1.1 相贯线的求法

求相贯线一般用交点法，即先依次检查两平面立体的各棱线与另一平面立体的侧面是否相交，分别求出两平面体各棱线与另一平面体各侧面的交点，即贯穿点，依次连接各相贯点，即得相贯线。具体作图步骤如下。

① 分析两立体表面特征及与投影面的相对位置，找出两平面立体参与相交的棱线和侧面，确定相贯线的形状及特点，观察相贯线的投影有无积聚性。

② 求一平面体的棱线对另一平面体侧面的贯穿点。

③ 求另一平面体棱线对该平面体侧面的贯穿点。

④ 连接各交点。连点的原则：a. 只有当两个点对于两个立体而言都是位于同一侧面上才能连接，否则不能连接；b. 各投影面上点的连接顺序应一致。应用该特性，可以根据已知投影面上点的连接顺序求解未知投影面上点的连接顺序，以便正确画出相贯线的投影。

⑤ 判别可见性。判别方法：每条相贯线段，只有当其所在的两立体的两个侧面同时可见时，它才是可见的，画实线；否则，若其中一个侧面不可见，或两个侧面均不可见时，该相贯线段不可见，画虚线。

⑥ 整理图形，加粗图线。将棱线延长至相贯点，因为相贯体在相贯部分是一个整体，不再各自独立，也就是穿过对方形体的棱线的中间部分已"融入"对方内部，因此每个贯穿点都是棱的截止点，贯穿在平面体中的棱线在投影中不必画出；判别是否由于两平面立体的遮挡而造成某些棱线不可见，改为虚线。

【例 6.1】 如图 6.3（a）所示，求水平三棱柱与竖直三棱柱相贯线。

分析 从直观图和投影图中可以看出两个三棱柱是互贯的，相贯线为一条封闭的空间折线，而且都在棱柱的侧面上。

垂直三棱柱的水平投影积聚成三角形，相贯线的水平投影就在此三角形上，水平三棱柱的侧面投影积聚成三角形，相贯线的侧面投影就在此三角形上，所以本题只需求相贯线的正面投影。

根据直观图可以看出，水平三棱柱只有最前面的棱线参与相贯，竖直三棱柱后面两条棱线参与相贯，这三条棱线都是穿过形体的，因此每条棱线上有 2 个交点，因而相贯线共有 6 个相贯点，求出这 6 个相贯点并连接起来便可求出相贯线。

作图 如图 6.3（b）、（c），步骤如下。

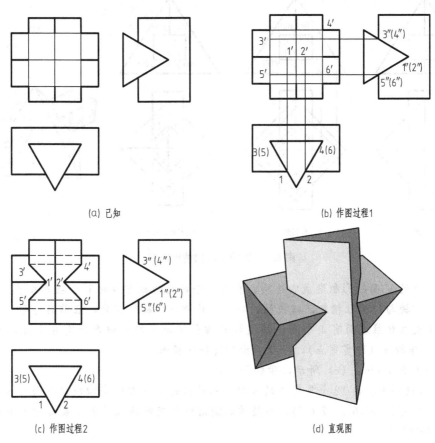

(a) 已知　　　　　　　　　　　　　　(b) 作图过程1

(c) 作图过程2　　　　　　　　　　　　(d) 直观图

图 6.3　两三棱柱相贯

① 求水平三棱柱最前面棱线与竖直三棱柱两个侧面的交点。竖直三棱柱的水平投影积聚成直线，所以在 H 投影图中可直接找到贯穿点 1 和 2，然后利用三等规律求出贯穿点的其他两面投影 1′、2′、1″、2″。

② 求竖直三棱柱后面两条棱线与水平三棱柱两个侧面的交点。水平三棱柱的侧面投影积聚成直线，所以在 W 投影图中可直接找到贯穿点 3″、4″、5″、6″，然后利用三等规律求出贯穿点的其他两面投影 3、4、5、6、3′、4′、5′、6′。

③ 确定连接顺序。根据"只有当两个点对于两个立体而言都是位于同一侧面上才能连接"的原则，在 V 面投影上连成 1′3′4′2′6′5′1′相贯线。

④ 判别相贯线的可见性。根据"每条相贯线段，只有当其所在的两立体的两个侧面同时可见时，它才是可见的，画实线；否则，若其中一个侧面不可见，或两个侧面均不可见时，该相贯线段不可见，画虚线"的原则判断：3′4′、5′6′为不可见，应画成虚线，1′3′、1′5′、2′4′、2′6′段都是可见的，画成粗实线。

⑤ 整理相贯体的轮廓线，将棱线延长至相贯点，并加粗图线，因形体之间的遮挡而看不见的某些棱线，以虚线表示。

【例 6.2】　如图 6.4（a）所示，求四棱柱与四棱锥的相贯线。

分析　从 V 面投影可以看出，四棱柱从前往后完全贯入四棱锥中，结合 H 面投影可以看出，四棱柱穿出四棱锥，属于全贯，相贯线应该是前后两条封闭的空间折线，如图 6.4（d）所示。

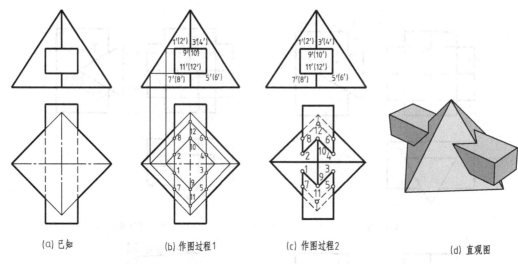

图 6.4　四棱柱与四棱锥相贯

(a) 已知　　　　(b) 作图过程1　　　　(c) 作图过程2　　　　(d) 直观图

由于四棱柱的 V 面投影积聚成四边形，在其 4 个侧面的相贯线的 V 面投影就在此四边形上。四棱锥的前后侧棱与四棱柱相交，四棱柱的四条侧棱都与四棱锥相交，且前后对称。因此，四棱锥的两条侧棱交四棱柱表面有 4 个点，四棱柱的四条侧棱交四棱锥表面有 8 个点，只要求出这 12 个相贯线的转折点（即贯穿点），即可求出相贯线的投影。

作图　如图 6.4 (b)、(c) 所示，步骤如下。

① 在 V 面投影上标出 12 个贯穿点的投影，四棱柱的四条侧棱穿四棱锥表面的 8 个贯穿点分别为 $1'(2')$、$3'(4')$、$5'(6')$、$7'(8')$，四棱锥的前后侧棱交四棱柱的上下表面的 4 个贯穿点分别为 $9'(10')$、$11'(12')$。

② 利用平行性求出这 12 个贯穿点的 H 投影 1、2、3、4、5、6、7、8、9、10、11、12。

③ 根据 V 面投影点的连接顺序，H 面投影的连点顺序是：1→9→3→5→11→7→1，这是第一条相贯线；2→10→4→6→12→8→2，这是第二条相贯线，与第一条对称。在连接过程中，注意可见性的判断：根据"每条相贯线段，只有当其所在的两立体的两个侧面同时可见时，它才是可见的"原则，5→11→7 与 6→12→8 在四棱柱底面上，是不可见的，要画成虚线。

④ 整理轮廓线：四棱锥左右棱线没与棱柱相贯，画成粗实线；前后棱线上面那个部分可见，延长到贯穿点 9、10 点，画成粗实线，中间两段与四棱柱相贯为一体，不再画出，下面两段被四棱柱遮住，画成虚线；四棱锥底面的正方形也有一部分被四棱柱挡住，画成虚线；四棱柱的四条棱线延长到贯穿点 1、2、3、4 为止。

【例 6.3】　如图 6.5 (a) 所示，求作两垂直相贯房屋的投影。

分析　从图 6.5 (a) 可以看出水平放置的四坡屋顶房屋与两坡屋顶的房屋垂直相交，属于全贯，应该有前后两条相贯线。四坡屋顶的房屋在 W 面有积聚性，两坡屋顶的房屋在 V 面有积聚性，所以相贯线的 V、W 面投影已完成，只需根据 V、W 面投影作出相贯线的 H 投影即可。

作图　如图 6.5 (b)、(c) 所示，具体步骤如下。

① 两坡屋顶的房屋在 V 面投影图上有积聚性，可看成是一个五棱柱，这个五棱柱的五条棱对四坡屋顶的房屋总共有 10 个贯穿点，在 V 面投影上依次标出 $1'(2')$、$3'(4')$、$5'(6')$、$7'(8')$、$9'(10')$；四坡屋顶的房屋前后檐口线对两坡屋顶的房屋有 4 个贯穿点，在 V 面投影上标出 $11'(12')$、$13'(14')$。

② 利用三等规律将这 14 个贯穿点的 H、W 面投影作出。

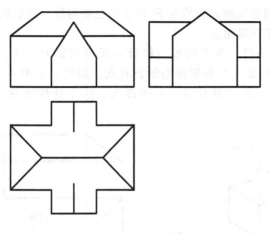

(a) 已知

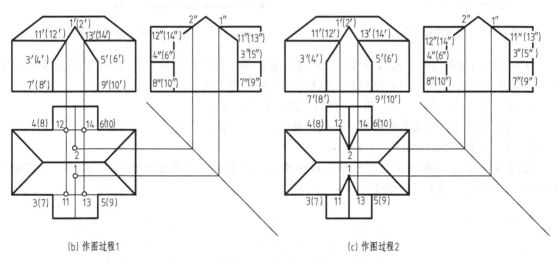

(b) 作图过程1   (c) 作图过程2

图6.5 两房屋垂直相贯

③ 根据 V 面投影点的连接顺序，H 面投影的连点顺序是：$1 \rightarrow 11 \rightarrow 3 \rightarrow 7$，$1 \rightarrow 13 \rightarrow 5 \rightarrow 9$，由于两个房屋的底面（相当于地面面）在同一平面上，所以相贯线不封闭，这是第一条相贯线；$2 \rightarrow 12 \rightarrow 4 \rightarrow 8$，$2 \rightarrow 14 \rightarrow 6 \rightarrow 10$，这是第二条相贯线，与第一条对称。

④ 整理轮廓线。将两坡屋顶的屋脊线延长到1、2点。

6.1.2 同坡屋面

建筑屋面通常均设有排水坡度，当坡度小于10%时称为平屋顶，坡度大于10%时称为坡屋顶。坡屋顶又分为单坡、双坡和四坡屋顶。当各坡面与地面（H 面）倾角都相等时，称为同坡屋面。坡屋面相交是平面立体相交的工程实例，但因其特性，与前面所述的作图方法有所不同。坡屋面各交线的名称如图6.6所示。

同坡屋面交线有如下特点。

① 两坡屋面的檐口线平行且等高时，屋面必交于一条水平屋脊线，屋脊线的 H 投影与该两檐口线的 H 投影平行且等距，即为两檐口线的中线。

② 相邻两个坡面交成的斜脊线或天沟线，它们的 H 投影为两檐口线 H 投影夹角的平分线。

当两檐口相交成直角时，斜脊线或天沟线在 H 面上的投影与檐口线的投影为45°角，其中斜脊线位于凸墙角上，天沟线位于凹墙角上。

③ 在屋面上如果有两斜脊、两天沟或一斜脊一天沟相交于一点，则该点上必然有第三条线即屋脊线通过，这个点就是三个相邻屋面的公有点。如图6.6中 A 点为三个坡屋面Ⅰ、Ⅱ、Ⅲ所共有，两条斜脊 AC、AE 和屋脊 AB 交于该点。这个特性将在 H 面反映并应用，如图6.7所示。

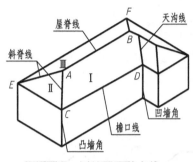

图 6.6 同坡屋面的交线

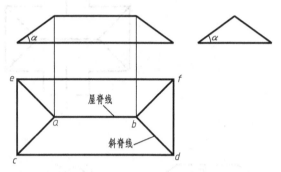

图 6.7 同坡屋面的投影

图6.7中四坡屋面的左右两斜面为正垂面，前后两斜面为侧垂面，从 V 和 W 投影上可以看出这些垂直面对 H 面的倾角 α 都相等，这样在 H 面投影上就有：

① ab （屋脊线）平行于 cd 和 ef （檐口线），且 $Y_{db}=Y_{fb}$；

② 斜脊线必为檐口线夹角的角平分线，如 $\angle eca=\angle dca=45°$；

③ 过 a 点有三条脊棱 ab、ac 和 ae。

【例6.4】 已知如图6.8（a）所示，四坡屋面的倾角 $\alpha=30°$及檐口线的 H 投影，求屋面交线的 H 投影和屋面的 V、W 投影。

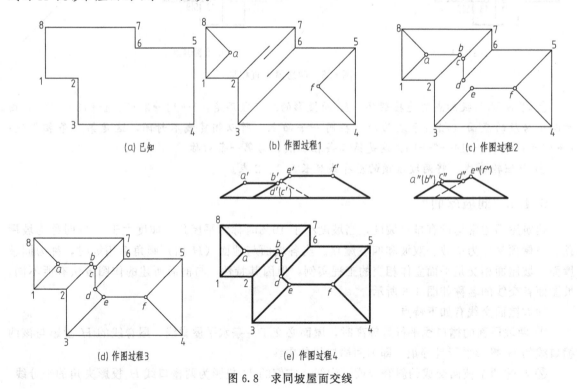

图 6.8 求同坡屋面交线

作图 如图 6.8 所示，步骤如下。

① 在屋面的 H 投影上从每两条相交的檐口线作 45°角平分线。在凸墙角上作的是斜脊线，在凹墙角上做的是天沟线，其中两对斜脊分别交于 a 点和 f 点，如图 6.8（b）所示。

② 作相对两檐口线的中线，即屋脊线。通过 a 点的屋脊线与墙角 2 的天沟线相交于 b 点，过 f 点的屋脊线与墙角 3 的斜脊线相交于 e 点。对应于左右檐口（23 和 67）的屋脊线与墙角 6 天沟线和墙角 7 的斜脊线分别相交于点 d 和点 c，如图 6.8（c）所示。

③ 连接 bc 和 de，ab、cd、ef 为屋脊线，$a1$、$a8$、$c7$、$e3$、$f4$、$f5$ 为斜脊线，$b2$、$d6$ 为天沟线，如图 6.8（d）所示。

④ 根据屋面倾角和投影规律，作出屋面的 V、W 投影，如图 6.8（e）所示。

6.2 平面立体与曲面立体的相交

平面立体与曲面立体表面相交，所得的相贯线一般是由若干段平面曲线组成的封闭折线，特殊情况下，如平面体的表面与曲面体的底面或顶面相交或恰巧交于曲面体的直素线时，相贯线有直线部分。相贯线上每一段平面曲线或直线均是平面体上各侧面截切曲面体所得的截交线，两段截交线的交点是平面立体的棱线与曲面立体表面的贯穿点。下面学习相贯线的求法。

求解平面体和曲面体相贯，是将平面体分解成几个平面，分别截割曲面体，利用求曲面体截交线的方法求解。

求平面立体与曲面立体的相贯线的步骤如下。

① 确定平面立体中参与相贯的是哪些平面和棱线。

② 求出平面立体参与相贯的棱线与曲面立体的交点。

③ 在交点之间分别求出平面立体中参与相贯的平面与曲面体的截交线；特别注意一些控制相贯线投影形状的特殊点，如最上、最下、最左、最右、最前、最后点，可见与不可见的分界点等，以便较准确地画出相贯线的投影形状。

④ 判别相贯线的可见性。判别方法与平面立体相交时的相贯线可见性判别方法相同。

⑤ 整理图形，加粗图线。判别两立体的相互遮挡而造成的某些棱线不可见，改为虚线。判别平面立体的某些棱线穿入曲面体内部的部分是不存在的，不必画出。同理，曲面立体的素线进入平面立体内部的部分也不必画出。

【**例 6.5**】 求如图 6.9（a）所示四棱柱与圆锥的相贯线。

分析 由水平投影可以看出，四棱柱与圆锥体的相贯线可分为四部分：它们是四棱柱的四个棱面分别与圆锥面相交所得的截交线，它们的空间形状都是双曲线，由于四棱柱的四个棱面都是铅垂面，其水平投影都积聚成直线，相贯线的水平投影就在这四条直线上，所以相贯线的水平投影是已知的，只需求其正面投影。

由于四棱柱前后、左右对称，因此四个棱面与圆锥体表面所产生的相贯线也是前后、左右对称的。

作图 如图 6.9（b）、（c）所示，步骤如下。

① 在水平投影上，用 1、2、3、4 标出四棱柱四条棱线与圆锥表面的交点的水平投影，这四个点就是四段截交线的转折点。左右两条棱线与圆锥体表面的交点 $1'$、$2'$，既在四棱柱棱线上又在圆锥正面投影轮廓线上，可直接确定，因为四棱柱是正四棱柱，所以四条棱线与圆锥表面的交

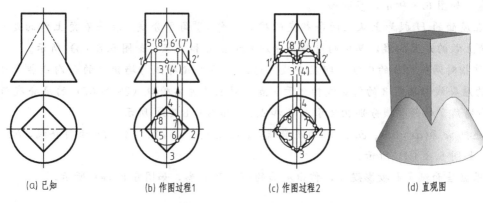

图 6.9　四棱柱与圆锥相贯

点在同一个水平圆上，而这个水平圆的正面投影，积聚成一条直线，就是 $1'2'$ 直线，所以四棱柱前后棱线与圆锥面的交点 $3'$、$4'$，就在这条直线上，而且正面投影重影。

② 求 1 和 3、3 和 2、2 和 4、4 和 1 两交点间的截交线。经分析为双曲线，先求双曲线上的最高点。双曲线的最高点就在四棱柱的水平投影的内切圆上，因为圆锥体的纬圆再小于这个圆就不和四棱柱相交了，水平投影中内切圆和四边形的切点 5、6、7、8 就是最高点，然后求内切圆的正面投影所积聚的直线，$5'$、$6'$、$7'$、$8'$ 就在这条直线上，而且 $5'$ 和 $8'$、$6'$ 和 $7'$ 重影。

③ 求一般点。作一辅助水平面，它和圆锥的截交线是一水平圆，此圆和四棱柱的每一个棱面有两个交点，求出这个水平圆的正面投影所积聚的直线，然后再求交点的正面投影。

④ 光滑连接，并判别可见性。相贯线的正面投影是可见的，因此按顺序光滑连接时，连成粗实线即可。

【例 6.6】　如图 6.10（a）所示，完成四棱柱与圆锥相贯体的投影。

分析　结合相贯体的三面投影可以看出：四棱柱从前往后全部穿过圆锥，属于全贯，相贯线应该有两条，此相贯体前后对称，故两条相贯线也为前后对称。四棱柱的 V 面投影积聚成四边形，相贯线的正面投影积聚在其上，本题只需求相贯线的水平投影和侧面投影。相贯线是四条截交线组成的，分别是四棱柱的四个侧面分别截切圆锥所得，四棱柱的水平上表面和下表面截切圆锥得到的截交线是部分圆弧；两个侧面截切圆锥得到的截交线是直线。

作图　如图 6.10（b）、（c）、（d）所示，步骤如下。

① 在 V 面投影图上，用 $1'(2')$、$3'(4')$、$5'(6')$、$7'(8')$ 标出四棱柱四条棱与圆锥表面的交点的正面投影；用 $9'(10')$、$11'(12')$ 标出圆锥前后转向轮廓线与四棱柱上下棱面的交点的正面投影。

② 用"纬圆法"求出 12 个点的水平投影，然后根据"三等规律"求出 12 个点的侧面投影。

③ 在水平投影图中用圆弧连接 1、9、3；2、10、4；5、11 、7；6、12、8 四段相贯线；根据水平投影的连接顺序，在侧面投影中作出对应的投影，积聚为一段直线。

④ 在水平投影中用直线连接点1、点5，点3、点7，点2、点6，点4、点8，并根据水平投影的顺序，在侧面投影中作出对应的投影，也为直线。

⑤ 判别相贯线的可见性。因为四棱柱的下底面不可见，所以 5、11、7；6、12、8 两段圆弧不可见，画成虚线。

⑥ 整理轮廓线。将水平投影中四棱柱的四条棱线延长到相应贯穿点，圆锥底面被四棱柱遮住的部分改为虚线。

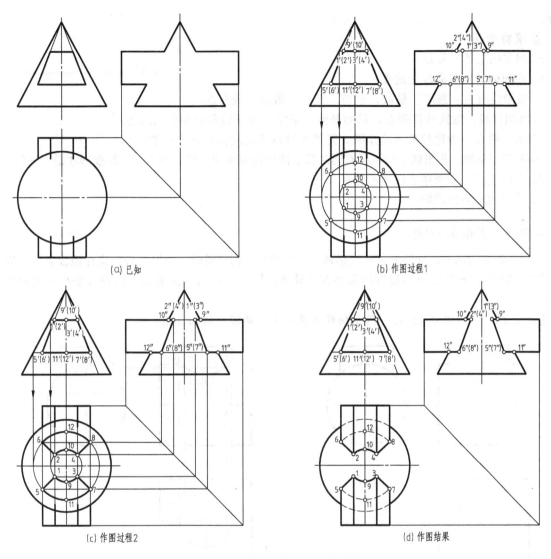

图 6.10　圆锥与四棱柱相贯

6.3　曲面立体与曲面立体的相交

　　两曲面立体相交的相贯线，一般是封闭的空间曲线，在特殊情况下是平面曲线或直线，当两同轴回转体相贯时，相贯线是垂直于轴线的平面纬圆（图 6.15）；当两个轴线平行的圆柱相贯时，相贯线是直线——圆柱面上的素线（图 6.17）。

　　求作相贯线时，一般先求两曲面立体表面相交后的一系列共有点，然后将这些点连成光滑的曲线，并判别其可见性。

　　求两曲面立体表面共有点的常用方法有：表面取点法、辅助平面法、辅助球面法。下面将对这三种方法逐一举例分析。至于用哪种方法求相贯线，要看两相贯体的几何性质、相对位置及投影特点而定。但不论采用哪种方法，均应按以下步骤求出相贯线。

　　求相贯线的步骤如下。

　　① 分析两曲面体的形状、相对位置及相贯线的空间形状，然后分析相贯线的投影有无积

聚性。

② 求特殊点。

a. 相贯线上的对称点。

b. 曲面体转向轮廓线上的点。

c. 极限位置点：最高、最低、最前、最后、最左、最右点。

求出相贯线上的这些特殊点，目的是便于确定相贯线的范围和变化趋势。

③ 求一般点。为比较准确地作图，需要在特殊点之间插入若干一般点。

④ 判别可见性。相贯线上的点只有同时位于两个曲面体的可见表面上时，其投影才是可见的。

⑤ 光滑连接。按顺序依次光滑连接各点。

⑥ 补全相贯体的投影。

6.3.1 表面取点法

当参与相贯的两曲面立体的某一投影具有积聚性时，相贯线的一个投影必积聚在该投影上。因此，相贯线的另一投影便可通过投影关系在立体表面上用取点的方法求出，这种方法称为表面取点法。

【例6.7】 求如图6.11（a）所示轴线垂直相交的两圆柱的相贯线。

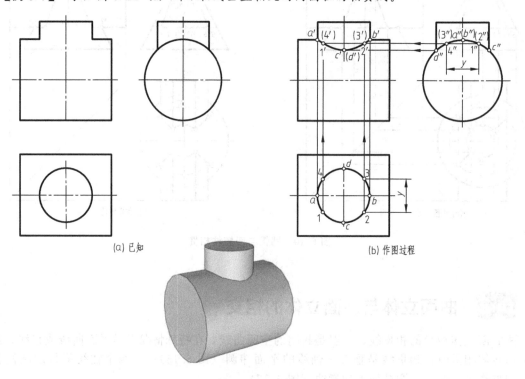

(a) 已知   (b) 作图过程

(c) 直观图

图6.11 两轴线正交的圆柱体的相贯

分析 小圆柱与大圆柱的轴线正交，相贯线是前、后、左、右对称的一条封闭的空间曲线，如图6.11（c）。根据圆柱的积聚性，水平圆柱的侧面及直立圆柱的水平面都有积聚投影，因此，相贯线的水平投影与直立圆柱的水平投影重合，是一个圆；相贯线的侧面投影和水平圆柱的侧面投影重合，是一段圆弧。因此相贯线的两个投影已知，只需利用表面取点法求出其正面投影。

作图 如图6.11（b）所示，步骤如下。

① 求特殊点。A、B 两点既在直立圆柱最左、最右的素线上，又在水平圆柱最上面的素线上，所以 A、B 两点是直立圆柱最左、最右素线和水平圆柱最上面素线的交点，A、B 的正面投影直接可求出。C、D 两点在直立圆柱的最前、最后素线上，又是相贯上最低点，也是特殊点。其正面投影可根据水平投影和侧面投影求出。

② 求一般点。在相贯线水平投影上取一般点 1、2、3、4，根据点的投影关系求出侧面投影，然后再根据水平投影和侧面投影求出它们的正面投影。

③ 判别可见性，并将各点光滑连接起来，即得相贯线的投影。

在正面投影中相贯线是前后对称的，前半部分相贯线可见，后半部分相贯线不可见，但它和前半部分重合，所以画成粗实线。

当相交的两圆柱是空心圆筒时，其内孔与内孔的交线是两圆柱内表面的相贯线，如图 6.12 所示。内表面相贯线的求法与外表面相贯线求法相同。

6.3.2 辅助平面法

辅助平面法，是利用辅助平面同时截切相贯的两曲面体，在两曲面体表面得到两条截交线，这两条截交线的交点即为相贯线上的点。这些点既属于截平面，又属于两曲面立体的表面，因此，辅助平面法就是利用三面共点的原理，用若干辅助平面求出相贯线上的一系列点，并依次光滑连接起来，便是所求相贯线。

为了作图简便，选择辅助平面时，应使所选择的辅助平面与两曲面体的截交线投影最简单，如直线或圆，如图 6.13 所示。同时，辅助平面应位于两曲面体相交的区域内，否则得不到共有点。

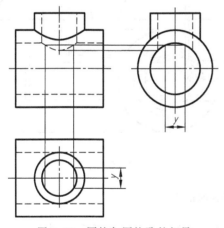

图 6.12 圆柱与圆柱孔的相贯

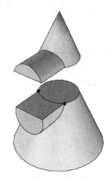

图 6.13 辅助平面法求相贯线上的点

【例 6.8】 如图 6.14（a）所示，求圆柱与圆锥体的相贯线。

分析 由相贯体的三面投影可知，圆柱与圆锥体轴线正交，圆锥面没有积聚性，圆柱的侧面投影具有积聚性，相贯线的侧面投影就在圆柱侧面投影所积聚的圆上，相贯线的水平投影和正面投影没有积聚性，可利用辅助平面法求相贯线上的一系列点。因为圆锥的轴线垂直于水平投影面，圆柱的轴线平行于水平投影面，所以选择水平面作为辅助平面，它与圆柱的截交线是矩形，与圆锥的截交线是圆，矩形与圆的交点即为相贯线上的点，依此方法，作几个辅助平面，求出若干个相贯线上的点，并依次光滑地连接起来，即为所求相贯线的投影。

作图 如图 6.14（b）、（c）所示，步骤如下。

① 求特殊点。由相贯线的 W 投影可直接找出相贯线上的最高点、最低点 I、II 的 W 投影

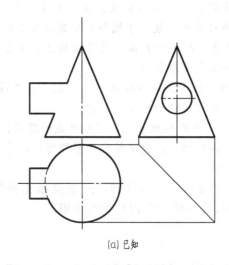

(a) 已知

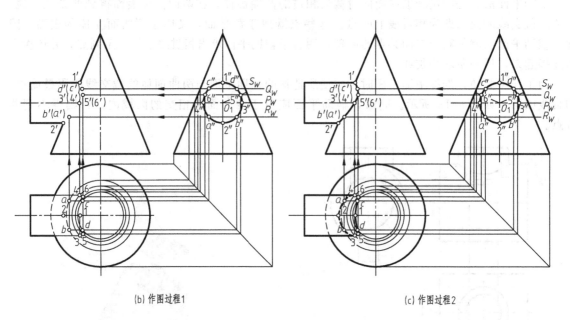

(b) 作图过程1　　　　　　　　　　　(c) 作图过程2

图 6.14　圆柱与圆锥体的相贯

1″、2″。由于Ⅰ、Ⅱ点也是圆柱和圆锥转向轮廓线上的点，Ⅰ、Ⅱ两点的正面投影 1′、2′ 也可直接求出，然后根据 1′、2′ 和 1″、2″ 求出水平投影 1、2。

由相贯线 W 投影可直接确定相贯线上的最前、最后点Ⅲ、Ⅳ的 W 投影 3″、4″，同时Ⅲ、Ⅳ点也是圆柱水平转向轮廓线上的点。作辅助平面 P，它与圆柱交于两水平轮廓线（圆柱的最大水平矩形），与圆锥交于一水平纬圆，两者的交点即为Ⅲ、Ⅳ两点。在水平投影图上标出 3、4 两点，根据 3、4 和 3″、4″，求出 3′、4′。

由相贯线 W 投影通过作图来确定相贯线上的最右点Ⅴ、Ⅵ点。作图方法见图 6.14（b）中的 W 投影，首先在相贯线的 W 投影上过圆心作侧面转向轮廓线的垂线，该垂线与圆交于 5″、6″ 点，即为相贯线上的最右点Ⅴ、Ⅵ的 W 投影；再应用辅助平面法求出Ⅴ、Ⅵ点的水平投影 5、6，然后根据 5、6 和 5″、6″ 求出正面投影 5′、6′。

　　② 求一般点。在点Ⅱ和点Ⅲ之间适当位置，作辅助平面 R，平面 R 与圆锥面交于一水平纬

圆，与圆柱交于两条素线（一水平矩形），这两条截交线的交点 A、B 两点，即为相贯线上的一般点。在水平投影面上作出两条截交线的水平投影，并标出其交点 a 和 b，然后根据"三等规律"求出 a'、b'。

为作图准确简便，再作一辅助平面 S 为平面 R 的对称面，平面 S 与圆锥面交于另一水平纬圆，与圆柱面交于两条素线（与平面 R 与圆柱面相交的两条素线完全相同，所以不用另外作图）。这两条截交线的交点 C、D，即为相贯线上的一般点。在水平投影面上作出两条截交线的水平投影，并标出其交点 c 和 d，然后根据"三等规律"求出 c'、d'。

③ 光滑连接，并判别可见性。圆柱面与圆锥面具有公共对称面，相贯线的正面投影前后对称，故前后曲线重合，将 $1'$、d'、$5'$、$3'$、b'、$2'$ 点依次光滑连接，画成粗实线。圆锥面的水平投影可见，圆柱面的上半部水平投影可见，按可见性原则可知，属于圆柱上半部分的相贯线可见，即 $35d1c64$ 可见，画成粗实线，$3b2a4$ 不可见，画成虚线。

④ 补全相贯体的投影。由图 6.14（c）可见，两相贯体的正面投影轮廓已完整，投影完成。水平投影轮廓线不完整，将圆柱面的水平转向轮廓线延长到 3、4 点，另外圆锥面有部分底面被圆柱面遮挡，画成虚线。

6.3.3 辅助球面法

若两旋转体相贯，两轴线相交且平行于同一投影面时，用辅助球面法求其相贯的交点比较方便。辅助球面法是应用旋转体与球体相交，和轴线通过球心时，它们的相贯线是一个圆的原理来作图，也就是说，以球心在旋转体轴线上的球面截旋转体，则球面与旋转曲面的截交线是一个圆，如图 6.15 所示。鉴于这种方法有时不易准确地作出相贯线上的某些特殊点，在此将不再赘述。

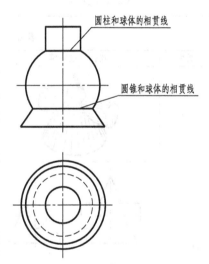

图 6.15 辅助球面法的原理

6.3.4 圆柱、圆锥相贯线的变化规律

圆柱、圆锥相贯时，其相贯线空间形状和投影形状的变化，取决于其尺寸大小的变化和相对位置的变化。下面分别以圆柱与圆柱相贯、圆柱与圆锥相贯为例说明尺寸变化和相对位置变化对相贯线的影响。

（1）尺寸大小变化对相贯线的影响

① 两圆柱轴线正交。见表 6.1，当 $d_1 < d_2$ 时，相贯线为两条左右封闭的空间曲线，在非积聚投影上（即 V 面投影），其相贯线的弯曲趋势总是向大圆柱里弯曲。随着小圆柱直径的不断增大，相贯线的弯曲程度越来越大，当圆柱直径相等，$d_1 = d_2$ 时，则相贯线从两条空间曲线变成两条平面曲线——椭圆，其正面投影为两条直线，水平投影和侧面投影均积聚成圆。当 $d_1 > d_2$ 时，相贯线为上下两条封闭的空间曲线。

② 圆柱与圆锥轴线正交。当圆锥的大小和其轴线的相对位置不变，而圆柱的直径变化时，相贯线的变化情况见表 6.2。当小圆柱穿过大圆锥时，在非积聚投影上，相贯线的弯曲趋势总是向大圆锥里弯曲，相贯线为左右两条封闭的空间曲线。随着小圆柱直径的增大，相贯线的弯曲程度越来越小，当圆柱与圆锥公切于一个球面时，相贯线从两条空间曲线变成两条平面曲线——椭圆，其正面投影为两条相交直线，水平投影和侧面投影均积聚成椭圆和圆。当圆柱直径再继续增大，圆锥穿过圆柱时，相贯线为上下两条封闭的空间曲线。

表 6.1　两垂直相交圆柱相贯线变化情况

类型	$d_1 < d_2$	$d_1 = d_2$	$d_1 > d_2$
立体图			
投影图	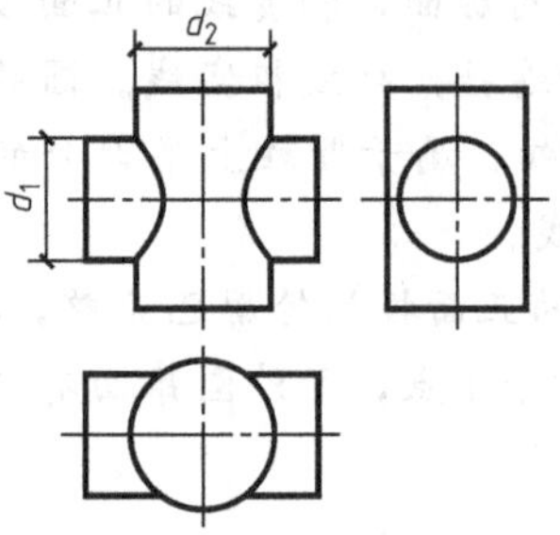	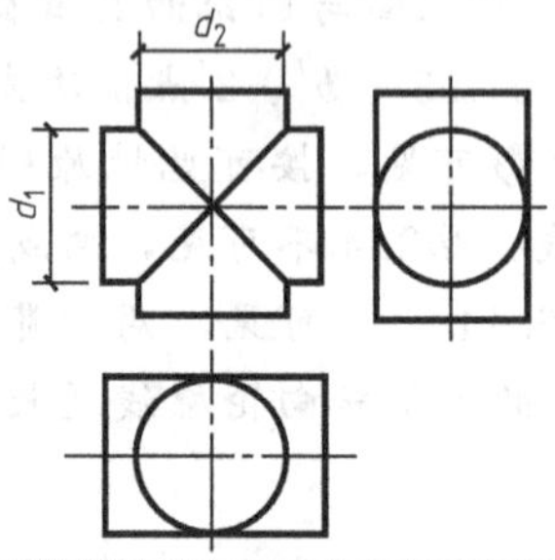	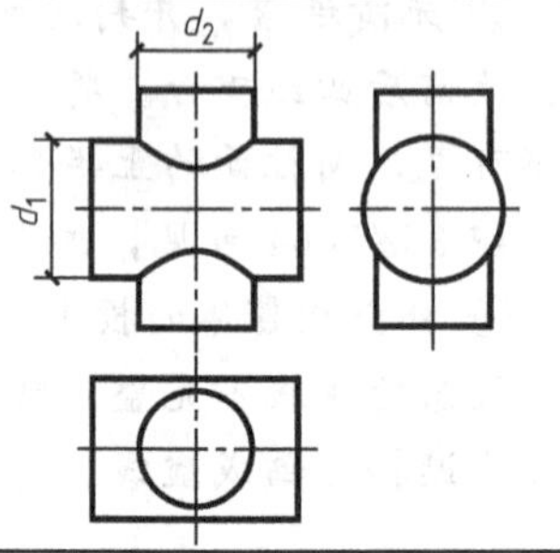

表 6.2　圆柱与圆锥相交相贯线的变化情况

类型	圆柱穿过圆锥	圆柱与圆锥公切于一球面	圆锥穿过圆柱
立体图	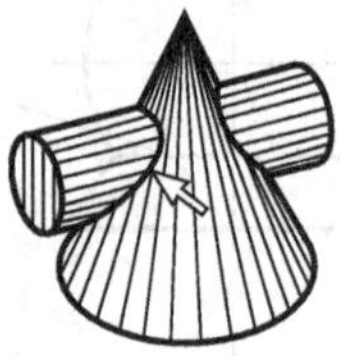	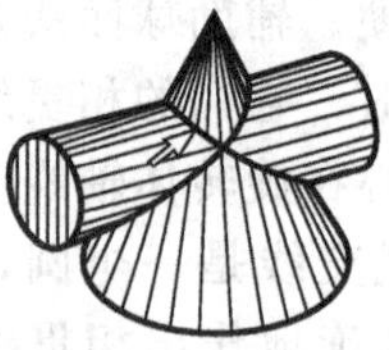	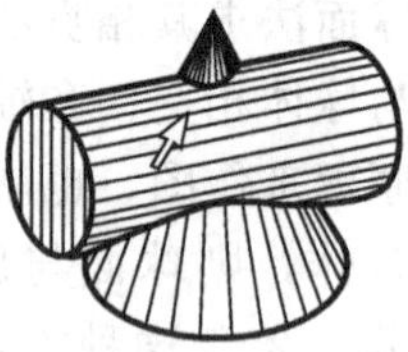
投影图	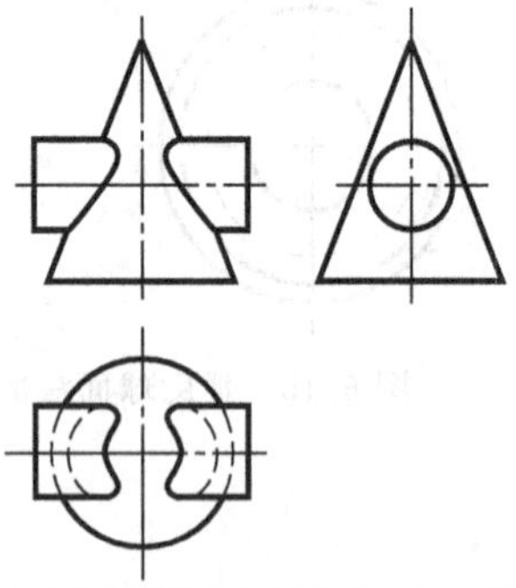	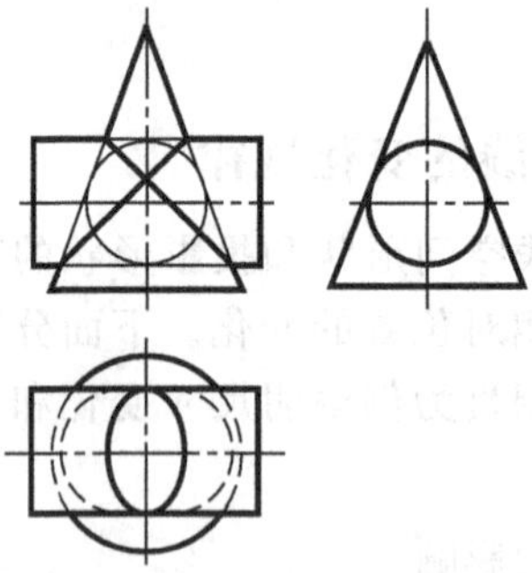	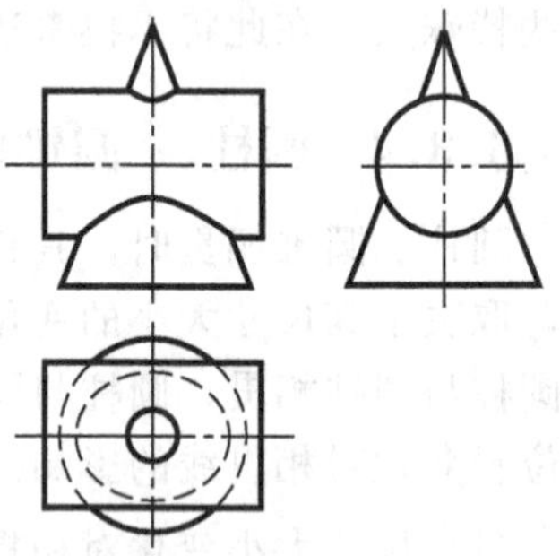

（2）相对位置变化对相贯线的影响

两相交圆柱直径不变，改变其轴线的相对位置，则相贯线也随之变化。如图 6.16 所示，两相交圆柱，其轴线是垂直交叉，当两圆柱轴线之间的距离变化时，其相贯线也随之变化。图 6.16（a）为直立圆柱全部贯穿水平圆柱，相贯线为上下两条空间曲线。图 6.16（b）为直立圆柱与水平圆柱互贯，相贯线为一条空间曲线。图 6.16（c）为上述两种情况的极限位置，相贯线为一条空间曲线，并相交于切点。

6.3.5　曲面立体相交的特殊情况

两曲面立体相交，一般情况下是空间曲线，但在特殊情况下，相贯线也可以是平面曲线或者是直线。

① 当两个回转体具有公共轴线时，相贯线为垂直于轴线的圆，如图 6.15 所示。

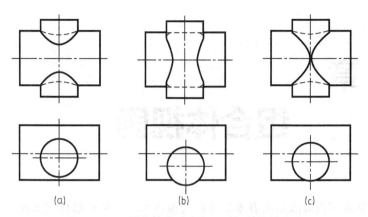

图 6.16　两圆柱轴线垂直交叉时相贯线的变化

② 当两圆柱轴线互相平行时，相贯线为两平行直线，如图 6.17 所示。

③ 当两圆锥共锥顶时，相贯线为两相交直线，如图 6.18 所示。

6.3.6　相贯线的近似画法

当两圆柱正交且直径相差较大，作图要求精度不高时，相贯线可采用近似画法，用圆弧代替非圆曲线。如图 6.19 所示，以大圆柱的 $D/2$ 为半径作圆弧代替非圆曲线的相贯线。

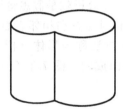

图 6.17　两圆柱轴线平行的相贯线

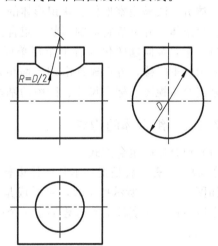

图 6.18　两圆锥共锥顶的相贯线

图 6.19　相贯线的近似画法

第 7 章

组合体视图

▶▶

任何复杂的形体都可以看成是由基本形体组合而成的。由基本形体（如棱柱、棱锥、棱台、圆柱、圆锥、圆台、球等）通过叠加（堆积）或切割而组合在一起的形体，即为组合体。本章将重点讨论组合体视图的画法、尺寸标注和阅读的方法，为绘制和阅读工程图样打下基础。

7.1 组合体构成分析

7.1.1 形体分析

形体分析法是观察形体、认识形体的一种思维方法。所谓形体分析就是假想将组合体分解为若干简单形体，并分析它们的形状、组合方式、各部分之间的相对位置和相邻表面的连接关系，从而将一个复杂问题转化为若干个简单问题来处理，这种分析方法称为形体分析法。如图 7.1（a）所示的拱门楼，可看成是由四个简单形体经叠加方式组合而成的〔图 7.1（b）〕。形体分析法是画组合体视图、标注尺寸、读图的基本方法。

7.1.2 组合体的构成

（1）组合体的组合方式

① 叠加。叠加就是把基本几何体重叠地摆放在一起而构成组合体。

如图 7.2（a）所示挡土墙，可看成是由底板、直墙和支撑板三部分叠加而成的，其中底板是一个四棱柱，在底板上右边叠加了一个四棱柱直墙，左边叠加了一个三棱柱支撑板，如图 7.2（b）所示。

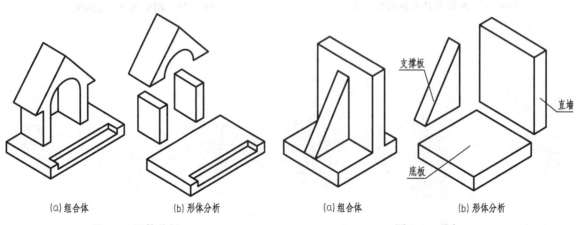

(a) 组合体　　　　　(b) 形体分析　　　　　(a) 组合体　　　　　(b) 形体分析

图 7.1　形体分析　　　　　　　　　　　　图 7.2　叠加

② 切割。切割式组合体是由基本立体被一些平面或曲面切割形成的。如图 7.3 (a) 所示的组合体，可以看作是由棱柱先切去它的右上角，再挖去一个小棱柱，或者反过来，先挖切出槽，再斜切掉端部形成的。也可以把该组合体看作是 U 形八棱柱被斜切一次形成的。如图 7.3 (b) 所示的组合体是由立方体挖去了 1/4 圆柱，并用两个截平面又切去了一个角形成的。画切割式组合体一般是先画出切割前的原始形状，然后逐步画出有关的部分。

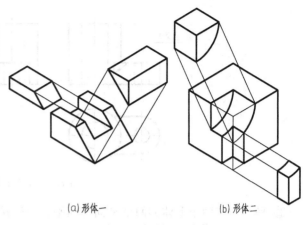

(a) 形体一　　　　　(b) 形体二

图 7.3　切割式组合体

③ 综合式。大多数组合体都是由切割和叠加组合而成的，如图 7.4 所示的台阶，可以看成综合式的组合方式。

(2) 组合体表面间的连接方式

各基本形体在组合的时候，表面之间由于过渡的方法不同，连接方式也不一样，相邻表面的连接方式有不平齐、平齐、相交、相切几种情况，如图 7.5 所示。

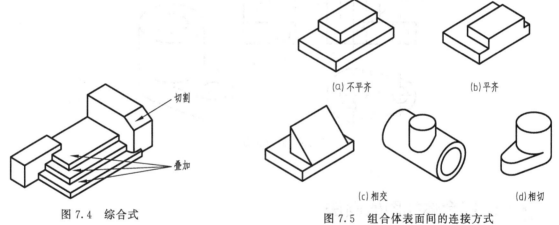

(a) 不平齐　　　　　(b) 平齐

切割

叠加

图 7.4　综合式

(c) 相交　　　　　(d) 相切

图 7.5　组合体表面间的连接方式

在画图时，必须注意分析表面间的连接关系，才能不多线、不漏线。同理，读图时，也必须分出各基本形体表面间的连接关系，才能想出物体的形状。

① 不平齐。当两个形体以平面方式相互连接，如图 7.6 中所示的形体Ⅰ和形体Ⅱ，在其结合处产生了分界线，即为不平齐。画图时不要漏画分界线。

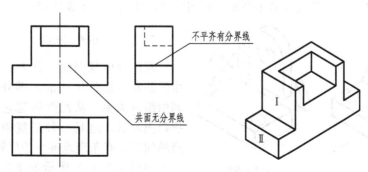

不平齐有分界线

共面无分界线

Ⅰ

Ⅱ

图 7.6　平齐和不平齐的画法

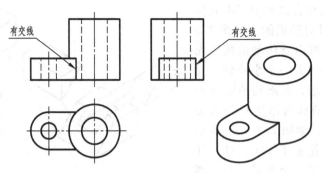

图 7.7　相交的画法

② 平齐。当两个形体的两个平面互相平齐地连接成一个平面时，它们在连接处（共面关系）不再存在分界线。因此画图时不应该再画它们的分界线，如图 7.6 所示。

③ 相交。两个形体的表面彼此相交时在形体表面将产生交线，如截交线、相贯线，应将它们画出来，如图 7.7 所示。

④ 相切。相切的两个形体表面结合处呈光滑过渡，如图 7.8 所示。画图时不应画出分界线。

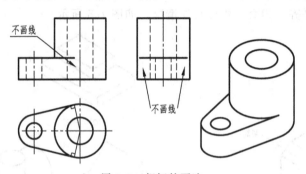

图 7.8　相切的画法

7.2　组合体视图的画法

在工程制图中，常把工程形体在多面正投影中的某个投影称作视图。正面投影是从前面向后投射（前视）得到的视图，称之为主视图；水平投影是从上向下投射（俯视）得到的视图，称之为俯视图；侧图投影是从左向右投射（左视）得到的视图，称之为左视图。三面投影图总称为三视图或三面图。

画组合体视图时，一般按照形体分析、视图选择、画图三个步骤进行。

7.2.1　形体分析

画组合体视图时，首先要分析该组合体是由哪些基本形体组成的，再分析各基本形体之间的组合关系，从而弄清楚它们的形状特征和投影图画法。这是一种把复杂问题分解成若干简单问题，有条理地逐个予以解决的方法。

如图 7.9（a）所示的组合体，可以将它分析成是由以下基本体组成的：底板是一个长方

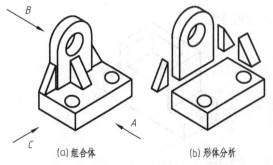

(a) 组合体　　(b) 形体分析

图 7.9　轴承座的形体分析

体，两侧各开了一个小圆柱孔；底板之上，中间靠后面的一块支撑直板由半圆柱和一个长方体叠加而成，板上有一个圆柱孔贯通前后；直板的两侧各有一个小三棱柱形的斜撑，前面还有一个小三棱柱斜撑位居中央，具体见图 7.9（b）。

应该注意，形体分析仅仅是一种认识对象的思维方法，实际上物体仍是一个整体。采用形体分析的目的，是为了把握住物体的形状，便于画图、看图和配置尺寸。

7.2.2　视图选择

视图选择就是选择形体的表达方案，即如何用较少的视图把形体完整、清晰地表达出来。因此视图选择应包括三个方面，即形体的放置位置、选择主视图及确定视图数量。

（1）确定形体的放置位置

形体放置的方位一般应摆正放平，使形体的主要平面或轴线平行或垂直于投影面，以便投影反映实形，通常按以下顺序确定。

① 按正常工作位置放置，便于阅读和施工，如土建形体。

② 按制作或加工位置放置，便于生产和测量，如由车床加工的轴类零件、预制混凝土桩等一类的杆状物体，通常按加工位置水平放置。

③ 对一些无确定工作位置，也没有固定的加工制作方式的形体，可按自然稳定位置放置。

（2）选择主视图

主视图是表达形体形状、结构的主要视图，选择主视图就是确定主视图的投射方向。该方向确定后，其他视图的投射方向也就确定了，应综合考虑下列各点进行选择。

① 使主视图尽量反映组合体的主要部分的形状特征、各组成部分的组合关系以及它们的相对位置。如图 7.9（a）所示，显然 A 向较 B 向、C 向好。

② 使各视图中的虚线尽可能的少。如图 7.9（a）中，舍去 B 向。

③ 合理利用图纸空间。因为除 A4 图纸外，一般都是横向使用，所以将物体的长边作为 X 轴方向有利于利用图纸，合理布局。如图 7.9（a）中，舍去 C 向。

④ 考虑工程图的表达习惯。水工图一般将上游布置在图的左方。建筑图中一般将房屋的正面选为主视图。

（3）确定视图数量

通常情况下，表达一个形体可取三个视图，但并不是只能用三个视图表达。形状简单的物体也可以取两个视图。如柱体，一般含有特征视图时，只需要两个视图就能表达清楚。有的回转体，标上尺寸后，只需一个视图就可表达清楚，如图 7.13 所示。

表达一个组合体应在主视图确定后，再根据各组成部分的形状和相互位置关系还有哪些没有表达清楚，来确定还需要用几个视图进行补充表达。一般各组成部分的形状特征投影一定要表达出来，才称得上清晰。如图 7.9 所示的组合体，主视图确定后，底板的形状特征需用俯视图表达，中间斜撑的形状特征需用左视图表达，还有各部分上下、前后的位置关系，表面的连接关系均需用左视图表达，所以应采用主视图、俯视图、左视图三个视图才能完整、清晰地表达轴承座。

7.2.3　画组合体视图

（1）选比例、定图幅、画基准线

可以先根据组合体的复杂程度选定画图比例，再由组合体的长、宽、高计算出各个视图所占的面积，并要在各视图之间预留出标注尺寸的空间和适当间距，以此确定标准图纸幅面。也可以先选定图纸幅面，再根据视图的布置情况确定画图比例。图幅确定后，开始画图前应先画出各视图的主要定位基准线，以确定各视图在图面上的准确位置。布置视图的原则应匀称美观，视图间不应太挤或集中于图纸一侧，也不要太分散。定位基线可选取形体的对称线，中心线、底面或相关端面的轮廓线等，以方便画图和测量为原则。

（2）画出各视图

主要是采用形体分析法，根据投影规律，逐个画出各组成部分的投影。组合体的画图过程如图 7.10（a）～（e）所示。画图时应按先主后次、先大后小、先实后空、先外后内的顺序作图。同时要几个视图联系起来画，先画最能反映形状特征的投影，再画其他投影。有时会遇到物体的部分结构与基本几何体相差较大，用形体分析法难以画出的情况。这时可在形体分析法的基础上，对构成形体的某些线面进行线面投影特性分析，辅以线面分析法画图。

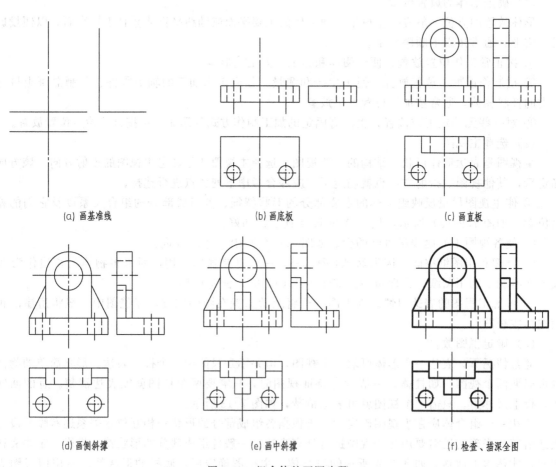

(a) 画基准线　　(b) 画底板　　(c) 画直板
(d) 画侧斜撑　　(e) 画中斜撑　　(f) 检查、描深全图

图 7.10　组合体的画图步骤

（3）检查、描深

如前所述，形体分析法对组合体的分解是假想的，各组成部分表面之间有无交线或分界线应通过分析表面连接关系来确定，尤其注意平齐的表面，应擦去不存在的分界线，另外还需区分可见性；对称形体的对称投影图上，应画出对称线；回转体的非圆投影应画出轴线，投影为圆则要画出中心线；当某方向上，几种线型投影重合时，应按粗实线、虚线、点画线的顺序取舍。经检查无误后，还要按规定的线型将视图加深，如图 7.10（f）所示。

【例 7.1】 画出图 7.11 所示切割式组合体的视图。

分析　由图可以看出，该形体未切割前是如图 7.12（a）所示的棱柱，分别在其顶面和底面切出半圆形和矩形通槽后，再在顶部从左到右切一矩形通槽而成的。

　　作图　如图 7.11 所示箭头方向能反映主要形状特征及各切割面的相互位置关系，作为主视图较合适，为了反映左右通槽的形状和整个形体的宽度，还需用左视图和俯视图补充。

　　切割体的画图过程如图 7.12 所示。

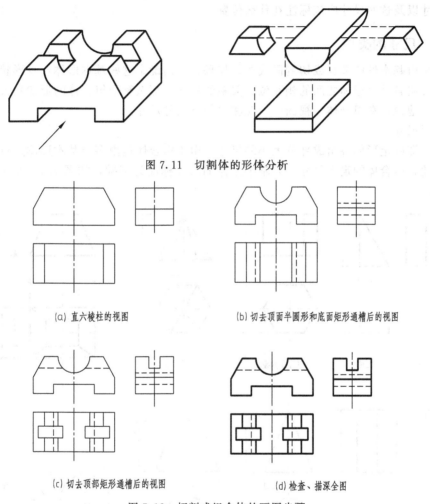

图 7.11　切割体的形体分析

(a) 直六棱柱的视图　　　　(b) 切去顶面半圆形和底面矩形通槽后的视图

(c) 切去顶部矩形通槽后的视图　　　(d) 检查、描深全图

图 7.12　切割式组合体的画图步骤

7.3　组合体视图的尺寸标注

　　视图主要表示形体的形状，而形体的大小和各组成部分的相互位置，则由视图上标注的尺寸确定。

7.3.1　组合体尺寸标注的基本要求

　　尺寸是生产制作、施工的依据，在标注尺寸时，任何疏忽都将造成重大的损失。因此，在组合体视图上标注尺寸要符合以下基本要求。

　　① 尺寸正确——尺寸数值符合设计要求，没有错误。尺寸注法必须严格遵守制图标准中有关尺寸标注的规定。

② 尺寸完整——所注尺寸应能完全确定组合体的形状和大小，既不缺少尺寸，也不应有不合理的多余尺寸。

③ 尺寸清晰——标注的所有尺寸位置明显、整齐、有条理，方便读图和查找尺寸。

为了达到上述要求，除应熟悉制图标准中的有关规定外，在标注尺寸时还应考虑视图上究竟应标哪些尺寸以及这些尺寸应该标注在什么位置。

7.3.2 尺寸的类型

组合体是由基本形体叠加或切割而成的。如果标注出确定这些基本形体自身形状和大小的尺寸，又注出说明各基本形体之间的相互位置关系的尺寸，那么整个组合体的形状和大小也就完全确定了。具体地说，在组合体三视图中，应注出如下三种尺寸。

（1）定形尺寸

定形尺寸即确定形体各组成部分大小的尺寸。由于组合体是由多个基本形体进行叠加或切割而成的，因此，组合体的定形尺寸是以基本形体的尺寸标注为基础，如图7.13所示是一些常见的基本形体。

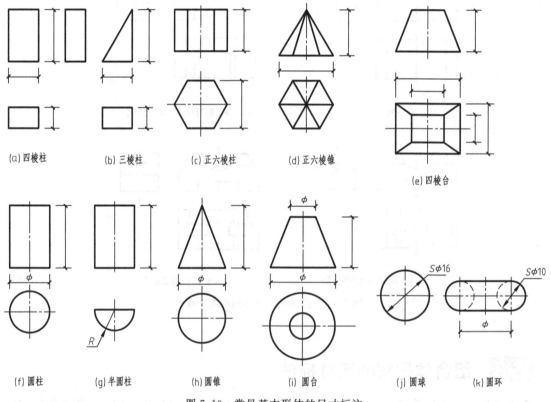

图7.13 常见基本形体的尺寸标注

（2）定位尺寸

定位尺寸即确定组合体中各基本形体之间相对位置关系或截平面位置的尺寸。

在标注定位尺寸时，需要注意以下几点。

① 量取定位尺寸的基准通常选用物体的底面、主要端面、对称平面、旋转体的轴线等。棱柱的位置用其棱面确定，圆柱和圆锥的位置，一般都用它的轴线来确定。例如，图7.14中标注出了棱柱的棱面和圆柱轴线间的距离11和8，用以表明两者在左右和前后方向上的相互位置关系。

② 基本立体之间，在左右、上下和前后三个方向上的相互位置都需要确定。如图7.14所示

组合体中的圆柱与棱柱，在左右方向上的相互位置是用尺寸 11 确定的；前后的相互位置是用尺寸 8 确定的。由于圆柱与棱柱是上下叠放的，它们的叠放关系已由图形明确表示出来了，所以上下方向的定位尺寸就不需要再作标注。

③ 处于对称位置的基本形体，通常需注出它们相互间的距离。如图 7.15 所示的组合体中，底板上两个小圆柱孔的位置是左右对称的，因此标注了两个小圆孔轴线之间的距离 58，而不应标注小圆孔轴线到四棱柱底板侧面或到对称轴线的距离。

④ 当基本立体的轴线位于物体的对称平面上时，相应的定位尺寸可以省略。例如，在图 7.15 所示的组合体上，前后两块立板上的半圆形槽口的轴线，正好在物体的左右对称平面上，因此就不必注出槽口在左右方向的定位尺寸了。底板上的两个小圆孔的轴线正好在物体的前后对称平面上，因此它们的前后方向也不需要再进行定位了。

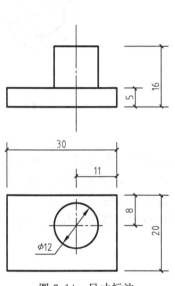

图 7.14　尺寸标注

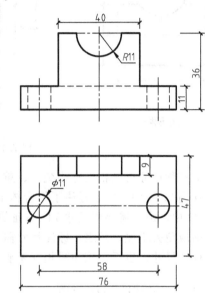

图 7.15　对称形体的尺寸注法

⑤ 切割体上的切口形状与切平面位置有关，所以必须明确标出切平面的定位尺寸，而无须标出反映切口形状的大小尺寸，如图 7.16 所示。

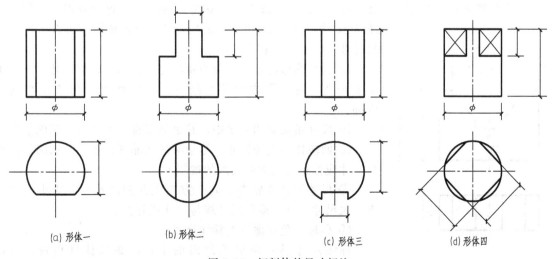

(a) 形体一　　　(b) 形体二　　　(c) 形体三　　　(d) 形体四

图 7.16　切割体的尺寸标注

⑥ 具有相贯线的叠加体，它的尺寸注法与切割体相似，即只标注相贯体的定形尺寸和定位尺寸，不注相贯线的定形尺寸，如图 7.17 所示。

（3）总体尺寸

总体尺寸是指物体的总长度、总宽度和总高度。总体尺寸用以表达物体的整体大小。图7.15 中的尺寸 76、47、36 即为组合体的总体尺寸。

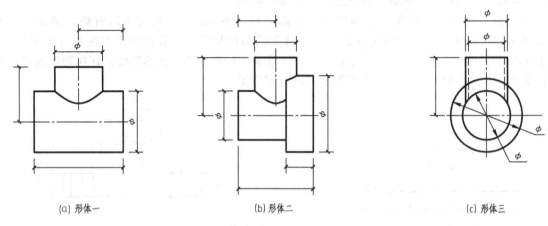

（a）形体一　　　　　　　　　（b）形体二　　　　　　　　　（c）形体三

图 7.17　相贯体的尺寸标注

以上三种尺寸可能相互有些交叉、重复，在标注尺寸时要合理地进行选择，去掉一些重复的尺寸。在图 7.14 中，由于标注了组合体的总高度 16 和底板的厚度 5，就不必再标圆柱的高度；在图 7.20 中，由于需要用尺寸 118 保证圆孔的高度，用 R50 保证半圆柱端面的半径大小，这时总高度即应免去不注。总之，标注尺寸需要有合理地选择，不应盲目拼凑一些尺寸，或者看见图线就标注尺寸，也不应该注写相互矛盾的多余尺寸。

7.3.3　尺寸的标注位置

确定了组合体应标注哪些尺寸后，就应考虑将这些尺寸注写在什么地方。这时，遵循的原则是使尺寸标注清晰，布置得当，便于阅读和查找。为此在标注尺寸时，除应遵守第 1 章有关尺寸标注的一些基本规定外，还要注意以下几点。

① 某个部位的尺寸应尽可能将其标注在反映该部位形状特征最明显的那个视图上。例如在图 7.18 中，形体上部槽口在主视图上最具特征，所以槽口定形尺寸 8、22 就标注在主视图上。

② 为使图形清晰，一般应将尺寸注在图形轮廓以外。但为了便于查找，对于图内的某些细部，其尺寸也可酌情注在图形内部。

③ 尺寸布局应相对集中，并尽量安排在两视图之间的位置。

④ 回转体的直径尺寸，尽量标注在非圆视图上，而圆弧的半径尺寸应标在反映圆弧实形的视图上。

⑤ 尺寸排列要整齐，同一方向上并列的尺寸，应小尺寸在内，大尺寸在外，避免尺寸线与尺寸线相交。

⑥ 尽量避免在虚线上标注尺寸。

标注尺寸是一项极其严肃的工作，必须认真负责，一丝不苟。

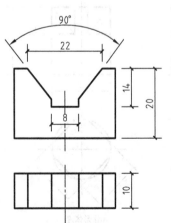

图 7.18　按形状特征布置尺寸

7.3.4 组合体尺寸标注的方法和步骤

组合体的尺寸标注首先应进行形体分析，然后确定尺寸基准，依次标出各常见形体的定形尺寸和定位尺寸。最后还要标注表明组合体总体大小的尺寸，即确定组合体总长、总宽、总高的尺寸，也称总体尺寸。

下面仍以图 7.9（a）所示的组合体为例，说明组合体尺寸标注的方法和步骤。

① 形体分析如图 7.9（b）所示。

② 尺寸基准的选择，如图 7.19 所示。长度方向以左右对称面为主要尺寸基准，高度方向以底板的底面为主要尺寸基准，宽度方向以底板的后端面为主要尺寸基准。

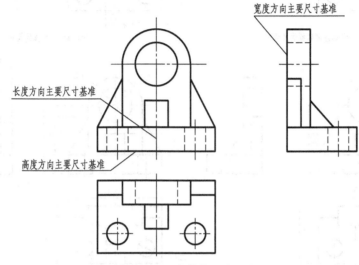

图 7.19 组合体的尺寸基准

③ 逐个形体标注定形尺寸、定位尺寸，如图 7.20 所示。

④ 标注总体尺寸，检查、调整。总长和总宽由底板的长度和宽度确定，不必再标注；由于回转体在设计、制造过程中都是以轴线定位的，故该组合体只标注支撑直板圆柱孔的中心高 118，而没有标注总高（中心高 118 和外径 $R50$ 之和），结果如图 7.20（f）所示。

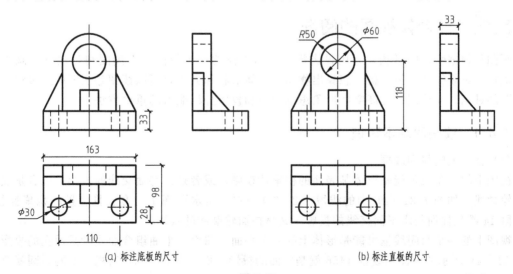

(a) 标注底板的尺寸　　　　　　　　　　(b) 标注直板的尺寸

图 7.20

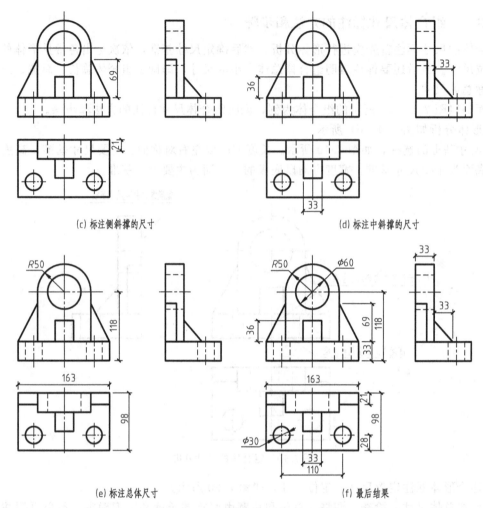

(c) 标注侧斜撑的尺寸　　　　　　　　　　(d) 标注中斜撑的尺寸

(e) 标注总体尺寸　　　　　　　　　　(f) 最后结果

图 7.20　组合体的尺寸标注过程

7.4　组合体视图的阅读

　　画图是根据物体的形状，运用投影规律画出物体的一组视图，而读图则是根据已画出的视图，依据投影规律和形体分析，想象出物体的空间形状和大小，所以读图是画图的逆过程。画图是读图的基础，而读图是提高空间形象思维能力和投影分析能力的重要方法。

7.4.1　读图的基本知识

（1）视图上的线和线框

　　视图上的一条线可能是形体某表面的积聚性投影，或者是面与面交线的投影，或者是曲面的投影轮廓线。如图 7.21（a）中的线段 $1'2'(3')$ $(4')$ 是水平面Ⅰ、Ⅱ、Ⅲ、Ⅳ的积聚性投影；而线段 14 既是柱面与水平面交线的投影，又是柱面轮廓线的投影。

　　视图上的一个封闭线框可能是形体上的一个平面、曲面、平曲组合面或者是通孔的投影。如图 7.21（a）所示俯视图中线框 1456 就是柱面的投影，而图 7.21（b）俯视图上同心圆就是阶梯孔的水平投影。

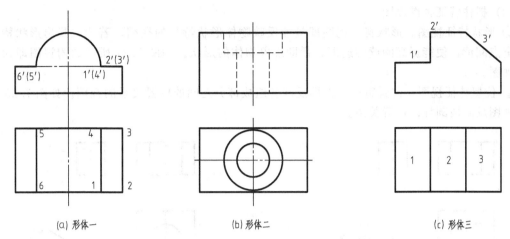

(a) 形体一　　　　　　　　(b) 形体二　　　　　　　　(c) 形体三

图 7.21 视图中的线和线框的含义

视图中两相邻线框表示两个不同的平面，它们或者相交，或者有平斜、高低、前后、左右之分，如图 7.21 (c) 所示。

(2) 将一组视图联系起来读

表达形体的一组视图是互相联系，不可分割的整体，它们彼此配合，共同表达形体的结构。读图时应注意，不能孤立地只看一个视图，而必须以某一视图为主，结合其他视图一起阅读。

图 7.22 (a)、(b)、(c) 的主视图都相同，但结合它们各自的俯视图就会知道它们表达的是三个不同的形体。图 7.23 (a)、(b)、(c) 所示的主视图、左视图都是一样的，只有联系各自的俯视图才能断定它们各自所表达的物体形状。

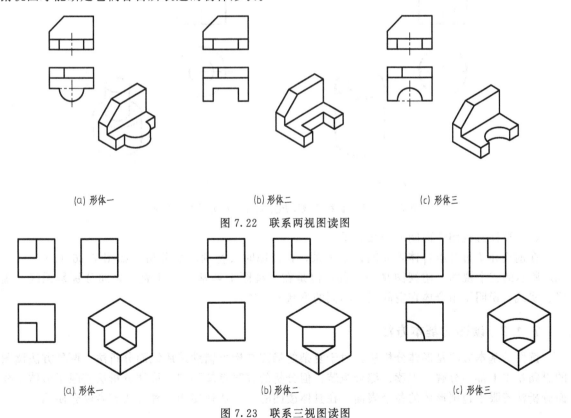

(a) 形体一　　　　　　　　(b) 形体二　　　　　　　　(c) 形体三

图 7.22 联系两视图读图

(a) 形体一　　　　　　　　(b) 形体二　　　　　　　　(c) 形体三

图 7.23 联系三视图读图

（3）抓住特征视图读图

① 形状特征视图。形状特征视图即最能反映物体形状特征的视图，若能先找出形状特征视图，重点阅读，便能提高阅读的速度，帮助想象物体的形状。如图 7.24 所示的俯视图即为形状特征视图。

② 位置特征视图。位置特征视图即反映各组成部分之间的位置关系的视图。如图 7.25 所示的主视图反映两圆柱的位置关系。

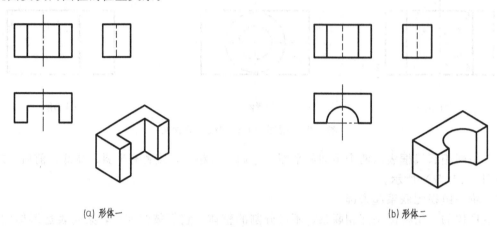

(a) 形体一　　　　　　　　　　　　　　　　(b) 形体二

图 7.24　从形状特征视图想象物体形状

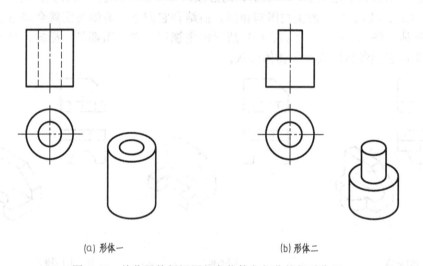

(a) 形体一　　　　　　　　　　　(b) 形体二

图 7.25　从位置特征视图想象物体各部分的相对位置

（4）要注意视图表面间的连接关系

在前面介绍过各组合体表面间连接关系，在读图时要特别注意分析，如图 7.26（a）、（b）、（c）所示的三个视图，俯视图是一样的，但是在主视图上各基本形体表面之间分别是无线、虚线、实线，说明了组合体在空间具有不同的形状和位置。

7.4.2　读图的基本方法

读图的基本方法是形体分析法，对于复杂的局部结构可辅助采用线面分析法。两种方法读图的思路基本上都是分解、识读、综合组装，但分析的着眼点却不同。形体分析法着眼于形体，线面分析法着眼于包围形体的各个表面。在具体读图时，可选择使用一种方法或者联合使用。

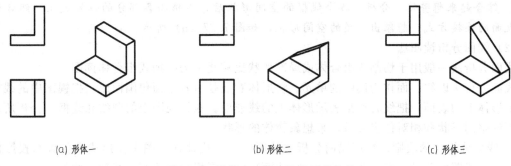

(a) 形体一　　　　　　　　(b) 形体二　　　　　　　　(c) 形体三

图 7.26　形体表面间连接关系的变化

（1）形体分析法

形体分析法一般适用于叠加式组合体的读图。

形体分析法读图步骤如下。

① 首先看组合体由哪几个视图来表达的，明确它们之间的相互关系。

② 运用形体分析法从最能反映物体形状特征的视图入手，将视图分解为若干个线框，然后按照长对正、高平齐、宽相等的原则找出它们在其他视图上相应的投影。

③ 根据各个线框投影的特点，确定每个线框在空间的形状。

④ 再根据各部分结构形状以及它们的相对位置和表面间的连接方式，综合起来想出物体在空间的整体形状。

【例 7.2】　阅读 7.27 (a) 所示的房屋三视图。

① 分线框、对投影。读图时，可以从组合体反映形状特征比较明显的俯视图入手，从图中可以看出在俯视图中有三个线框，即中间的矩形线框 2、左右两个 L 形线框 1、3。

分完线框后，利用三视图长对正、高平齐、宽相等的投影特性，在主视图和左视图中找出各部分对应的投影，如图 7.27 (b) 所示。

② 想形状。根据每一个线框的特性，想出各个线框的空间形状，如图 7.27 (c) 所示。

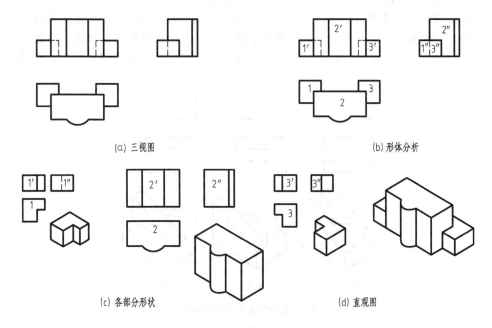

(a) 三视图　　　　　　　　　　　　　　　(b) 形体分析

(c) 各部分形状　　　　　　　　　　　　　(d) 直观图

图 7.27　房屋三视图

③ 综合起来想整体。分析完各个线框的空间形状后，再根据各部分的位置关系、组合形式及各表面的连接方式，想象出房屋的空间形状，如图 7.27（d）所示。

（2）线面分析读图法

线面分析法一般用于切割式组合体或局部形状比较复杂的叠加式组合体读图。

线面分析法以线、面作为读图的单元。将形体看成是由若干面包围而成。把视图中的线框看作表示形体上的表面，把线看作是表示形体上的线或面。根据视图上的图线和线框，分析所表达线、面的空间形状和相对位置关系，来想象物体的形状。

① 线面分析法的法则。在用线面分析法读图时，尽快地在视图中找出代表各表面投影的线或线框，是读图的关键。点、线、面（包括曲面）的投影规律是读图的基础。此外，还应掌握一些由此而派生出来的规律性的结论，以提高投影分析、空间思维的速度。

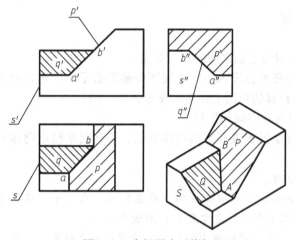

图 7.28 在视图中对线框

视图之间找线框对应投影的思维方法，除了"三等"关系外，对于平面的投影有"不类似必积聚"的关系存在。在视图之间找不到类似图形时，必有积聚性线段相对应。如图 7.28 所示的 Q 面、S 面。

判断类似形的法则是：n 边形对应 n 边形，平行边对应平行边，平行边边长之比相等；两可见线框对应顶点的排序应有同向性。如图 7.28 所示的 Q 面，由主视图的梯形线框，"长对正"与俯视图对照，有一个矩形线框和一个梯形线框与之长对正，根据类似图形法则，显然应与梯形线框对应。

判断积聚性投影的法则是：视图上的可见线框，不会积聚成物体的后端面、右端面、下端面；视图上两相邻线框，不会积聚为同一条直线。

如图 7.29 所示，主视图上左低右高的梯形线框，在俯视图上必与最前的直线相对应，从而确定该面必位于最前面，且为正平面；俯视图上相邻的三个矩形线框，必分别与主视图上不同的直线相对应，代表形体上的三个表面，从而确定它们的相对位置，帮助想象物体的形状。

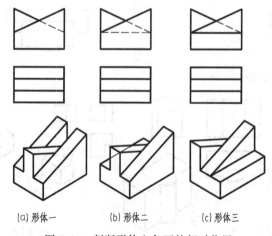

（a）形体一　　　（b）形体二　　　（c）形体三

图 7.29 判断形体上各面的相对位置

② 线面分析法读图步骤如下。

a. 首先用形体分析法粗略地分析一下组合体在没有切割之前的完整形状。

b. 然后按照三等原则和线、面投影特性（显实性、类似性、积聚性）找到每一个线框在其他视图上相应的投影，并逐一分析每一条线、每一个线框的含义，分步想出每一部分的形状，一步一步地从完整的形状进行切割，进一步分析细节形状。

c. 最后根据物体上每一个表面的形状和空间位置，综合起来想整体。

【例 7.3】　分析图 7.30（a）所示挡土墙的三视图，说明用线面分析法读图的方法和步骤。

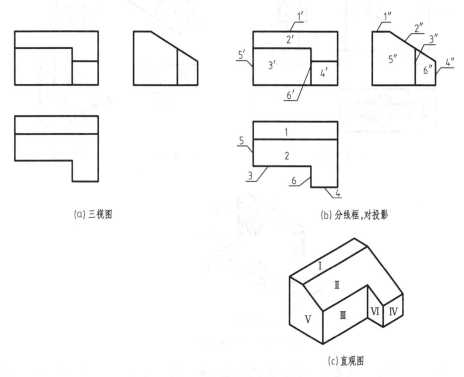

图 7.30　线面分析法读图

① 分线框、对投影、想形状。如图 7.30（b）所示，俯视图上有 1、2 两个线框，按视图之间的三等关系，找出 1 所对应的主视图上的水平直线 1′和左视图上的水平直线 1″。可知Ⅰ面是一个水平面，1 反映该水平面的实形；线框 2 在主视图上对应线框 2′，在左视图上对应斜线 2″，可知Ⅱ面是一个侧垂面，2 和 2′是它的类似图形。主视图上除线框 2′外，还有 3′、4′两个线框，找出它们在俯视图上的水平直线 3、4 和左视图上的竖直线 3″、4″，可知Ⅲ和Ⅳ面都是正平面，3′和 4′分别反映这两个正平面的实形。左视图上还有线框 5″、6″，对应着主视图上的竖直线 5′、6′和俯视图上的铅直线 5、6，可知Ⅴ、Ⅵ都是侧平面，5″、6″分别反映这两个侧平面的实形。

② 分析形体各面的相互位置，想出整体的形状。对照形体的三个视图可以看出，水平面Ⅰ在形体的最上面，侧垂面Ⅱ在Ⅰ的前方，两个正平面Ⅲ和Ⅳ一前一后在Ⅱ的前面的下方，Ⅲ和Ⅳ之间有侧平面Ⅵ连接，侧平面Ⅴ在形体的左侧，再加上底面的水平面，后面的正平面和右侧的侧平面，就形成了这个组合体的整体形状，如图 7.30（c）所示。

7.4.3　读图举例

组合体视图的阅读步骤一般如下所示。

① 根据已知视图了解形体是以叠加为主，还是以切割为主，并确定读图的方法。

② 形体分析。用对线框、找投影的方法，将叠加体的各组成部分的投影从有关视图中分离

出来，再按基本形体的投影特点，想象出它们各自的形状。

③ 线面分析。对切割体或不易读懂的局部结构，再用线面分析法解读。

④ 将所得的局部形状与它们在视图中的位置结合起来，想象出整体形状。

【例7.4】 根据图7.31（a）想象出物体的形状。

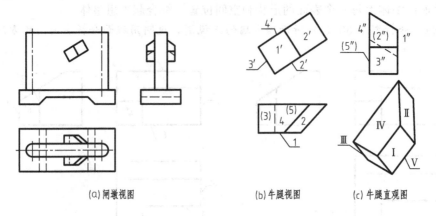

(a) 闸墩视图　　(b) 牛腿视图　　(c) 牛腿直观图

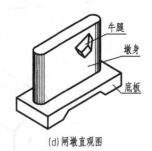

(d) 闸墩直观图

图7.31　闸墩图的阅读

分析　由主、左视图可以看出此物体由四部分组成，下部是底板，上部是墩身，墩身两侧各突出一个形体，工程上称为牛腿。底板是中下方被切去梯形通槽的长方体；墩身则是两端为半圆柱的长条形柱体。只有牛腿带斜面，不易直接想象出形状，需进一步分析。

为了便于分析，我们将牛腿的投影单独放大画出，如图7.31（b）所示。牛腿带有斜面，形体虽然不复杂，但形体与投影面位置倾斜，使得投影较复杂，读图较困难，可作线面分析，想象形体。牛腿主视图上有两个矩形线框。线框 $1'$ 在俯视图及左视图上没有对应的类似图形，它对应俯视图上最前面的一条与 X 轴平行的直线及左视图上最前面的与 Z 轴平行的直线，由此可知平面Ⅰ是一个正平面，在最前面。线框 $2'$ 在俯视图及左视图上都有对应的类似图形——平行四边形，可以确定平面Ⅱ是一般位置面，在右上方，并与正平面Ⅰ相交。左视图上的矩形线框 $3''$ 对应着主视图上一斜线及俯视图上不可见的矩形，可以判断平面Ⅲ是一正垂面，在左下方。用同样的方法可以分析出牛腿的上、下两平面Ⅳ和Ⅴ都是正垂面，形状是直角梯形。综合以上分析，可知牛腿是一斜放的梯形棱柱，其空间形状如图7.31（c）所示。闸墩的形状如图7.31（d）所示。

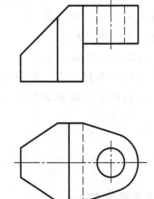

图7.32　求组合体的左视图

【例7.5】 根据组合体的主视图和俯视图（图7.32），画出它的左视图。

分析　首先读图。根据主视图和俯视图，可以看出该物体由左右两部分组合而成：如图 7.33（a）所示，左边部分可以看作是一个长方体被一个正垂面和两个铅垂面切割形成的；右边部分是一个半圆柱和一个梯形棱柱组成的圆端型水平板，并贯穿了一个圆柱孔。把左右两部分的形状结合在一起，就可以得到该物体的总体形状。想象出物体的形状以后，就可以按照投影关系，逐步画出其侧面图。画图过程如图 7.33（b）所示。

【**例 7.6**】 已知如图 7.34 所示组合体的主视面和左视图，求该组合体的俯视图。

分析　首先分析该组合体的原形是半个圆柱筒，如图 7.35（a）所示。从主视图上看圆筒的上部分被切掉，如图 7.35（b）所示。结合主视图和左视图可以看出从圆筒的左前下方和右前下方分别切去两块，如图 7.35（c）所示。从图 7.35（c）所示的轴测图形中可以看出，圆筒最左、最右和孔的最左、最右分别被切去了，整理图形得到最终结果如图 7.35（d）所示。

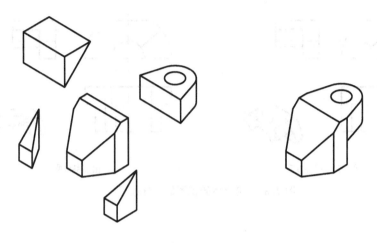

(a) 组合体的直观图

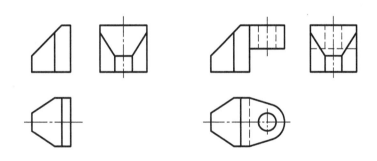

(b) 组合体的三视图

图 7.33　组合体左视图的求解过程

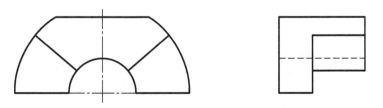

图 7.34　求组合体的俯视图

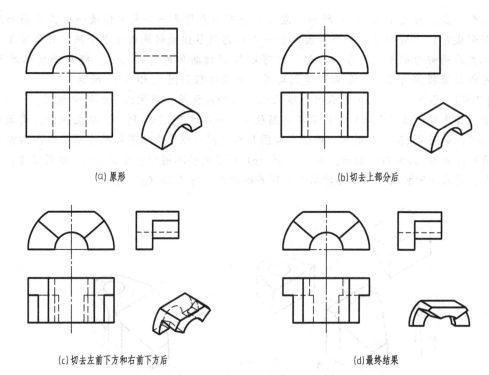

(a) 原形

(b) 切去上部分后

(c) 切去左前下方和右前下方后

(d) 最终结果

图 7.35　组合体俯视图的求解过程

第8章

轴测图

前面介绍的正投影图,如图 8.1(a)所示,优点是能够完整地、准确地反映物体的真实形状和大小,而且作图简便,所以在工程上被广泛采用。但这种图立体感不强,直观性差,缺乏读图基础的一般不容易看懂,需要把几个投影图结合起来才能想象出物体的形状。因此工程上除了广泛应用正投影图之外,有时还需要用直观性好的图形来辅助看图,这就是本章所介绍的轴测图。如图 8.1(b)所示,轴测图优点是立体感强,缺点是度量性差,作图也比较复杂,因此正投影图和轴测图可以互相弥补,轴测图一般作为工程辅助图样,可以帮助人们更好地读懂三视图。

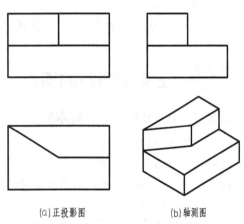

(a)正投影图   (b)轴测图

图 8.1 正投影图和轴测图

8.1 轴测图的基本知识

8.1.1 基本概念

根据平行投影的原理,将物体连同确定其空间位置的直角坐标系,沿不平行于任一坐标平面的方向,将其投射到一个选定平面上,在该平面上所得到的图形,称为轴测投影,简称轴测图。

在轴测投影中,如图 8.2 所示,S 为轴测投影的投射方向,平面 P 称为轴测投影面,三个空间直角坐标轴 O_1X_1、O_1Y_1、O_1Z_1 的轴测投影为 OX、OY、OZ,称为轴测轴,相邻两个轴测轴之间的夹角 $\angle XOY$、$\angle XOZ$、$\angle YOZ$ 称为轴间角。轴测轴 OX、OY、OZ 上单位长度与相应的空间直角坐标轴 O_1X_1、O_1Y_1、O_1Z_1 上的单位长度的比值,分别称为 X、Y、Z 轴的轴向伸缩系数或轴向变形系数,用 p、q、r 表示,即

$$p = \frac{OA}{O_1A_1} \qquad q = \frac{OB}{O_1B_1} \qquad r = \frac{OC}{O_1C_1}$$

8.1.2 轴测投影的特性

轴测图是用平行投影法得到的一种投影图,因此,它具有平行投影的投影特性。

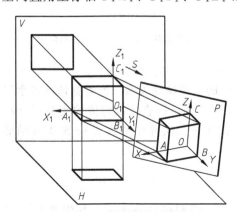

图 8.2 轴测图的形成

① 平行性。物体上相互平行的直线段，在轴测投影中仍然互相平行。

② 定比性。空间互相平行两直线段的长度之比，等于它们轴测投影的长度之比。

8.1.3 轴测图的分类

轴测图的分类方法有两种。

① 根据投射方向与投影面的相对位置不同，把轴测图分为两种。当投射方向垂直投影面时称为正轴测图。当投射方向倾斜于投影面时称为斜轴测图。

② 根据轴向伸缩系数的不同，将轴测图分为三类。

a. 当 $p=q=r$ 时，称为正（或斜）等轴测图。

b. 当 $p=q\neq r$ 或 $p=r\neq q$ 或 $r=q\neq p$ 时，称为正（或斜）二轴测图。

c. 当 $p\neq q$、$q\neq r$、$p\neq r$ 时，称为正（或斜）三轴测图。

8.2 正等轴测图的画法

8.2.1 正等轴测图的基本概念

（1）正等轴测图的形成

如图 8.3 所示，当物体的三个坐标轴和轴测投影面的倾角都相等时，这时物体在轴测投影面上的投影图称为正等轴测图，简称正等测。

（2）轴测图的基本参数

在正等轴测图中，轴间角相等 $\angle XOY=\angle YOZ=\angle XOZ=120°$，画正等轴测图时，一般 OZ 轴总是处于铅垂位置，OX、OY 轴与水平线成 30°，如图 8.4 所示。

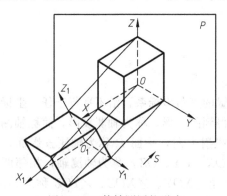

图 8.3 正等轴测图的形成

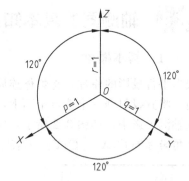

图 8.4 正等轴测图的轴间角与轴向伸缩系数

通过计算证明正等测图的轴向变形系数相等，即 $p=q=r=0.82$。根据 $p=q=r=0.82$ 来度量与坐标轴平行线段的尺寸，画出的正等测图保持了物体的正确轴测关系，但需要计算各个尺寸，作图比较繁琐。为了作图简便，通常令 $p=q=r=1$，这样就可以直接按物体的坐标尺寸在轴测图上沿相应的轴测轴方向测量作图。这样画出的轴测图比按轴向伸缩系数 0.82 画出的轴测图放大了些，物体的形状没有改变。

8.2.2 平面体的正等轴测图画法

平面立体的轴测图基本作图方法有：坐标法、端面法、切割法、叠加法，其中坐标法是基础。

① 坐标法。将形体上各顶点的坐标值根据变形系数直接量到轴测轴上，然后依次连接各点，就得到该形体的轴测图，这种方法称为坐标法。坐标法是画轴测图最基本的方法。

【例 8.1】 根据三棱锥的投影图，画出其正等轴测图。

作图 a. 为了作图方便，在三棱锥的正投影图中，在底面上确定一个 O_1 点作为坐标原点，建立三个坐标轴 X_1、Y_1、Z_1，如图 8.5（a）所示。

b. 画出三个坐标轴的轴测投影，即轴测轴 X、Y、Z。

c. 作底面的正等轴测图。根据 A、B、C 点的坐标值确定 A、B、C 三点的轴测投影，如图 8.5（b）所示。再根据锥顶 S 点的 X_S、Y_S 坐标值，确定 S 点在 XOY 面内的位置。然后过该点作 Z 轴的平行线，在平行线上取 S 点的 Z_S 坐标长度，就确定了 S 点的轴测投影位置，如图 8.5（c）所示。

d. 分别连接 S、A、B、C 各点，如图 8.5（d）所示。擦去不可见棱线并加深轮廓线，即得三棱锥的正等轴测图，如图 8.5（e）所示。

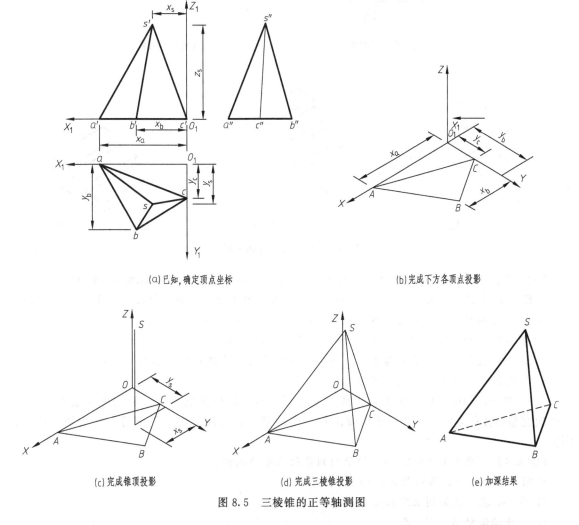

(a) 已知，确定顶点坐标

(b) 完成下方各顶点投影

(c) 完成锥顶投影

(d) 完成三棱锥投影

(e) 加深结果

图 8.5 三棱锥的正等轴测图

② 端面法。先利用坐标法画出某一端面的正等轴测图，然后从端面的各可见顶点出发，画出平行于某轴的可见高度或长度（棱线），再画出另外一端面，即得该形体的轴测图。

【例 8.2】 如图 8.6（a）所示，已知台阶的两面正投影图，画出其正等轴测图。

作图　a. 在正投影图上选定坐标轴，如图8.6（a）所示。

b. 画出正等轴测轴，绘制台阶前端的轴测投影，如图8.6（b）所示。

c. 在台阶前端面各端点绘制台阶宽度，图8.6（c）所示。

d. 连接后端面各端点，即得台阶的正等轴测图，如图8.6（d）所示。

e. 去掉多余的线，加深轮廓线，即得台阶的正等轴测图，如图8.6（e）所示。

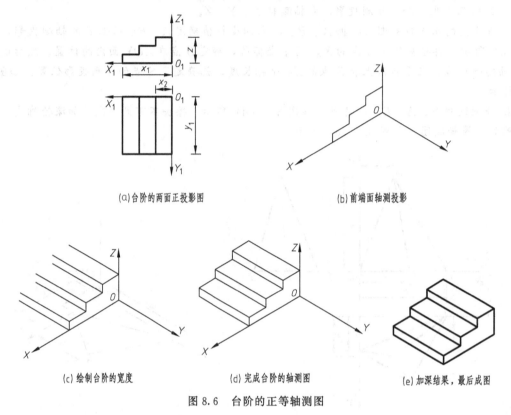

（a）台阶的两面正投影图　　　　　　　　　（b）前端端面轴测投影

（c）绘制台阶的宽度　　　（d）完成台阶的轴测图　　　（e）加深结果，最后成图

图 8.6　台阶的正等轴测图

【例8.3】　已知某六棱柱体的 V、H 投影如图8.7（a）所示，若绘制其正等测图。

作图　a. 在正投影图上确定参考直角坐标系，坐标原点取为顶面的中心，如图8.7（a）所示。

b. 画出轴测轴，作出顶面的轴测投影，如图8.7（b）所示。

c. 根据高度 H 作出底面的轴测投影，如图8.7（c）所示。

d. 连接对应点，擦去多余作图线，即完成六棱柱的正等轴测图，如图8.7（d）所示。

e. 检查描深，如图8.7（e）所示。

③ 切割法。物体可以看成由基本体切割而成，可根据形体的特点，利用坐标法及端面法，先画出完整形体的轴测图，然后依次画出每一个切割面，去掉被切去的部分，即得切割体的轴测图。

【例8.4】　画出如图8.8（a）所示切割体的正等轴测图。

分析　该形体可视为由长方体切割而成。

作图　a. 在正投影图上定出坐标轴 X_1、Y_1、Z_1。

b. 画出轴测轴 X、Y、Z。

c. 画出完整的长方体的正等轴测图，如图8.8（b）所示。

d. 根据坐标，将长方体的左边切割，如图8.8（c）所示。

e. 根据坐标，切割长方体前后切割，如图8.8（d）所示。

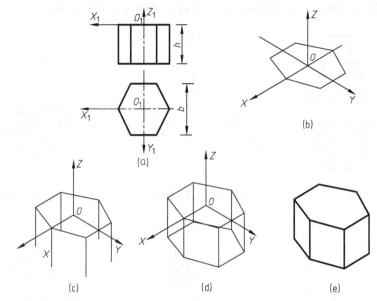

图 8.7 六棱柱的正等轴测图

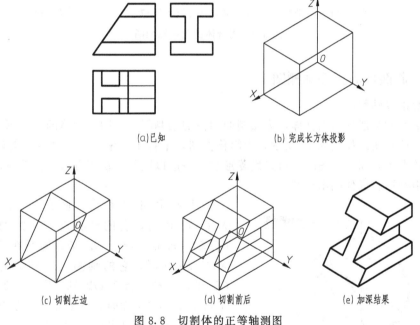

图 8.8 切割体的正等轴测图

f. 去掉被切去部分的多余图线，加深全图，如图 8.8（e）所示。

④ 叠加法。组合体可以看作是由几个基本形体叠加而成，可以先画出基本体的轴测图，再根据它们之间的相对位置关系将各个部分叠加到一起，即得整个组合体的轴测图，这种方法称为叠加法。

【例 8.5】 画出如图 8.9（a）所示组合体的正等轴测图。

分析 该形体由四个长方体叠加而成，可由下而上逐步画出其轴测图。

作图 a. 先在正投影图上选定坐标轴，如图 8.9（a）所示。

b. 由下到上依次画出长方体的正等轴测图，如图 8.9（b）、（c）、（d）、（e）所示。

c. 擦去多余图线，描深可见轮廓线，完成全图，如图 8.9 (f) 所示。

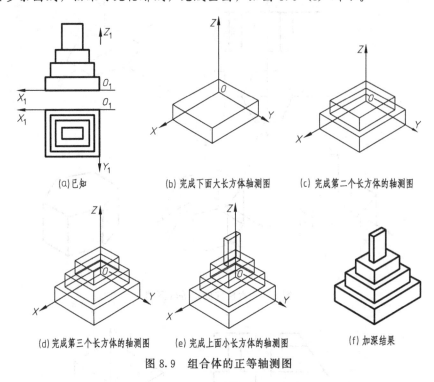

(a)已知　　　　　　(b)完成下面大长方体轴测图　　　　(c)完成第二个长方体的轴测图

(d)完成第三个长方体的轴测图　　　(e)完成上面小长方体的轴测图　　　　(f)加深结果

图 8.9　组合体的正等轴测图

8.2.3　曲面体的正等轴测图

(1) 圆的正等轴测图

在工程中经常会遇到曲面立体，需绘制曲面体的轴测图，绘制曲面体的轴测图可以看作是绘制圆与圆弧的轴测图。如图 8.10 所示，为简化作图，平行于各坐标面的圆的正等轴测图都是椭圆，且椭圆的大小相同。作图时，可采用菱形法，一般以圆的外切正方形为辅助线，先画出其轴测投影，再用菱形法近似画出椭圆。

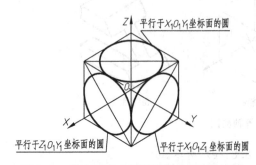

图 8.10　平行于各坐标面的圆的正等轴测图

从图中可以看出，圆所在的平面平行于 $X_1O_1Y_1$ 面时，它的轴测投影椭圆的长轴垂直于 OZ 轴，短轴平行于 OZ 轴。圆所在的平面平行于 $X_1O_1Z_1$ 面时，它的轴测投影椭圆的长轴垂直于 OY 轴，短轴平行于 OY 轴。同样，圆所在的平面平行于 $Y_1O_1Z_1$ 面时，它的轴测投影椭圆的长轴垂直于 OX 轴，短轴平行于 OX 轴。

概括起来就是，椭圆长轴垂直于不包含在圆所在坐标面的一根坐标轴的轴测投影，短轴平行于该轴测轴。

如图 8.11 (a) 所示是水平圆的投影图，现以水平圆为例，介绍其正等轴测图的画法。

作图　① 先在正投影图上选定坐标轴，作出圆的外切正方形，如图 8.11 (a) 所示。

② 画出椭圆的中心线及外切正方形的轴测图（菱形），如图 8.11 (b) 所示。

③ 连接菱形的对角线及 O_1a_1、O_2c_1，得到交点 O_3、O_4，端点 O_1、O_2，共四个圆心，如图 8.11 (c) 所示。

④ 分别以 O_1、O_2 为圆心，以 O_1d_1（O_1a_1）、O_2b_1（O_2c_1）为半径画弧，再分别以 O_3、O_4 为圆心，以 O_3b_1（O_4a_1）、O_4d_1（O_4c_1）为半径画弧，四段圆弧光滑地相切，得到整个椭圆，如图 8.11（d）所示。

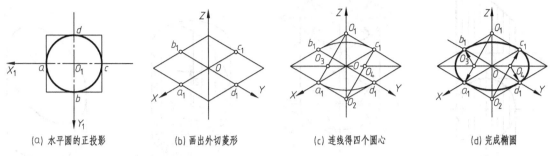

(a) 水平圆的正投影　　(b) 画出外切菱形　　(c) 连线得四个圆心　　(d) 完成椭圆

图 8.11　圆的正等轴测图的画法

（2）曲面立体正等轴测图的画法

【例 8.6】 如图 8.12（a）所示，画圆柱的正等轴测图。

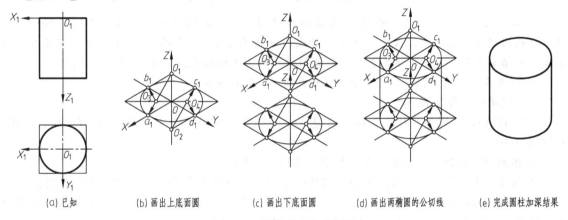

(a) 已知　　(b) 画出上底面圆　　(c) 画出下底面圆　　(d) 画出两椭圆的公切线　　(e) 完成圆柱加深结果

图 8.12　圆柱的正等轴测图

作图 ① 在正投影图上确定坐标轴，画出圆的外切正方形，如图 8.12（a）所示。

② 用前面介绍的画水平圆正等轴测图的方法，画出圆柱上底面的正等轴测图。具体作图步骤详见 8.12（b）所示。

③ 以圆柱的高度为依据沿 Z 轴方向向下移动上底面圆心得到下底面的圆心，以同样的方法作出下底面圆的正等轴测图，如图 8.12（c）所示。

④ 分别作两个椭圆的公切线，如图 8.12（d）所示。

⑤ 去掉多余的线，加深完成全图，如图 8.12（e）所示。

（3）圆柱截交线和相贯线的正等轴测图画法

画圆柱截交线和相贯线时，一般先画出圆柱体的正等轴测图，再用坐标法画出截交线或相贯线上若干点的轴测投影，并把这些点连成光滑曲线即可。

【例 8.7】 画出如图 8.13（a）所示的截割圆柱的正等轴测图。

作图 ① 在视图中先建立坐标轴 X_1、Y_1、Z_1，再作一些间隔均匀平行于 Y_1 轴的辅助线，辅助线与圆相交于前后两个点，这些点就是截交线上的点在俯视图中的投影，把这些点对应到主视图上，与截平面所积聚的直线相交的交点就是截交线上的点在主视图中的投影，如图 8.13（a）所示。

② 作轴测轴。用菱形法画出圆柱的轴测投影，如图 8.13（b）所示。

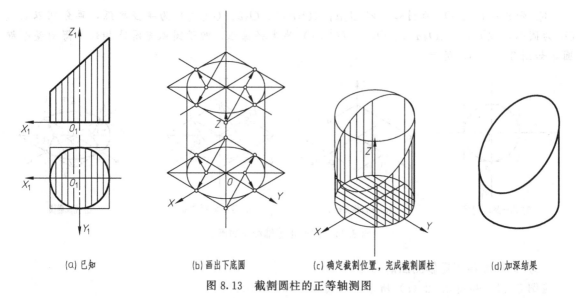

(a) 已知　　　　(b) 画出下底圆　　　　(c) 确定截割位置，完成截割圆柱　　　(d) 加深结果

图 8.13　截割圆柱的正等轴测图

③ 切割圆柱。在下底圆，沿着 X 轴截取和视图上一样间隔的点，过这些点作 Y 轴的平行线，与椭圆相交，过这些交点作 Z 轴的平行线，根据视图上对应点的 Z_1 坐标，就可确定截交线上各点的轴测投影，光滑连接各点，得到截割圆柱的正等轴测图，如图 8.13（c）所示。

④ 擦去多余图线，描深，完成全图，如图 8.13（d）所示。

（4）圆角的正等轴测图画法

1/4 圆柱构成的圆角，在轴测图上它是 1/4 椭圆弧，可用如图 8.14 所示的简化画法作图。其作图方法如下。

① 由角顶沿两边分别量取圆角半径 R，得到 Ⅰ、Ⅱ 两点。

② 过 Ⅰ、Ⅱ 两点分别作直线垂直于圆角的两边，这两条垂线的交点 O 即是圆弧的圆心。

③ 以 O 为圆心，OⅠ 为半径作弧，即是半径 R 的圆弧的轴测投影，由图上可以看出，轴测图上钝角处与锐角处，作图方法完全一样，只是半径不同。

④ 由 O 点沿 Z 轴方向作线，在线上取 $OO_1 = h$，O_1 即底面圆弧的圆心。以 O_1 为圆心，OⅠ 为半径作弧，与两边相切，即得底面圆弧形状。并在右边小圆弧处作两圆弧的公切线，即完成圆角处的绘制。

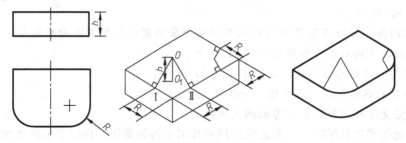

图 8.14　圆角的正等轴测图画法

8.3　斜轴测图画法

当投射方向 S 倾斜于轴测投影面 P 时所得的投影，称为斜轴测图。当两个坐标轴的轴向变

形系数相等时，所得到的投影图称为斜二测投影图，简称斜二测。当 $p=r\neq q$ 时，坐标面 $X_1O_1Z_1$ 平行于投影面 P，得到正面斜二测，如图 8.15 所示。当 $p=q=r$ 时，坐标面 $X_1O_1Y_1$ 平行于投影面 P，得到水平面斜等测。建筑工程中常用的斜轴测图有正面斜二测和水平面斜等测图，本节主要介绍正面斜二测图和水平面斜等测图。

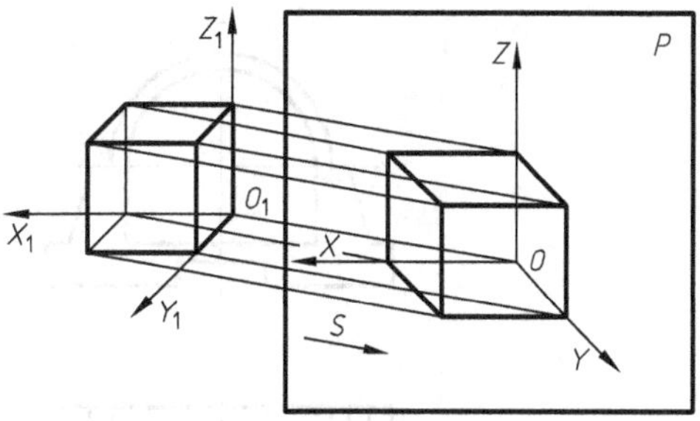

图 8.15 斜二轴测图的形成

8.3.1 斜轴测图的轴间角和轴向变形系数

（1）正面斜二测图的轴间角和轴向变形系数

正面斜二轴测图中，$\angle XOZ=90°$，$\angle XOY=\angle YOZ=135°$，各轴向变形系数为：$p=r=1$，$q=0.5$；如图 8.16（a）所示。

（2）水平面斜等测图的轴间角和轴向变形系数

水平面的斜等测投影的轴间角 $\angle XOY=90°$，$\angle XOZ=120°$，$\angle YOZ=150°$。轴向变形系数为：$p=q=r=1$，如图 8.16（b）所示。

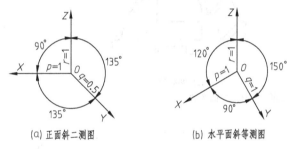

(a) 正面斜二测图　　(b) 水平面斜等测图

图 8.16 斜轴测图的轴间角与轴向变形系数

8.3.2 正面斜二轴测图的画法

根据正面斜二测投影的特点，正面斜二测图能反映物体正面的实形，所以常被用来表达正面形状较复杂的柱体。

画斜二轴测图的方法和步骤与画正等轴测图相同。

【例 8.8】 根据图 8.17（a）所示的涵洞管节的正投影图，画其正面斜二轴测图。

作图 ① 根据正面投影图在轴测轴上画出涵洞管节前面的轴测投影，如图 8.17（b）所示。

② 以 $q=0.5$ 结合水平面投影得到涵洞管节的 y 坐标，画出其后面的轴测投影，如图 8.17（c）所示。

③ 连接各点，加深图线，完成作图，如图 8.17（c）所示。

④ 擦去多余图线，并描深全图，如图 8.17（d）所示。

8.3.3 水平斜轴测图的画法

水平斜轴测图能反映物体水平面的实形，适宜用来绘制房屋的水平剖面图，它可以反映房屋内部布置，或一个区域中各建筑物、构筑物的平面位置及相互关系，以及建筑物和构筑物的实际高度等。

水平斜轴测图的画法和步骤与画正等轴测图相同。

【例 8.9】 根据图 8.18（a）所示的视图，画出其水平面斜等测图。

作图 ① 选定坐标轴 X_1、Y_1、Z_1，如图 8.18（a）所示。

② 作出轴测轴，将组合体的水平面投影画在轴测图上，如图 8.18（b）所示。

③ 过组合体的各个顶点作 OZ 轴的平行线，并在平行线上量取对应的高度后连线，如图 8.18（c）所示。

④ 擦掉多余的图线，同时加深可见轮廓线，完成作图，如图 8.18（d）所示。

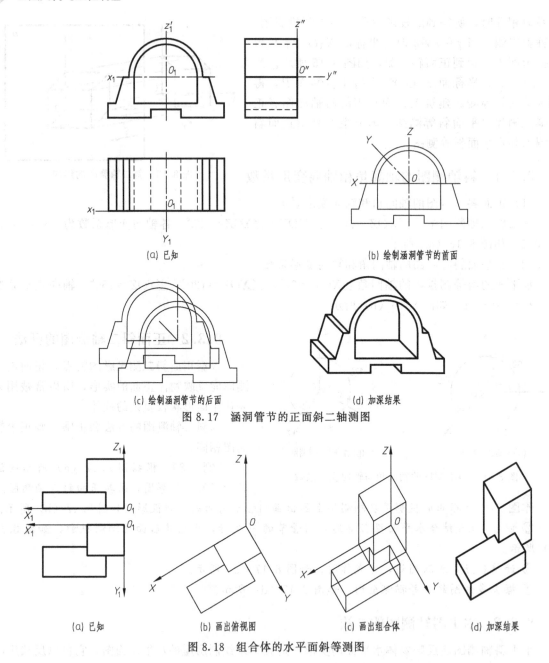

(a) 已知   (b) 绘制涵洞管节的前面

(c) 绘制涵洞管节的后面   (d) 加深结果

图 8.17 涵洞管节的正面斜二轴测图

(a) 已知   (b) 画出俯视图   (c) 画出组合体   (d) 加深结果

图 8.18 组合体的水平面斜等测图

8.4 轴测图的选择

8.4.1 画轴测图的注意事项

轴测图类型的选择直接影响到轴测图的效果，选择时，一般先考虑作出比较简单的正等测图，再考虑正二测图、斜二测图。

为使轴测图的直观性好，表达清楚，应注意以下几点。

① 要避免被遮挡。尽可能将隐蔽部分表达清楚，要能看通或看到其底面。如图 8.19 所示正

等测图的效果不好，应采用正二测图。

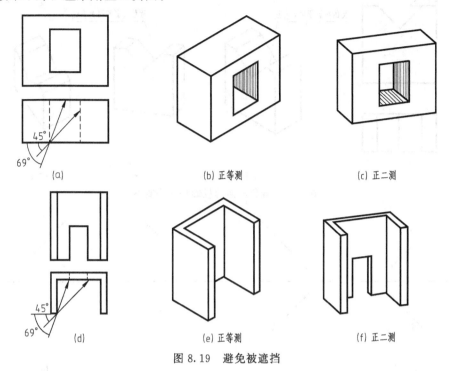

(a)　　　　　　　(b) 正等测　　　　　　　(c) 正二测

(d)　　　　　　　(e) 正等测　　　　　　　(f) 正二测

图 8.19　避免被遮挡

② 避免转角处交线投射成一直线。如图 8.20 所示，采用正等测图基础的转角处交线成一直线，此时应选用正二测图或者正三测图。

③ 避免投射成左右对称图形。如图 8.21 所示的组合体，由于正等测左右对称，正等测图直观性不好，应选用正二测图，这一要求只对平面立体适用。

④ 避免有些侧面积聚成直线，如图 8.22 所示。

转角处交线成一直线

图 8.20　转角处交线投影为一直线

8.4.2　投射方向的选择

选择轴测投影方向 S 的指向。每一类轴测投影的投射方向的指向有四种，如图 8.23 所示。

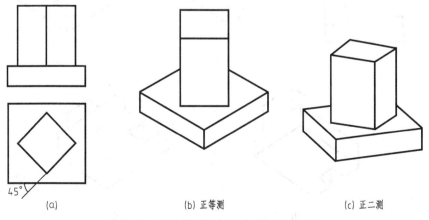

(a)　　　　　　　(b) 正等测　　　　　　　(c) 正二测

图 8.21　避免轴测图投影成左右对称图形

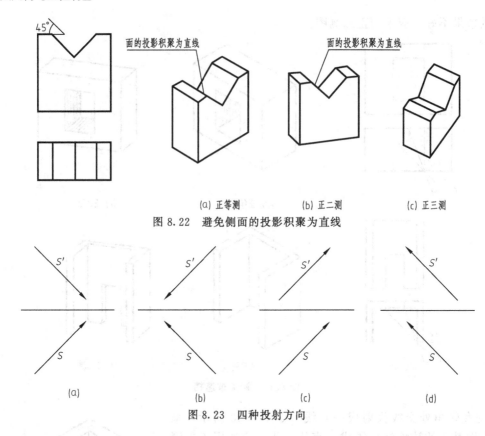

(a) 正等测　　　(b) 正二测　　　(c) 正三测

图 8.22　避免侧面的投影积聚为直线

图 8.23　四种投射方向

在四种不同的指向下，形体的轴测图会产生不同的效果，图 8.24（b）、（c）得到的是俯视轴测图，投射方向如图 8.23（a）、（b）所示；图 8.24（d）、（e）得到的是仰视轴测图，投射方向如图 8.23（c）、（d）所示。

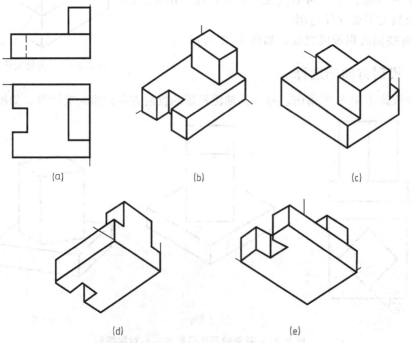

图 8.24　四种投射方向得到的四种轴测图

第 9 章

工程形体的表达方法

▶▶

工程图是工程中的一种技术语言，是工程的施工和管理、造价中的核算等环节非常重要的技术文件，它不仅包括按投影原理所绘制的体现工程形体的图形，还包括工程的材料、做法、尺寸、相关文字说明等，这些都需要有统一的规定，才能使不同岗位的技术人员对工程图有一致的理解，最终使工程图真正起到技术语言的作用。

建筑形体的形状和结构是多样和复杂的，如何将它们表达的既完整、清晰，又便于画图和读图，仅用三面投影图是远远不够的。为了完整、清晰地表达比较复杂的内、外部结构，国家标准规定了表示建筑形体的各种方法。本章主要介绍视图、剖视图、断面图、规定画法和简化画法的基本画法。

9.1 视图

国家标准规定，多面投影体系中用正投影法绘制出物体的投影图称为视图。视图可以分为基本视图、向视图、局部视图和斜视图，投影的有关方法和规律均适用于视图。如何准确、清楚地表达形体，需要采用适宜的形体表达方法，并选择恰当的图样画法。

为了方便看图，视图中一般只画出物体的可见轮廓，必要时才画出不可见轮廓。大多数建筑物或构筑物的形状和结构有时是比较复杂的，因此必须增加视图的数量，才能将图形清晰、完整地表达出来。

9.1.1 基本视图

在原有正立投影面、水平投影面和侧立投影面的基础上，增加了分别与它们相平行的三个投影面，这六个投影面称为基本投影面，组成一个六面体，将物体放在该六面体中，物体向基本投影面投射所得的视图称为基本视图。基本视图除前面学过的主视图、俯视图、左视图外，增加由右向左投射得到的右视图，由下向上投射得到的仰视图，由后向前投射得到的后视图，六个基本视图的名称和展开方法如图 9.1 所示。

当六个视图位于同一张图纸上，展开后六个视图的配置关系如图 9.2 所示，各视图之间仍然符合"长对正，高平齐，宽相等"的投影规律。在同一张图纸内按图 9.2 配置六个基本视图时，可不标注视图的名称。

但是多数情况下，复杂形体的视图是根据图

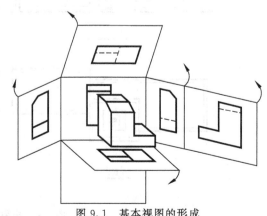

图 9.1 基本视图的形成

纸的大小和空间等因素排列的。因此，必须对每个视图注写图名，图名宜标注在视图的下方或一侧，并在图名下方绘制一条粗横线，其长度以图名文字所占长度为准，基本视图的常用排列方式如图 9.3 所示。

如图 9.4 所示的房屋形体，可由不同方向投射，从而得到图中的多面正投影图。在表达建筑形体时，根据建筑物的复杂程度，选择视图个数，并不一定要把六个基本视图都画出来，图 9.4 中只画了五个基本视图，即可以完整地表达出房屋外形。

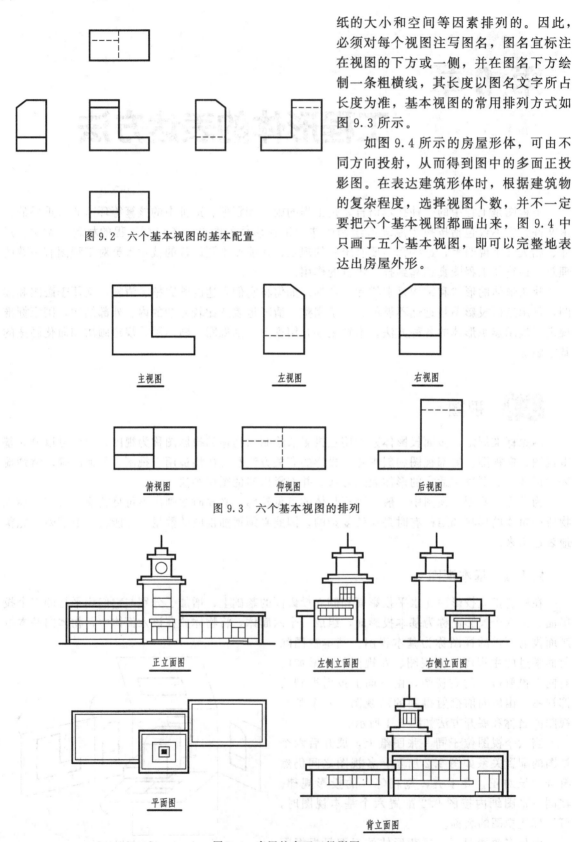

图 9.2　六个基本视图的基本配置

主视图　　　　　　左视图　　　　　　右视图

俯视图　　　　　　仰视图　　　　　　后视图

图 9.3　六个基本视图的排列

正立面图　　　　　左侧立面图　　　　右侧立面图

平面图

背立面图

图 9.4　房屋的多面正投影图

通常在房屋建筑中，应把表示信息量最多的那个视图作为正立面图，然后根据实际需要选用其他视图；在清楚表达物体的前提下，应使视图数量最少，因此通常不需要将六个基本视图全部画出，选用其中必要的几个基本视图即可，一般优先选用主视图、俯视图、左视图。画物体视图时，主要可见轮廓线用粗实线，次要可见轮廓线用中实线，更次要可见轮廓线用细实线；主要不可见轮廓线用中虚线，次要不可见轮廓线用细虚线；同时要注意应尽量避免使用虚线，并应避免不必要的细节重复。

9.1.2 局部视图

国家标准规定，对于用三面视图或者二面视图就可以表达清楚总体构造的一些简单建筑形体，为了减少绘图量，经常用局部视图来表达其局部的构造细节。

局部视图是将物体的某一部分向基本投影面投射所得的视图。一般用带字母的箭头指明要表达的部位和投射方向，并注明视图名称。如图 9.5 所示，主视图和俯视图已经把形体的大部分形状都表示清楚，只有箭头所指的局部形状还没有表示，这时就没有必要用主视图、俯视图、左视图、右视图四个视图来表达，可用主视图、俯视图两个基本视图，并配合两个局部视图就能完整、清晰、简便地表达物体。

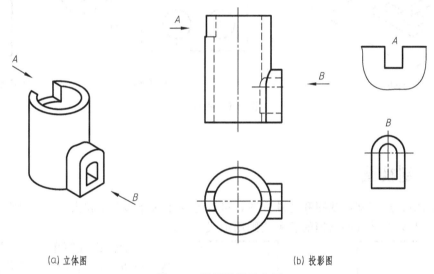

(a) 立体图   (b) 投影图

图 9.5 局部视图的应用

在绘制、配置和标注局部视图时应遵守以下规定。

① 局部视图的断裂边界一般用波浪线或双折线，如图 9.5 所示的 A 向视图。

② 当所表示的局部结构是完整的，且外轮廓线又为封闭图形时，波浪线或双折线可省略，如图 9.5 中未标注的 B 向视图。

③ 如果局部的细节构造尺度比较小，也可画成与主视图比例不相同的局部放大视图。

④ 局部视图也可按基本视图的配置形式配置，也可根据图面情况自由配置。局部视图在机械制图中使用较多，土木工程常以详图的形式出现。

9.1.3 斜视图

斜视图是将物体向不平行于基本投影面的平面投射所得的视图。通常必要时允许将斜视图旋转配置，表示该视图名称的大写拉丁字母应靠近旋转符号的箭头端。局部的斜视图旋转配置，如图 9.6 所示。

当形体的某些部位与基本投影面不平行时，投影就不能显示实形，给读图带来不便。如图 9.6（a）所示设置辅助投影面 P，就可以在辅助投影面上得到一个反映物体倾斜部分实形的视图，这个视图就称为斜视图。斜视图一般只表达倾斜部分的局部形状，与其相连的其他部分用波浪线断开，不必全画。

画斜视图时，应在主视图上用箭头标明投射方向，并用大写的拉丁字母标注；在斜视图的上方注写相应的字母，以明确对应关系。斜视图可画在主视图上箭头所指的方向上，如图 9.6（b）所示；也可平移或转正后画在图面的其他适当的位置上，但画成转正的视图时要在斜视图的上方加上一表示旋转方向的旋转符号，如图 9.6（c）所示。

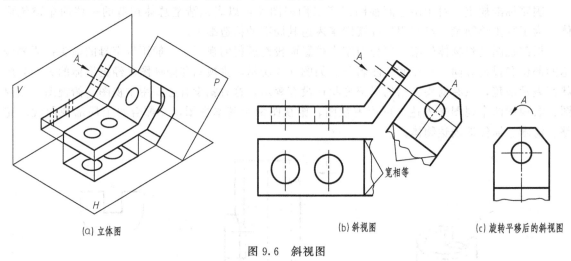

(a) 立体图　　　　　　　　　　(b) 斜视图　　　　　　(c) 旋转平移后的斜视图

图 9.6　斜视图

9.2　剖视图

在投影图中，运用基本视图和特殊视图，可以把物体的外部形状和大小表达清楚，而物体内部不可见的孔洞以及被外部遮挡的轮廓线则用虚线表示。

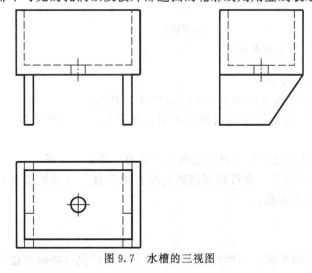

图 9.7　水槽的三视图

当形体比较简单时，只用投影图表达是可以的，当物体内部形状比较复杂或者被遮挡的部分比较多时，如一幢房屋，内部有各种房间、走道、楼梯、门窗、梁、柱等，如果都用虚线表示这些看不到的部分，必然形成画面虚、实线相互重叠或交叉，这样既不便于标注尺寸，也不易识图，且难以表达物体内部材料。图 9.7 是一个水槽的三视图，其投影出现很多虚线，使图样不清晰，不利于标注尺寸，为了解决这个问题，工程上常采用作剖视图❶和断面图的方法，将投影图中的虚线变成实线。

❶ 一般房屋建筑制图中剖视图称为剖面图，特此说明。

9.2.1 剖视图的概念

(1) 剖视图的形成

为了能在图中清晰地表示出形体内部的形状和构造，假想用一个垂直于投射方向的平面（称为剖切面），在形体的适当位置将形体剖开，并把处于观察者与剖切面之间的部分移去，然后画出剖开之后留下的形体的正投影图，称为剖视图。也就是说，剖视图是形体剖切后留下的可见部分的正投影图，如图9.8所示。

具体方法通常是用平面作剖切面（也可用柱面）。为了能清晰地表达物体内孔、槽等结构的真实形状，剖切平面应平行于基本投影面，并通过物体内部孔、槽的轴线或对称面。如图9.8所示，图为杯形独立基础的两视图，如果假想用剖切面把物体分割成两部分，移去观察者和剖切面之间的部分，使原来看不到的内部结构显露出来，不可见部分变成可见，然后用实线画出这些内部构造的投影图，而将其余部分向投影面投射，同时画出断面的材料图例，如图9.8（c）所示。

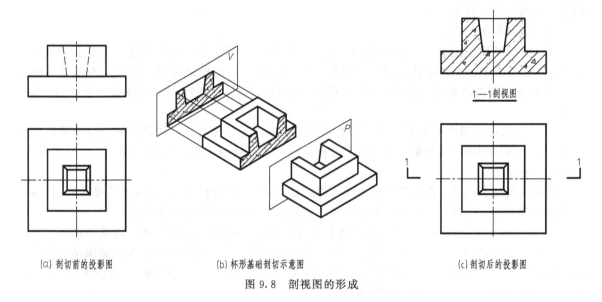

(a) 剖切前的投影图　　　　(b) 杯形基础剖切示意图　　　　(c) 剖切后的投影图

图9.8　剖视图的形成

(2) 剖视图的标注

为了便于看图，在画剖视图时，应将剖切位置、投射方向和剖视图名称标注在相应的视图上，如图9.9所示。

① 剖切符号。指示剖切面的起、迄和转折位置（用粗短画表示）及投射方向（用箭头或粗短画表示）的符号，其中表示投射方向的箭头适用于机械制图，粗短画适用于水利、建筑制图。

剖切符号由剖切位置线和投射方向线组成，均用粗实线表示，剖切符号不宜与图面上任何图线相接触。

一般把剖切平面设置成垂直于某个基本投影面的位置，则剖切平面在该基本投影面上的视图中积聚成一条直线，这一条直线就表明了剖切平面的位置，称为剖切位置线，简称剖切线。剖切线用断开的两段短粗实线表示，长度宜为6～10mm，剖切线不

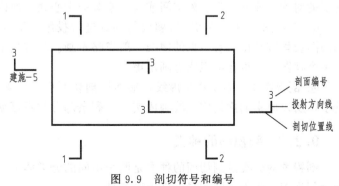

图9.9　剖切符号和编号

应穿越视图中的图线。

投射方向线（又叫剖视方向线）是指明剖切后投射的方向，画在剖切位置线外端且与剖切位置线垂直的粗实线，其长度应短于剖切位置线，长度为 4～6mm。

剖切符号的编号一般采用阿拉伯数字，宜按由左至右、由上至下的顺序，并注写在剖视方向线的端部，如 1—1、2—2、3—3 等。需要转折的剖切位置符号，在转折处为避免与其他图线发生混淆，应在转角的外侧加注与该符号相同的编号，如图 9.9 所示。

② 剖视图名称。剖面图的名称常用相应的编号，如 1—1 剖视图、2—2 剖视图、A—A 剖视图、B—B 剖视图表示。图名注写在该剖视图的下方，图名下方还应画上粗实线，粗实线的长度与图名字体的长度相等，如图 9.8（c）所示。如果在同一张图上同时有几个剖视图，则其名称应按字母顺序排列，不得重复。

③ 注写方法。剖视图如与被剖切图样不在同一张图纸内，可在剖切位置线的另一侧注明其所在图纸的图纸编号，如图 9.9 中 3—3 的剖切位置线下侧注写的"建施—5"，即表示 3—3 剖视图在"建施"第 5 张图纸上。

（3）画剖视图的步骤

① 确定剖切面的位置。具体来说为了使切到的断面反映实形，规定剖切平面一般要平行于投影面，且尽量通过物体的孔、洞、槽的中心线，如要将 V 面投影画成剖视图，则剖切平面应平行于 V 面；如果要将 H 面投影或 W 面投影画成剖视图时，则剖切平面应分别平行于 H 面或 W 面。

② 剖视图中的图线和线型。剖切形体的图线要求：在剖视图中，剖切平面与形体接触部分的断面轮廓线，用粗实线绘制；未剖到的而投影到的轮廓线用中实线绘制；看不见部分的虚线，一般不再画出。

同时需要注意的是，剖视图不画虚线的原因是：通过作剖视图已经将内部的虚线变成实线，不应再重复表述，所以在剖视图中对于已经表达清楚的结构不再画虚线的投影。

③ 剖视图中的剖视图例。剖视图中被剖切到的部分（断面），按规定画出组成材料的剖视图例，以区分剖切到的和没有剖到的部分及形体的材料情况。各种材料图例的画法必须遵守国家标准的规定绘制。当不能确定材料种类时，应在断面轮廓范围内用细实线画上 45°的等距剖面线，同一物体的剖面线应方向一致，间距相等。

（4）画剖视图应注意的问题

① 剖切是假想的，目的是为了清楚地表达物体的内部形状，故除了剖视图和断面图外，其他各投影图均按原来未剖时画出。一个物体无论被剖切几次，在每次剖切前，都应按完整的物体进行考虑。

② 为了使剖视图中截面的投影反映实形，剖切平面一般应平行于某一投影面，且通过物体内部的对称面或通过门、窗空间或孔、槽等的中心线，使内部形状得以表达清楚。

③ 剖视图是对"剖切"后剩余的部分进行投影，所以，在画剖视图时，剩下部分所有能看见的图线均应画出，看不见的虚线一般省略不画。只有当不足以表达清楚物体的形状时，为了节省一个视图，才可在剖视图上画出虚线。

④ 剖视图中一般不再画虚线，形体被剖切开后，原来用虚线表示的不可见轮廓线就变得可见了，所以原来的虚线应该改画成实线；剩余部分的不可见轮廓线一般不画。

9.2.2 剖视图的种类

剖视图的分类及剖切面的种类是两个不同的分类体系。根据剖切范围的大小，可将剖视图分为全剖视图、半剖视图和局部剖视图三种。

（1）全剖视图

用一个剖切平面将形体全部剖开后得到的剖视图，称为全剖视图。全剖视图一般用于不对称的形体，或者内部构造复杂但外形比较简单对称的形体。图9.10是一个传达室的正立面投影图和水平剖视图（建筑图中称为平面图）及侧立剖视图（横剖面图），因为该房屋不是对称形体，所以采用全剖面图。剖到的断面内画上45°斜线（材料不确定），剖到的门窗部分用四条细实线表示（建筑制图标准规定画法），另外1—1剖面图中门前还有一步台阶被剖到要画出，靠右面的侧窗因为看得到也应画出，画图结果如图9.10所示。

全剖视图的标注方法与前面所讲剖视图的标注相同。

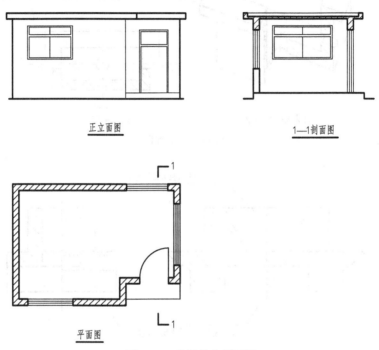

正立面图　　　　　　　　　　　　　　　　1—1剖面图

平面图

图9.10　房屋的全剖面图

（2）半剖视图

当物体具有对称平面时，用一个垂直于对称中心平面的剖切平面将物体剖开一半（剖至对称中心平面上），移去物体的1/4后对剖切后剩余部分做投影，可以以对称中心线为界，一半画成表示内部结构的剖视图，另一半画成表示外形的投影图，这种图形被称为半剖视图。它既可以表达物体内部结构形状，又可表达物体的外部轮廓形状。半剖视图主要用于表达内外形状均较复杂且对称的物体。如图9.11所示，画出半个V面投影以表示物体的外形，再配上相应的半个剖面，即可知形体内部的情况。

画半剖视图时需注意的问题如下。

① 在半剖视图中，规定用形体的对称中心线（细点画线）为剖视图和投影图之间的分界线，再在图形外侧画出对称符号，如图9.11（b）所示。

关于对称符号的画法，国家标准规定：对称符号由对称线和两端的两对平行线组成。对称线用细单点长画线绘制；平行线用细实线绘制，其长度宜为6～10mm，每对的间距宜为2～3mm；对称线垂直平分两对平行线，两端超出平行线宜为2～3mm，如图9.11（b）所示。

② 在半剖视图中，半个投影图和半个剖视图的摆放位置是一定的，一般不互换。当对称中心线为铅垂线时，剖视图一般画在中心线右侧；当对称中心线为水平线时，剖视图一般画在水平

中心线的下方。由于未剖切部分的内部形状已由剖切部分表达清楚，故表达未剖切部分内部形状的虚线省略不画，如图 9.12 和图 9.13 所示。

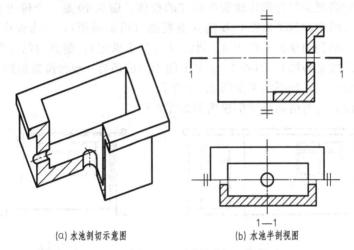

(a) 水池剖切示意图   (b) 水池半剖视图

图 9.11　半剖视图

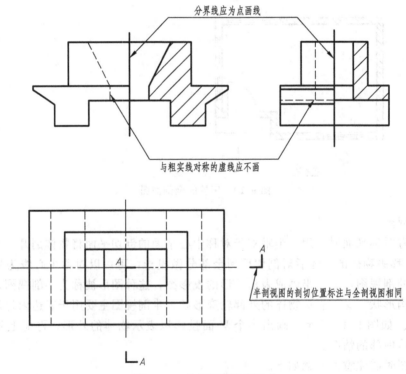

分界线应为点画线

与粗实线对称的虚线应不画

半剖视图的剖切位置标注与全剖视图相同

图 9.12　半剖视图错误画法

③ 半剖视图的标注同全剖视图，即要求画出剖切符号和图名，另外还要加注对称符号，如图 9.11（b）所示。

（3）局部剖视图

当建筑形体的外形比较复杂，内部又有局部结构需要表达时，可以保留原投影图的大部分，而只将形体的局部剖开，这样所得到的剖视图，称为局部剖视图，如图 9.14 所示。显然，局部剖视图适用于内外结构都需要表达，且又不具备对称条件或仅局部需要剖切的形体。

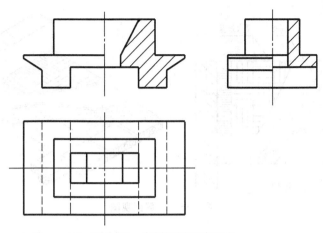

图 9.13　半剖视图正确画法

　　局部剖视图一般不需要标注。按照国家标准规定，投影图与局部剖面之间，画上波浪线作为分界线即可。换言之，局部剖视图不需要画剖切符号，也不用注写图名，只需画出波浪线。如图 9.14 所示的杯形基础投影图，为了表示基础内部钢筋的布置，在不影响外形表达的情况下，将杯形基础水平投影的一个角画成剖视图。从图中还可看出，正立面剖视图为全剖视图，按照《建筑结构制图标准》（GB/T 50105—2010）的规定，在断面上已画出钢筋的布置时，就不必再画出钢筋混凝土的材料图例。钢筋的画法规定：平行于投影面的钢筋用粗实线，垂直于投影面的钢筋用黑圆点。

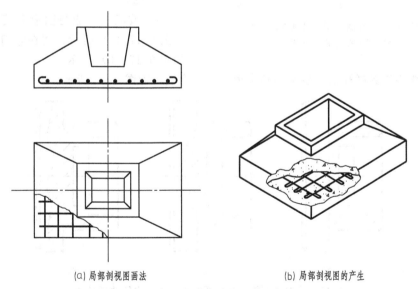

(a) 局部剖视图画法　　　　　　　　　　　　　(b) 局部剖视图的产生

图 9.14　杯型基础的局部剖视图

　　在工程图样中，对于一些具有层状构造的构件（如建筑工程和装饰工程中的楼面、屋面、墙面及地面），可按实际需要用分层剖切的方法进行剖切，从而获得分层局部剖视图。分层局部剖视图应按层次以波浪线将各层隔开，波浪线不应与任何图线重合。如图 9.15 所示是局部剖视图在建筑工程中一个实例，它主要表达楼面各层所用的材料和构造做法，这种剖视图多用于表达楼面、地面、屋面和墙面等的内部层次构造。

　　对于某些对称中心线与轮廓线重合的形体，用半剖视图就不能表达清楚形体的特征，通常也

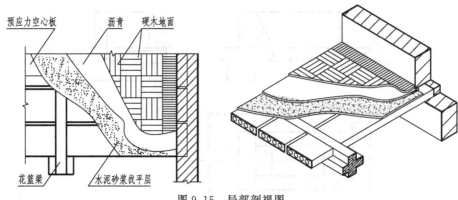

图 9.15　局部剖视图

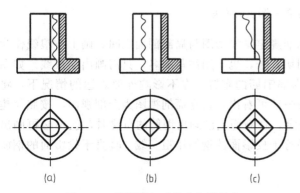

(a)　　　　　(b)　　　　　(c)

图 9.16　轮廓线与对称中心线重合
情况下的局部剖视图

是采用局部剖视图来表达，但此时须掌握剖切的量，剖切时必须要保留与对称中心线重合的轮廓线。如图 9.16（a）同时表示内、外轮廓线；图 9.16（b）表示外轮廓线；图 9.16（c）表示内轮廓线。

画局部剖视图时需注意的问题如下。

① 在同一个视图中，局部剖视图的数量不宜过多，以免使图形显得过于零碎，不利于看图。

② 波浪线不能与图形上其他图线重合，如图 9.17（a）所示；或在它们的延长线上，如图 9.17（b）所示。

③ 波浪线不得穿越孔槽，也不能超出视图的轮廓线，如图 9.18 所示。

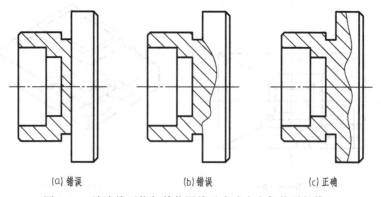

(a) 错误　　　　　(b) 错误　　　　　(c) 正确

图 9.17　波浪线不能与其他图线重合或在它们的延长线上

（4）阶梯剖视图

当物体内部结构层次较多时，用两个或两个以上平行的剖切平面剖切物体后得到的剖视图称为阶梯剖视图。用这种剖视图，表达出的物体内部构造更清楚。如图 9.19 所示。该形体内部有两个孔，平面图中所示直接转折剖切，从产生的三个剖切面中选择分别通过其大小孔的并平行于 V 面的两个剖切平面进行投影，进而画出剖视图。

平行平面的数量根据所需表达的内容确定。画阶梯剖视图时，应在剖切平面的转折处用粗短

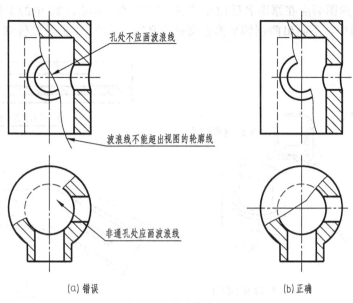

(a) 错误　　　　　　　　　　　(b) 正确

图 9.18　波浪线的画法

线表示剖切平面的转折方向，并且应在转角的外侧加注与该剖面剖切符号相同的编号。但如果视图的线条不多，图形比较简单，在不至于产生误读的情况下，也可不标注转折处的剖切编号。

　　画这种剖视图时应注意，由于剖切是假想的，因此剖切平面转折处由剖切平面形成的交线是不存在的，所以由剖切平面形成的交线不画，如图 9.19 所示。并且要注意，避免剖切面在图形轮廓线上转折。

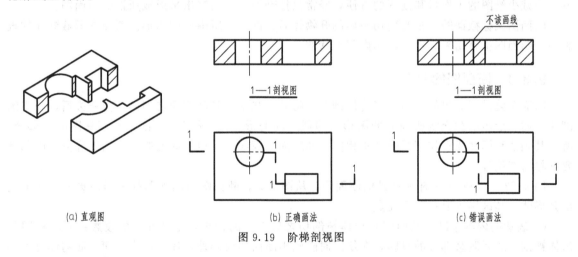

(a) 直观图　　　　　　　　(b) 正确画法　　　　　　　(c) 错误画法

图 9.19　阶梯剖视图

（5）旋转剖视图

　　当形体需要表达的部位形成钝角，可用两个相交平面将形体剖开，并将倾斜于投影面的剖切平面连同断面一起绕剖切面的交线（投影面垂直面）旋转至与投影面平行后再进行投射，这样得到的剖视图称为旋转剖视图。旋转剖适用于内外主要结构具有理想回转轴线的形体，而轴线恰好又是两剖切面的交线，且两个剖切面一个是投影面的平行面，另一个是投影面的垂直面。

　　旋转剖视图的画法如下。

　　① 旋转剖视图剖切符号画法，应在剖切平面的起始与相交处，用粗短线表示剖切位置，用垂直于剖切线的粗短线表示投射方向，如图 9.20 所示。

② 旋转剖面图的图名应在原图名后加注"展开"二字，如图 9.20 中的主视图的图名"2—2（展开）"。在剖视图中，不画出两剖切平面相交处的交线。图 9.21 也是旋转剖视图。

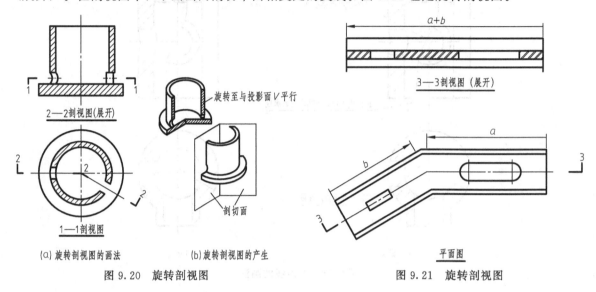

(a) 旋转剖视图的画法   (b) 旋转剖视图的产生

图 9.20 旋转剖视图

图 9.21 旋转剖视图

9.3 断面图

为了清楚表达构件的局部构造、形状以及材料，在某些只关心形体的剖切断面形状的情况下，为减少绘图的工作量和读图的方便，经常只把剖切断面绘制出来形成所谓的断面图。

断面图又称截面图，是当剖切平面剖开物体后，截交线所围成的图形。断面图即截断面的投影图。断面图也是用来表示形体的内部形状的。

9.3.1 断面图的概念

断面图就是用假想的剖切面将物体剖开，将处于观察者和剖切面之间的部分移去后，画出的剖切平面与形体的截交线所围成的图形（即截断面的形状）。显然，断面图是剖视图的一部分，所以其画法和标注要求与剖视图基本相同，如断面轮廓线都用粗实线绘制，断面轮廓范围内部都要画材料图例等。

图 9.22（b）所示为杯形基础的断面图，从图可见，断面图与剖视图都是用假想的剖切平面剖开形体，其区别主要有以下几点。

① 表达的内容不同。断面图是形体被剖切之后断面的投影，是"面"的投影；而剖视图是形体被剖切之后剩余部分的投影，在绘图时除画出断面的投影外，还要画出断面后面物体可见部分的投影，是"体"的投影。因此可以说，断面图只是剖视图的一部分。

② 剖切符号的标注不同。断面图的剖切符号只画剖切位置线，用粗实线绘制，长度为6～10mm，用编号的注写位置来代表投射方向，编号注写在剖切位置线的哪侧，就表示向哪侧投射。如编号写在剖切线的下方，则表示向下投射，编号写在剖切线的左侧，则表示向左投射。如图 9.22（b）中的1—1断面表示的剖视方向是由前向后。如图 9.23 所示的 2—2、3—3 的剖视方向分别为向左与向下投射。剖视图用剖切位置线、投射方向线和编号来表示。

③ 断面图只有单一剖切平面进行剖切的方式，常用来表达形体中某断面的形状和结构；剖视图还有两个或两个以上的剖切平面进行剖切的方式，常用来表达形体内部形状和结构。

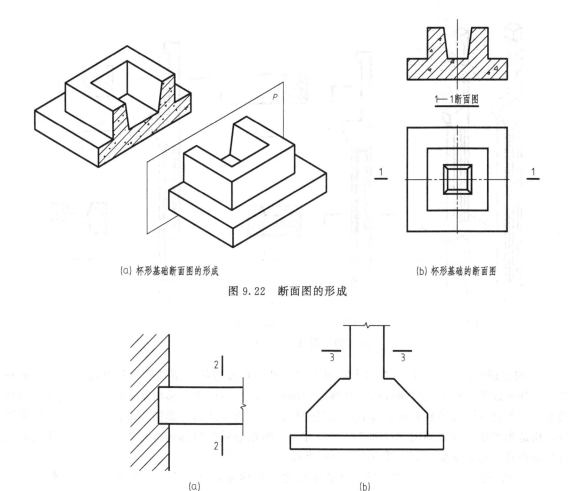

(a) 杯形基础断面图的形成 (b) 杯形基础的断面图

图 9.22 断面图的形成

图 9.23 断面剖切符号

　　总结起来为：断面图是物体上剖切处断面的投影；而剖视图是剖切后物体的投影，如图 9.24 所示。显然，断面图比剖视图简明。断面图常用来表示物体上某一局部的断面形状，例如物体上的肋、轴上的键槽和孔、建筑上的详图等。

9.3.2　断面图的种类和画法

（1）断面图的表示方法

断面图的表示方法同剖面图的表示方法类似，前边已经有所介绍，这里不再赘述。

① 剖切平面的位置。一般剖到的断面轮廓线，用粗实线绘制，并在断面轮廓线范围内画上材料图例，或者用细实线画上 45°的等距剖面线，应方向一致，间距相等。

② 断面图的剖切符号。断面的剖切符号，应由剖切位置线和编号组成，剖切位置线用长度为 6～10mm 的粗实线表示；编号一般用阿拉伯数字，注写在剖视方向线的端部，如图 9.22 所示。

③ 图名。在断面图的下方正中分别注写与断面编号相应的 1—1、2—2、…以表示图名，如图 9.24 所示。

（2）断面图的种类

断面图根据其在画图时所配置的位置可分为移出断面图、重合断面图、断开断面图三种。

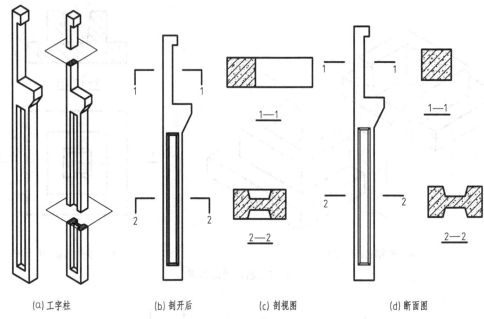

| (a) 工字柱 | (b) 剖开后 | (c) 剖视图 | (d) 断面图 |

图 9.24　剖视图与断面图的对比

① 移出断面图。一个形体有多个断面图时，可以整齐地按照剖切顺序排列在物体的投影图之外，并可以采用较大的比例画出，这种断面图称为移出断面图。移出断面图的轮廓线用粗实线绘制，配置在剖切线的延长线上或其他适当的位置，并与形体的投影图靠近，以便识读。断面图也可用适当的比例放大画出，以利于标注尺寸和清晰地显示其内部构造。在移出断面图下方应注写与剖切符号相应的编号，如图 9.24 (d) 所示。

② 重合断面图。将断面图直接画在投影图之内的称为重合断面图。当视图的轮廓线为细实线时，重合断面的轮廓线用粗实线画出，以表示与建筑形体投影轮廓线的区别；而当视图的轮廓线为粗实线时，重合断面的轮廓线用细实线画出。

重合断面图的比例与基本视图 (原视图) 相同，断面轮廓内要画上相应的材料图例；当断面尺寸较小时，也可将断面涂黑；重合断面不需标注剖切符号和编号。剖切后将断面图绕剖切面的投影按形成左侧立面图 (向右旋转) 或平面图 (向下旋转) 的旋转方向画在原视图上。当重合断面不画成封闭图形时，应沿断面的轮廓线画出一部分剖面线，如图 9.25 (b) 所示。

重合断面图常用来表示建筑墙面的装饰、屋面形状与坡度等。图 9.25 (a) 是屋盖的平面图，其余涂黑部分是屋盖的平面图，表示了结构找坡的屋盖和外天沟做法，涂黑代表屋盖的材料

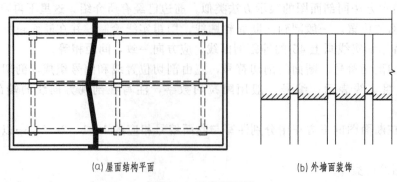

| (a) 屋面结构平面 | (b) 外墙面装饰 |

图 9.25　重合断面图

为钢筋混凝土；图 9.25（b）是外墙面做法，表示外墙面饰线有凹凸、较宽的面为凸面，较窄的面为凹面。

③ 断开断面图。绘制在视图轮廓线中断处的断面图，称为断开断面图。这种断面图，主要用于一些较长且横断面形状不发生变化的单一构件，如图 9.26 所示为槽钢的断开断面图，其画法是在构件投影图的某一处用折断线或波浪线断开，然后将断面图画在当中。画断开断面图时，原投影长度可缩短，但尺寸应完整地标注。画断面图的比例与投影图相同，也无需标注剖切符号、剖切位置线、编号。

图 9.26　断开断面图

9.4 简化画法和规定画法

在不影响对物体表达完整和清晰的前提下，为缩短绘图时间，提高设计效率，除前面所述的图样画法外，还可以根据形体的具体情况采用以下一些简化画法和规定画法。

9.4.1 对称画法

① 当构配件为对称物体时，构配件的视图如果有一条对称线，可只画该视图的一半；视图如果有两条对称线，可只画该视图的 1/4，并画出对称符号，如图 9.27 所示。

② 对称的构件画一半时，可以稍稍超出对称线之外，然后加上用细实线画出折断线或波浪线，此时不宜画出对称符号，如图 9.28（a）、（b）所示。

③ 对称图形的外形图、剖（断）面均对称时，可以对称线为界，一侧画剖面图，另一侧画外形图，并画出对称符号，如图 9.29 所示。

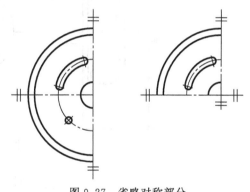

图 9.27　省略对称部分

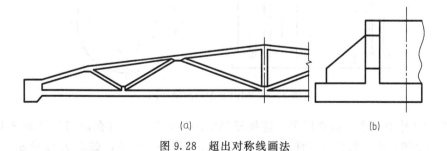

(a)　　　　　　　　　　　　　　　　(b)

图 9.28　超出对称线画法

9.4.2 断开画法

对于较长且横断面形状不变或按照一定规律变化的物体，可假想将物体中间一段去掉，两端

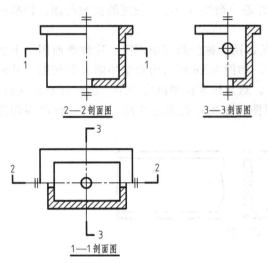

2—2 剖面图　　　3—3 剖面图

1—1 剖面图

图 9.29　对称图形的简化画法

靠近后画出，并在断开处以折断线表示。将折断的部分省略不画，即只画构件的两端，将中间折断部分省去不画，如图 9.30 所示。折断线两端应超出轮廓线 2～3mm，其尺寸应按折断前长度标注。

9.4.3　省略画法

（1）相同要素的省略

① 当构配件内有多个完全相同而连续排列的构造要素时，可仅在两端或适当位置画出这些要素的完整形状，其余部分以中心线或中心线交点表示，以确定其位置，并在图形中注明个数，如图 9.31 所示。经常用来表现混凝土多孔砖、花格装饰。

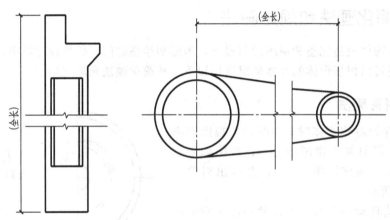

图 9.30　断开画法

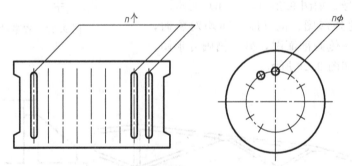

图 9.31　相同要素的省略画法

② 如果形体中有多个形状相同但不连续排列的结构要素时，可在适当位置画出少数几个要素的形状，其余的以中心线交点加注小黑点表示，并注明要素总量，如图 9.32 所示。

（2）局部省略

当一个物体与另一个物体仅有部分不同时，该物体可只画不同部分，但应在两个物体的相同与不同部分的分界处，分别绘制连接符号。连接符号用折断线和字母表示，两个连接的图样字母编号应相同，两个连接符号应对准在同一条线上，如图 9.33 所示。1 和 2 两个物体的大部分相

同，仅右端不同，在画 2 物体图样
时，可将与 1 物体左端相同部分省
去不画，只画右端不同部分，并画
出连接符号。

9.4.4　规定画法

对于构件上的支撑板、肋板等
薄壁结构和实心的轴、墩、桩、
杆、柱、梁等，如按纵向剖切，即

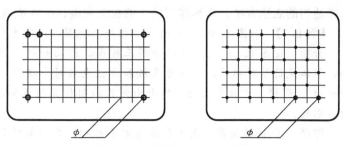

图 9.32　相同要素的省略画法

剖切平面与其轴线、中心线或薄板结构的板面平行时，这些结构都按不剖处理，剖面区域内不画
剖面符号，而用粗实线将它与其邻接部分分开，如图 9.34 所示的剖视图中的闸墩和图 9.35 所示
的翼墙，剖后均没有画剖面符号。但按其他方向剖切肋板和轮辐时仍应画剖面符号。

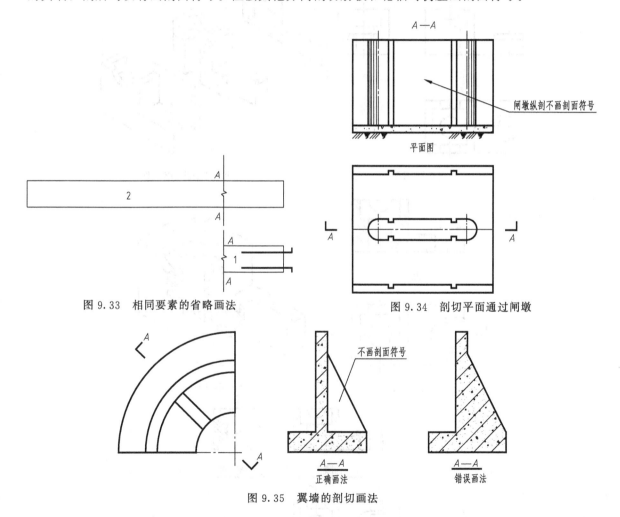

图 9.33　相同要素的省略画法

图 9.34　剖切平面通过闸墩

图 9.35　翼墙的剖切画法

9.5　表达方法的综合运用

前面介绍了表示工程形体的一些常用方法。在具体表达一个形体时，要根据形体的结构特点

选择适当的表达方法，将形体用最少的视图完整、清晰地表达出来。

【例9.1】 如图9.36（a）所示，已知三视图，试将主视图和左视图改画成适当的剖视图。

分析 由图9.36（a）所示分析三视图，进而分析形体的内、外形状，首先按形体分析可知，形体是前后对称的，主体为底板和方柱左右对齐摆放，底板左侧叠加放置一U形台，并向下开出U形槽；方柱自上而下作出由方孔和圆柱孔组成的阶梯孔，并在前后壁上做出半径一致的半圆孔。

作图 ① 选择视图。由于形体左右不对称，且内部结构可用一个剖切平面剖切完成，因此，主视图改画成全剖视图，剖切过程如图9.36（b）所示，假想在形体的前后对称面上加一个剖切平面，把留下的部分进行正投影，得到图9.36（c）所示的立面投影，即改画成的1—1全剖视图。

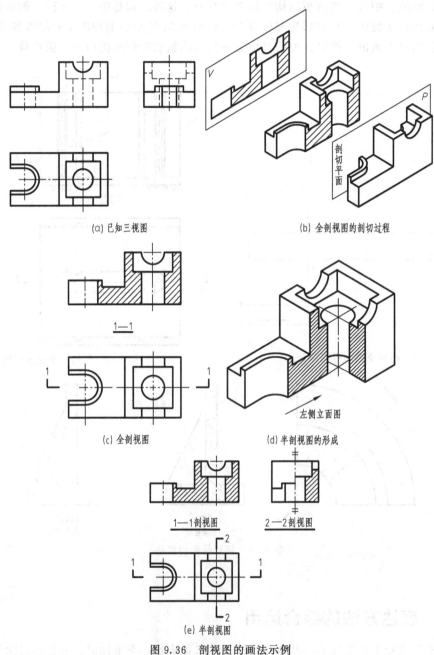

(a) 已知三视图　　　　　　　(b) 全剖视图的剖切过程

(c) 全剖视图　　　　　　　(d) 半剖视图的形成

(e) 半剖视图

图9.36　剖视图的画法示例

②移走部分形体。如图9.36（d）所示，由于形体前后对称，所以以对称面为边界，用过阶梯孔前后轮廓线处的剖切平面剖切形体前半部分，剖到对称中心面为止，把左前角1/4部分移走，留下部分进行侧面投影，得到图9.36（e）所示的侧面投影改画的2—2剖视图。

【例9.2】　如图9.37所示为一涵洞，求其表达分析方法。

分析　①分析形状。涵洞是一种水工建筑物，本例所示涵洞沿着轴线方向由翼墙、面墙和涵洞洞身三部分组成。八字形翼墙带有斜护底面，建筑材料是浆砌块石；中间的面墙带有一个从顶面直通底板平面的门槽，建筑材料是混凝土；涵洞为矩形空洞，洞身材料为浆砌块石，洞身上方有一块混凝土盖板。

②选择主视图。按视图表达原则选主视图的投射方向，涵洞的表达一般按正常工作位置放置，并使建筑物的主要轴线平行于正立面，因此选如图9.37箭头所指方向作主视图的投射方向。为了清楚地表示八字形翼墙、护底面、面墙、洞身的结构形状和材料，主视图应采取通过轴线全剖视图 $A—A$ 表达。

③选择其他视图。平面图采用视图，表示涵洞各组成部分的位置和平面外形。八字形翼墙的最大断面形状和面墙的侧面形状采用阶梯剖视，剖切平面是两个平行于侧面的平面，其中一个切平面沿着翼墙左端（与地面交界处，此处没有画出地面），另一个切平面

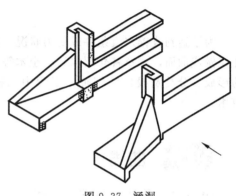

图9.37　涵洞

经过面墙的门槽处，并在对称中心线转折，沿着箭头方向画出 $B—B$ 左视图，翼墙和护底的全部不可见轮廓用虚线在对称线的左侧画出（也可以不画）。八字形翼墙的最小断面形状和洞身用 $C—C$、$D—D$ 断面表示。

由于建筑物有各种缝线，如沉陷缝、伸缩缝、施工缝和材料分界线等，图中箭头所指处虽然缝线两边的表面在同一平面内，但画图时一般仍按轮廓线处理，用一条粗实线表示。

采用了这样一组视图，如图9.38所示，整个涵洞的结构形状和材料就基本表达清楚了。

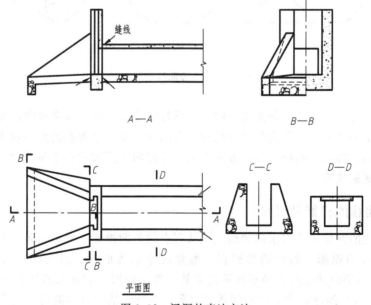

图9.38　涵洞的表达方法

第 **10** 章

工程中常用的曲线和曲面

为了达到改善水流条件或受力状况，以及节省建筑工程材料的要求，各种工程中的某些表面往往做成曲面，本章将介绍水利、土木等工程中常用曲面的形成和表示方法。主要内容包括曲面的形成、分类及投影的特征；工程中几种常见曲面的投影特性和画法；各种曲面在工程中的应用。

10.1 曲线

10.1.1 曲线的形成与分类

曲线可看作是一动点连续改变方向的运动轨迹；也可以看作是一条线（直线或曲线）运动过程中所得线簇的包络线；或者是两曲面相交或曲面与平面相交所得交线，如图 10.1 所示。

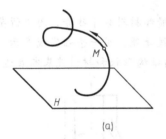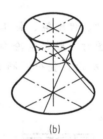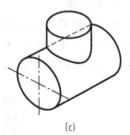

| (a) | (b) | (c) |

图 10.1　一般曲线的投影

按照点运动是否有规律，可分为规则曲线和不规则曲线两种，通常研究的是规则曲线。按照曲线是否在同一个平面上，又分为平面曲线和空间曲线；曲线上所有的点都位于同一平面内的称为平面曲线，如圆、椭圆、抛物线等；如果平面上任意四个连续的点不位于同一平面内的称为空间曲线，如各种螺旋线等。

10.1.2 曲线的投影及性质

按照曲线形成的方法，依次求出曲线上一系列点的各面投影，然后把各点的同面投影依次光滑连接即得该曲线的投影。曲线的投影在一般情况下仍为曲线，且为同一性质的曲线，如图 10.2（a）所示。当平面曲线所在的平面垂直于某一投影面时，它在该投影面上的投影积聚为一直线，如图 10.2（b）所示；当平面曲线所在的平面平行于某一投影面时，它在该投影面上的投影反映曲线的实形，如图 10.2（c）所示。

10.1.3　圆的投影

圆是平面曲线，它与投影面的相对位置不同，其投影也不同。

分别平行和垂直于投影面的圆在该投影面上的投影分别反映圆的实形性和积聚性。倾斜于投影面的圆在该投影面上的投影为椭圆，如图10.3所示。画出该投影的基本方法是在圆周上选取一定数量的点，尤其是特殊点，求出这些点的投影后，再光滑地连成椭圆曲线。第二种方法是根据椭圆的共轭直径画椭圆：首先选择圆内任意相互垂直的两条直径，这两条直径的投影即为椭圆的共轭直径，最后根据椭圆的共轭直径画出椭圆。

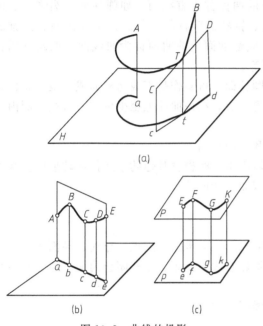

图10.2　曲线的投影

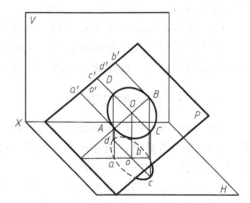

图10.3　倾斜于投影面的圆的投影

10.2　曲面

为了达到改善水流条件或结构受力状况，或满足使用功能及外形美观的需要，以及节省建筑材料等目的，建筑物的某些表面往往做成曲面，如图10.4（a）所示沈阳市夏宫，主体结构是球面，图10.4（b）所示水电站的溢流面也是曲面。

(a) 沈阳夏宫

(b) 溢流面

图10.4　曲面应用实例

10.2.1 曲面的形成及分类

曲面可看作动线（直线或曲线）在一定约束条件下连续运动所形成的轨迹。该动线称为母线，母线在曲面上的任一位置称为曲面的素线。曲面可分为规则曲面和不规则曲面。常见的规则曲面，母线是按照一定规则运动的，其中控制母线做规则运动的点、线、面，称为定点、导线、导面，如图10.5所示。

图 10.5 锥面的形成

（1）按照母线的形状不同，曲面可以分为直线面与曲线面。

母线由直线运动而成的曲面称为直线面，如圆柱面、圆锥面、椭圆柱面、椭圆锥面、扭面、锥状面和柱状面等。其中圆柱面和圆锥面称为直线回转面。由曲母线运动而成的曲面称为曲线面，如圆纹回转面、圆纹曲面、变线曲面等。

同一曲面也可看作是以不同方法形成的。比如圆柱面，可看作是直线运动而成，也可看作是曲线运动而成。由曲面的形成可知：过直线面上任意一点，在该曲面上至少可作一直线；而由曲母线形成的曲面上则作不出任何直线。

（2）按照母线的运动方式不同，可分为回转面和非回转面。

回转面为母线绕一轴线旋转运动形成的，非回转面由母线根据其他约束条件运动形成。常见的回转面有圆柱面、圆锥面、球面、圆环面和单叶双曲回转面等。

10.2.2 曲面的投影

画曲面的投影时，应画出形成曲面的几何要素的投影，如母线、定点、导线、导面等。但是为了表示的清晰易懂，通常还要画出曲面投影的外形轮廓线。如果属于非闭合曲面，还应画出其边界线的投影，如图10.6所示。

水工图上常用细实线画出曲面上若干素线，以增强立体感。

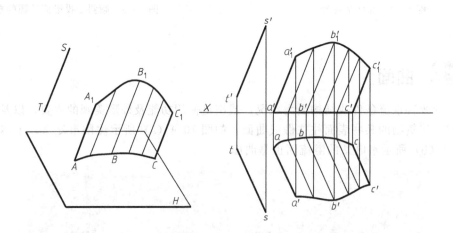

图 10.6 曲面的投影

10.3 非回转直纹曲面

非回转直纹曲面常见的有柱面、锥面、柱状面、锥状面和双曲抛物面等。

10.3.1　柱面

直母线沿着曲导线运动且始终平行于一直导线时，所形成的曲面称为柱面。曲导线可以是闭合的，也可以是不闭合的。圆柱面就是一个闭合的柱面。如图 10.7 所示为一个不闭合的柱面。

柱面的素线相互平行，如用一组与素线相交的互相平行的平面截柱面，所得的截面形状及大小都相同。

垂直于柱面素线的截面称为正截面。正截面的形状反映柱面的特征，当柱面的正截面为圆时称为圆柱面，如图 10.8 (a) 所示；当正截面为椭圆时称为椭圆柱面，如图 10.8 (b) 所示。

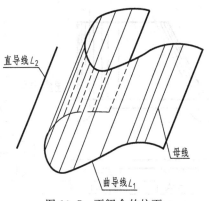

图 10.7　不闭合的柱面

如图 10.9 所示为斜椭圆柱面，其曲导线为水平圆，直导线为正平线 OO_1，面上所有素线均为平行于 OO_1 的正平线。该柱面的三个投影都没有积聚性，上、下底的水平投影不重合。其正截面为椭圆，水平截面均为直径相等的圆，圆心在 OO_1 线上。

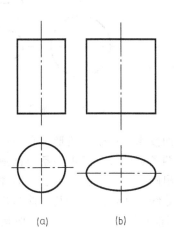

图 10.8　圆柱面和椭圆柱面

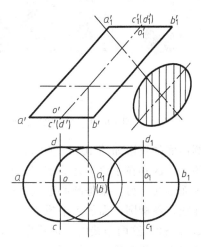

图 10.9　斜椭圆柱面

在工程中，为了便于看图，常在柱面无积聚性的投影上画疏密的细实线，这些疏密线相当于柱面上一些等距离素线的投影。疏密线越靠近转向轮廓线，其距离越密；越靠近轴线则越稀。如图 10.10 (a) 所示为闸墩的视图，其左端为半斜圆柱，右端为半圆柱，二者均画上疏密线。如图 10.10 (b) 所示为广东珠海体育馆。

10.3.2　锥面

直母线沿着曲导线运动，且始终通过一定点时，所形成的曲面称为锥面，如图 10.11 所示。曲导线可以是不闭合的，也可以是闭合的。定点称为锥面的顶点，锥面上的所有素线都通过锥顶。

如锥面无对称面则为一般锥面，如图 10.11 所示。如果有两个或两个以上的对称面时，各对称面的交线称为锥面的轴线，如图 10.12 中的 $S'O'$。当垂直于轴面的截面（正截面）为圆时称为圆锥面，如图 10.12 (a) 所示；若正截面为椭圆时则称为椭圆锥面，如图 10.12 (b) 所示。

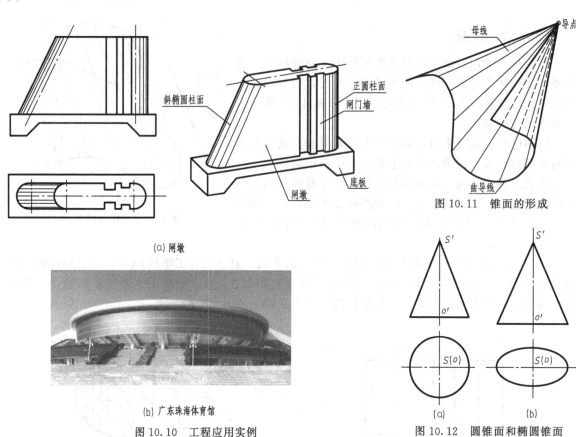

(a) 闸墩

图 10.11　锥面的形成

(b) 广东珠海体育馆

图 10.10　工程应用实例

图 10.12　圆锥面和椭圆锥面

　　斜椭圆锥面的投影如图 10.13 所示，斜椭圆锥面的正面投影是一个三角形，它与正圆锥面的正面投影的主要区别在于它不是等腰三角形，三角形内有两条点画线，其中一条与锥顶角平分线重合的是锥面轴线，另一条是圆心连线，图中的椭圆是移出断面，其短轴垂直于锥面轴线而不垂直于圆心连线。斜椭圆锥面的水平投影是一个反映底圆（导线）实形的圆以及与该圆相切的两转向轮廓线 $S1$、$S2$，这两条线的正面投影为 $S'1'$、$S'2'$，侧面投影为 $S''1''$、$S''2''$，但是一般情况下不需要画出来。斜圆锥面的侧面投影是一个等腰三角形。

　　锥面在实际工程中，也有着广泛的应用。图 10.14 （a）是锥形护坡，图 10.14 （b）表示了

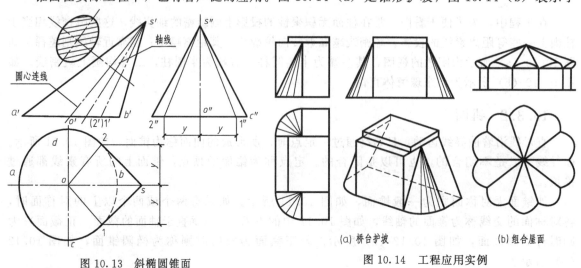

图 10.13　斜椭圆锥面

(a) 桥台护坡　　　　　　(b) 组合屋面

图 10.14　工程应用实例

一个用锥面构成的建筑。

10.3.3　柱状面

直母线沿着不在同一平面的两条曲导线移动，并且始终平行于一导平面，这样形成的曲面称为柱状面，如图 10.15（a）所示。其一条导线为 1/4 圆周，另一条导线为一段圆弧，导面为侧平面。该柱状面上所有素线都是侧平线，所以在投影图上先画素线的水平投影，在水平投影中找到素线与圆弧的交点，然后画出素线的其他投影，如图 10.15（b）所示。水利工程上如闸墩、渡槽的墩身常为柱状面，图 10.15（c）所示。

柱状面上相邻两条素线交叉，是不可展直线面。当柱状面的两条曲导线形状和大小相同，且相互平行时，相邻素线都互相平行，则成为柱面。

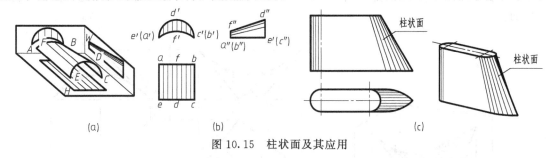

图 10.15　柱状面及其应用

10.3.4　锥状面

直母线沿着一条直导线和一条曲导线移动，并且始终平行于一导平面，这样形成的曲面称为锥状面，如图 10.16（a）所示。锥状面上相邻两素线交叉，是不可展直线面。如锥状面的直导线蜕化为一点，则成为锥面。

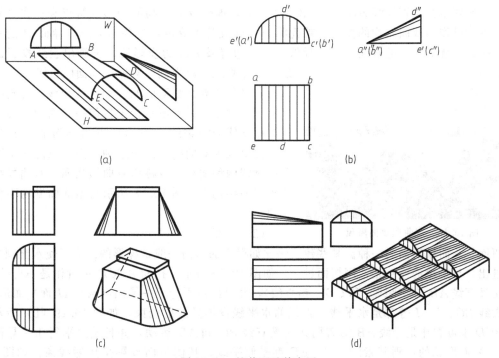

图 10.16　锥状面及其应用

如图 10.16（b）所示锥状面的三面投影，其导线为 AB 和 CDE，导面为侧平面。水利工程上如护坡、边墙等常为锥状面，图 10.15（c）所示。屋面结构中有些会应用这种锥状面形式，如图 10.16（d）所示。

10.3.5　双曲抛物面

一直母线沿着两交叉直导线运动，且始终平行于一个导平面，所形成的平面称为双曲抛物面。

（1）双曲抛物面

图 10.17 所示双曲抛物面的形成，母线 AC 沿着两条交叉直导线 AB、CD 移动，并且始终平行于铅垂面 P 而形成的双曲抛物面 $ABDC$。相邻的两条素线是交叉的，所以这种曲面不能展成一平面。

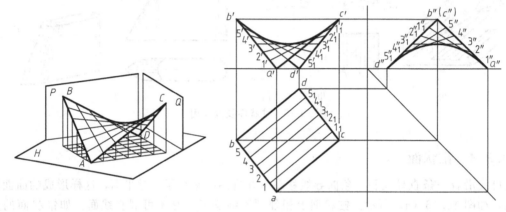

图 10.17　双曲抛物面

若已知两条交叉直导线 AB、CD 和导平面 P，根据双曲抛物面的形成特点和点在直线上的投影特性即可作出双曲抛物的投影。首先将 AB 分成若干等份，过各等分点作导面 P 的平行线与 CD 相交，就得到一组素线。画出导线、曲面边界及素线的投影后，再画出素线投影的包络线——抛物线，就得到此双曲抛物面的投影。

若平行于导面截双曲抛物面，截交线均为直线；用平行于两导面交线但不平行于任何一导面的平面截此曲面，截交线为抛物线；用垂直于两导面的平面截此曲面，截交线为双曲线。由于这种曲面上只能作出双曲线和抛物线两种曲线，故称为双曲抛物面。双曲抛物面常用于屋面结构中，图 10.18 所示为用双曲抛物面构成的屋顶。

图 10.18　双曲抛物面屋顶

（2）扭面

扭面是双曲抛物面的一种。某些建筑物比如渠道的断面一般是梯形的。为了使水流顺畅，在矩形进出口与渠道的连接处常用扭面过渡，如图 10.19 所示。扭面 $ABCD$ 可看作是一直母线 BC 沿两交叉直线 AB（侧平线）和 CD（铅垂线），并且始终平行于一导面（水平 H 面）而形成的，则其素线 BC、$I—I$ 等都是水平线，素线的水平线投影呈放射线束，如图 10.19（b）所示。扭面 $ABCD$ 也可看作是母线 AB 沿着两条交叉直线 BC 和 AD 运动，并且始终平行于一导面（侧平 W 面）而形成的，则其素线 AB、EF 都是侧平线，其侧平面投影呈放射线束，如图 10.19（b）所示。

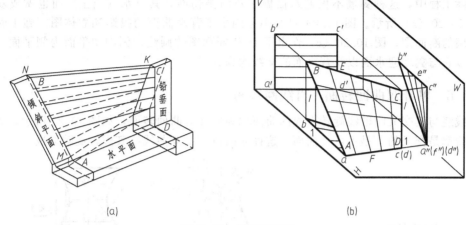

图 10.19　扭面的形成

在水利工程图中，习惯于在俯视图上画出水平素线的投影，在左视图上画出侧平素线的投影，而在正视图（剖视）上不画素线，只写"扭面"，如图 10.20（a）所示。

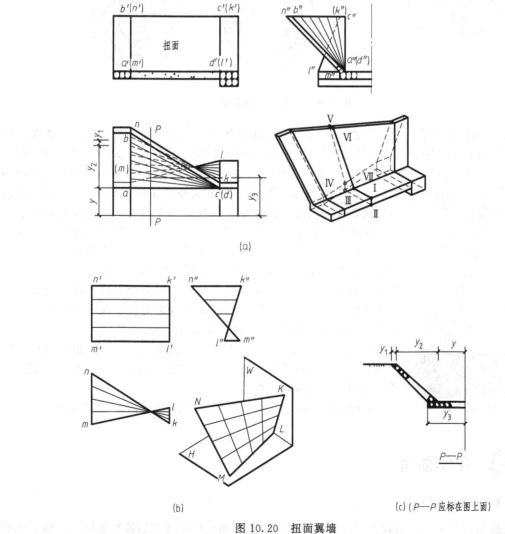

图 10.20　扭面翼墙

在实际工程中，这种翼墙不仅迎水面做成双曲抛物面，其背水（挡土）面也做成双曲抛物面，如图 10.20（a）所示。图 10.20（b）单独画出了背水曲面的投影和立体图。施工时需要画出这种翼墙的断面图，图 10.20（c）作出了 *P-P* 断面图的画法，因剖切平面为侧平面，平行于导面，所以它与翼墙迎水面以及背水面的交线均为直线。

10.3.6　单叶双曲回转面（直线回转面）

直母线绕与其交叉的轴线旋转而成的曲面称为单叶双曲回转面，如图 10.21 所示，该面上相邻两直素线都是交叉的，是不可展曲面。这种曲面也可由双曲线绕其虚轴旋转而成。

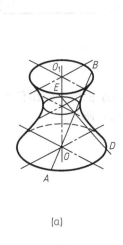 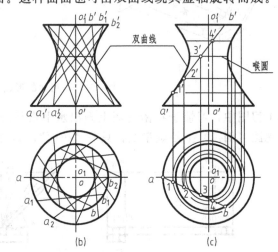

图 10.21　单叶双曲回转面

图 10.21（b）表示了已知回转轴 OO_1 及母线 AB 时作单叶双曲回转面投影的一种方法。因母线 AB 上所有点都绕轴 OO_1 做圆周运动，所以在 AB 线上取一系列点，如端点 A、B，距离轴线最近点 C（即Ⅲ点）及其中间点Ⅰ、Ⅱ、Ⅳ等，画出它们轨迹圆的正面投影，并将它们的端点用光滑曲线连接，即可得到正视外形轮廓线的投影——双曲线。水平投影需要画出顶圆、底圆及喉圆（母线 AB 上距离轴最近的点 C 的回转圆）的投影。图 10.21（c）表示了作单叶双曲回转面的另一种方法。因为母线 AB 绕 OO_1 轴旋转时，母线上各点旋转的角度相同，因此，先画出两端点回转圆周的投影，并将它们自 A、B 点开始分成相同的等份，将对应等分点的桶面投影用直线连接，即得各素线的投影。再作出这些素线正面投影的包络线（双曲线）及素线水平投影的公切圆（喉圆），即完成作图。

图 10.22　冷却塔

从图 10.21（a）、（b）中还可以看出，这个曲面也可以由直母线 DE 绕 OO_1 轴旋转而成。因此，它有两簇直素线，通过曲面上任意一点都可作出两条直线。

如图 10.22 所示，电厂冷却塔的表面为单叶双曲回转面。

10.4　平螺旋面

10.4.1　圆柱螺旋线

螺旋线是工程上一种应用较为广泛的空间曲线，包括圆柱螺旋线和圆锥螺旋线等，最常见的是圆柱螺旋线。一动点沿着圆柱面上的直母线做等速运动,同时,该母线绕着圆柱面的轴线做等角速度回转运动,则该点在空间运动的轨迹为圆柱螺旋线,如图 10.23 所示。

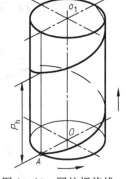

这里的圆柱称为导圆柱。当母线旋转一周时,动点沿着轴线方向运动的距离称为导程,用 P_h 来表示。按照旋转方向,螺旋线可分为右螺旋线和左螺旋线两种。它们的特点是右螺旋线的可见部分自左向右升高,左螺旋线的可见部分自右向左升高。

当圆柱的直径、导程和旋向三要素已知时,可以按照下面的步骤来画圆柱螺旋线,如图 10.24 所示。

图 10.23 圆柱螺旋线

① 根据导圆柱的直径和导程画出圆柱的正面投影和水平投影,把水平投影的圆分为若干等分(图中为 12 等分)。根据旋向,依次标出各点的顺序号。

② 在导圆柱的正面投影中,把轴向的导程也分成相同的等分,自下而上依次标出各等分点。

③ 自正面投影的各等分点作水平线,自水平投影的各等分点作铅垂线,与正面投影同号的水平线相交,即得螺旋线上的点,用光滑的曲线依次连接各点即得螺旋线的正面投影。

10.4.2 平螺旋面

直母线沿着圆柱螺旋线和其轴线且平行于与轴线垂直的导平面运动所形成的曲面称为平螺旋面。平螺旋面属于锥状面的一种,也是不可展曲线面。平螺旋面的画法如下。

① 首先按照图 10.24 所示的方法画出圆柱螺旋线和圆柱轴线的投影。

② 过螺旋线上各等分点分别作水平线与轴线相交,这些水平线都是正螺旋面的素线,其水平投影都交于圆心,如图 10.25(a)所示。

图 10.25(b)为空心圆柱螺旋面的投影图,由于平螺旋面与空心圆柱相交,在空心圆柱的内表面形成了一条与曲导线同导程的螺旋线,此螺旋线的画法与图 10.24 相同。

平螺旋面在工程上经常应用。下图为建筑中常见的螺旋楼梯,如图 10.26 所示。

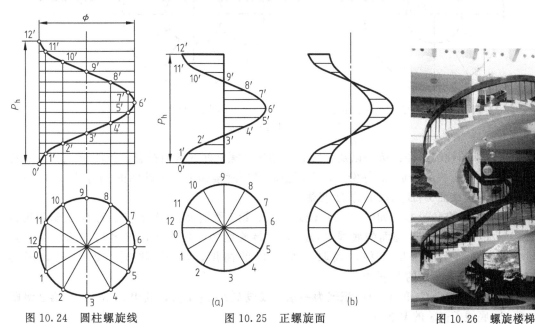

图 10.24 圆柱螺旋线
的画法

图 10.25 正螺旋面

图 10.26 螺旋楼梯

螺旋楼梯投影图画法见图 10.27 所示。

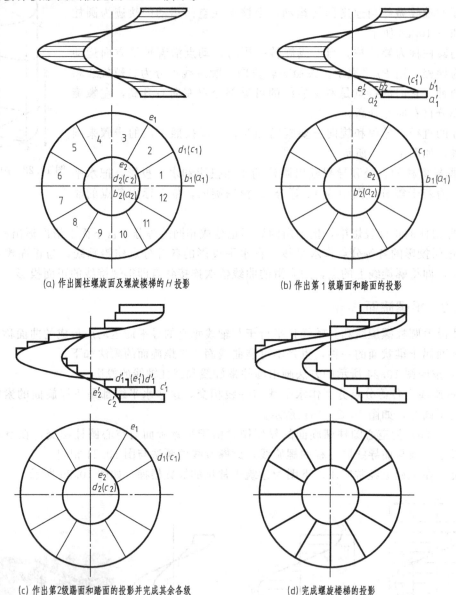

(a) 作出圆柱螺旋面及螺旋楼梯的 H 投影

(b) 作出第 1 级踢面和踏面的投影

(c) 作出第2级踢面和踏面的投影并完成其余各级

(d) 完成螺旋楼梯的投影

图 10.27　旋转楼梯的画法

(1) 根据内外圆柱的半径、螺距以及梯级数，画出平螺旋面的两面投影，如图 10.27 (a) 所示。把平螺旋面的 H 投影分成 12 等份，每 1 等份就是螺旋楼梯上一个踏面的 H 投影。如 $b_1 b_2$ $(c_2)(c_1)$ 为第 1 级踏面 $B_1 B_2 C_2 C_1$ 的 H 投影。

(2) 画第 1 步级的 V 投影，如图 10.27 (b) 所示。第 1 级踏面 $A_1 A_2 B_2 B_1$ 的 H 投影积聚为一水平线段 $(a_1)(a_2)b_2 b_1$，踢面的底线 $A_1 A_2$ 是平螺旋面的一根素线，求出其 V 投影 $a_1' a_2'$，过 a_1' 和 a_2' 分别向上画一竖直线，截取一个踢面的高度，得 b_1' 和 b_2'。连 $b_1' b_2'$，矩形 $a_1' a_2' b_2' b_1'$ 就是第 1 级踢面的 V 投影。

第 1 级踏面 $B_1 B_2 C_2 C_1$ 的 V 投影积聚为一水平线段 $b_1' b_2' c_2' (c_1')$，其中 $c_2'(c_1')$ 是第 2 级踢面 $B_1 B_2 C_2 C_1$ 底线 $C_1 C_2$ 的 V 投影。

(3) 画第 2 级的 V 投影并完成其余各级，如图 10.27 (c) 所示。过点 c_1' 和 c_2' 分别向上画一竖直线，截取一个踢面的高度，得点 d'_1 和 d'_2。矩形 $c'_1c'_2d'_2d'_1$ 就是第 2 级踢面 $C_1C_2D_2D_1$ 的 V 投影。

第 2 级踏面 $D_1D_2E_2E_1$ 的 V 投影积聚为一水平线段 $d'_1d'_2e'_2(e'_1)$，其中 $(e'_1)e'_2$ 可由水平投影 e_1e_2 定出。

如此类推，可以画出其余各级的踢面和踏面的 V 投影。但必须注意的是，第 4 级和第 10 级踢面平行于 W 面，它的 V 投影积聚为一竖直线段。第 5 至第 9 级踢面，由于被螺旋楼梯本身所遮挡，它们的 V 投影不可见。

（4）画螺旋楼梯底面的投影，如图 10.27（d）所示。梯板底面也是一个平螺旋面，其形状和大小与梯级的平螺旋面完全一样，只是在竖直方向上相差一梯板沿竖直方向的厚度。梯板底面的 H 投影与各梯级的 H 投影重合，V 投影可将梯级螺旋面上各点向下平移一个梯板沿竖直方向的厚度即可。

10.5　组合面

水工建筑物中某些局部的表面常由几种曲面和平面相交或相切组合而成，这种表面称为组合面。水电站及抽水泵站引水管道或引水隧洞通常是圆形断面，而安装闸门处需要做成矩形断面。为使水流平顺过渡，在矩形断面和圆形断面之间需要采用渐变段过渡，使断面逐渐变化，如图 10.28 所示。

如图 10.29 所示，渐变段是由四个三角形平面和四部分斜圆锥面相切组成的。矩形断面的四个顶点分别是四个斜椭圆锥面的顶点，圆周断面的四段 1/4 圆弧分别为四个斜椭圆锥面的导线。渐变段表面的三个

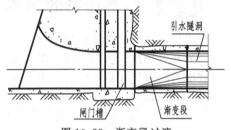

图 10.28　渐变段过渡

投影，除了画出表面的轮廓形状外，还用细实线画出斜椭圆锥面与平面切线的投影。它们的正面投影和水平投影与斜椭圆锥圆心连线的投影重合。图中还画出了锥面上一些素线的投影，因此图形更加形象化。

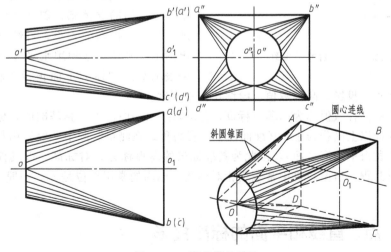

图 10.29　渐变段的画法

标高投影

标高投影是一种适于表示地形面和复杂曲面的一种正投影，在工程中应用广泛，本章将介绍水利、土木等工程中标高投影的相关内容。主要内容包括点、直线、平面、圆锥面、同坡曲面和地形面的标高投影表示方法；直线的坡度和平距的几何意义及其应用方法；坡脚线、开挖线和坡面交线的基本方法；地形剖面图的绘制和应用；标高投影在工程实际中的应用范例。

11.1 标高投影的基本概念

在工程建筑物的设计和施工中，常需要绘制能够表达地面形状的地形图，并在图上表示工程建筑物的布置和建筑物与地面连接有关问题。但地面形状很复杂，高低不平，没有规则，而且长度、宽度与高度尺寸相比要大得多，用多面正投影法或轴测投影法都表示不清楚，标高投影则是适于表示地形面和复杂曲面的一种投影。

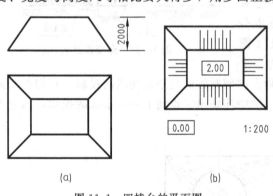

图 11.1 四棱台的平面图

当物体的水平投影确定之后，其正面投影的主要作用是提供物体上的点、线或面的高度。如果能知道这些高度，那么只用一个水平投影也能确定空间物体的形状和位置。如图 11.1 所示，画出四棱台的平面图，在其水平投影上注出其上、下底面的高程数值 2.00 和 0.00，为了增强图形的立体感，斜面上画上示坡线，为度量其水平投影的大小，再给出绘图比例或画出图示比例尺。这种用水平投影加注高程数值来表示空间物体的单面正投影称为标高投影。

标高投影图包括水平投影、高程数值、绘图比例三要素。

标高投影中的高程数值称为高程或标高，它是以某水平面作为计算基准的，标准规定基准面高程为零，基准面以上高程为正，基准面以下高程为负。在测量制图中一般采用与测量一致的基准面（即青岛市黄海平均海平面），以此为基准标出的高程称为绝对标高。以其他面为基准标出的高程称为相对高程，房屋建筑中常采用相对高程。标高的常用单位是 m，一般不需注明。

11.2 点、直线和平面的标高投影

11.2.1 点

空间点的标高投影就是点在 H 面上的正投影加注点的高程。如图 11.2 (a) 所示，首先选

择水平面 H 为基准面，规定其高程为零，基准面以上为正，点 A 在 H 面上方 $3m$，点 B 在 H 面下方 $2m$，点 C 在 H 面上。若在 A、B、C 三点水平投影的右下角注上其高程数值即 a_3、b_{-2}、c_0，再加上图示比例尺，就得到了 A、B、C 三点的标高投影，如图 11.2（b）所示。

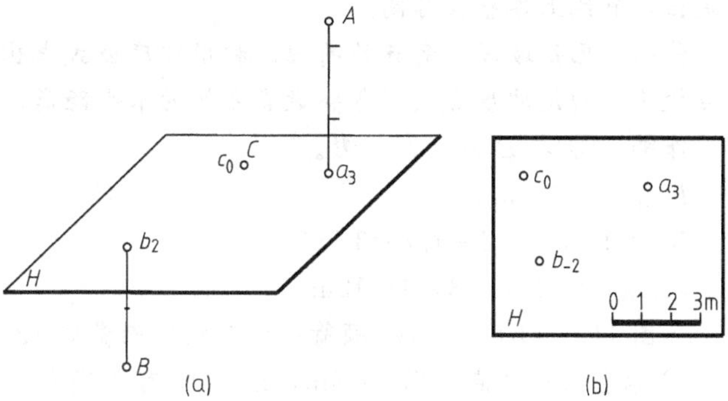

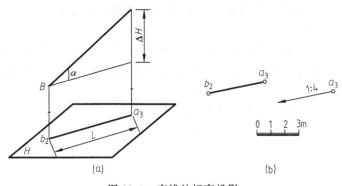

图 11.2　点的标高投影

11.2.2　直线

（1）直线的坡度和平距

直线上任意两点间的高差与其水平投影长度之比称为直线的坡度，用 i 表示。如图11.3（a）所示，直线两端点 A、B 的高差为 ΔH，其水平投影长度为 L，直线 AB 对 H 面的倾角为 α，则得：

$$坡度\ i=\dfrac{高差\ \Delta H}{水平投影距离\ L}=\tan\alpha$$

如图 11.3（b）所示，直线 AB 的高差为 $1m$，其水平投影长 $4m$（用比例尺在图中量得），则该直线的坡度 $i=1/4$，常写为 $1:4$ 的形式。

图 11.3　直线的标高投影

在作图中还常常用到平距，平距用 l 表示。直线的平距是指直线上两点的高度差为 $1m$ 时水平投影的长度数值。

由此可见，平距与坡度互为倒数，坡度大则平距小，坡度小则平距大。

（2）直线的标高投影表示方法

直线的空间位置可由下列两种方法来表示：第一种是用直线上的两点来表示；第二种方法是使用直线上的一点及直线的方向来确定。相应的直线在标高投影中也有两种表示法：

① 用直线上两点的高程和直线的水平投影表示，如图 11.4（a）所示；

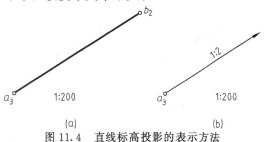

图 11.4　直线标高投影的表示方法

② 用直线上一点的高程和直线的方向来表示，直线的方向规定用坡度和箭头表示，箭头指向下坡方向，如图 11.4（b）所示。

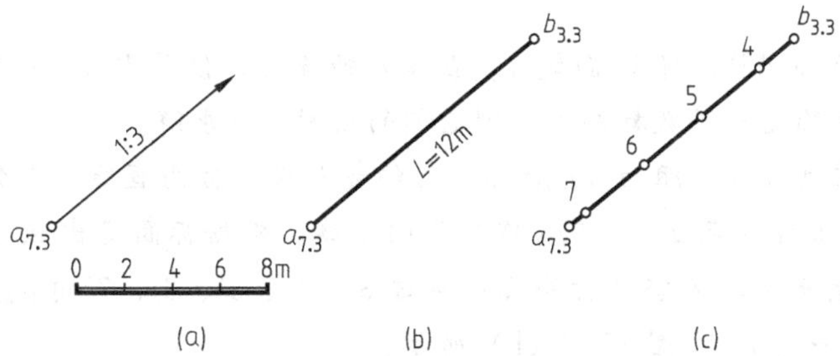

（3）直线上高程点的求法

在标高投影中，因直线的坡度是定值，所以已知直线上任意一点的高程就可以确定该点标高投影的位置，已知直线上某点高程的位置，就能计算出该点的高程。

【例 11.1】　求如图 11.5 所示直线上高程为 $3.3m$ 的点 B 的标高投影，

图 11.5　直线上求点法

并定出该直线上各整数标高点。

分析 已知坡度和两点的高程，利用坡度公式求出 $a_{7.3}b_{3.3}$ 的水平距离，量取投影长度可得 B 点投影。利用坡度公式求各整数点之间的水平距离，量取长度即可求得。

作图 ① 求 B 点标高投影。

$$H_{AB}=7.3-3.3=4\text{m}$$

$$\because i=1:3 \qquad l=1/i=3$$

$$\therefore L_{AB}=lH_{AB}=3\times4=12\text{m}$$

如图 11.5（b），自 $a_{7.3}$ 顺箭头方向按比例量取 12m，即得到 $b_{3.3}$。

② 求整数标高点。因 $l=3\text{m}$，$L=lH$ 可知高程为 4、5、6、7 各点间的水平距离均为 3m。高程为 7m 的点与高程为 7.3m 的点 A 之间的水平距离 $=Hl=(7.3-7)\times3=0.9\text{m}$。自 $a_{7.3}$ 沿 ab 方向依次量取 0.9m 及 3 个 3m，就得到高程为 7、6、5、4 的整数标高点。

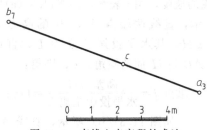

图 11.6　直线上点高程的求法

【例 11.2】 已知直线 AB 的标高投影为 a_3b_7，如图 11.6 所示，求直线 AB 的坡度与平距，并求直线上 C 点的标高。

分析 求坡度和平距，先求 H 和 L，H 可由直线两点的标高计算取得，L 可按比例度量取得，然后利用公式确定。

作图 首先求直线 AB 的坡度。

$$\because \quad H_{AB}=7-3=4\text{m}$$

$L_{AB}=8\text{m}$（用比例尺在图上量得）

$$\therefore \quad i=H_{AB}/L_{AB}=4/8=1/2$$

然后求得直线 AB 的平距 $l=1/i=2$

又因量得 $L_{AC}=3\text{m}$，则 $H_{AC}=iL_{AC}=1/2\times3\text{m}=1.5\text{m}$，即点 C 的高程为 4.5。

【例 11.3】 如图 11.7（a）所示，求作直线 AB 的整数标高点。

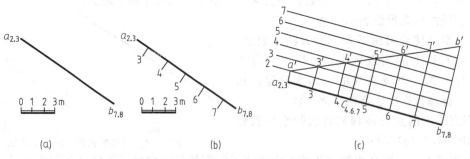

(a)　　　　　　　(b)　　　　　　　(c)

图 11.7　作直线 AB 的整数标高点

分析 此处使用图解法。

根据换面法的概念，作铅垂投影面 $V\parallel AB$，将 V 面绕 $a_{2.3}b_{7.8}$ 为轴旋转，使其与 H 面重合，即可求出直线 AB 的实长。在 AB 上确定出整数标高点，则它们的投影便可求解。

具体作图方法是，在适当位置按照比例尺作一组与 $a_{2.3}b_{7.8}$ 平行的等距整数标高直线，它们的标高依次是 2m、3m、4m、…、7m，然后自点 $a_{2.3}$、$b_{7.8}$ 作标高的垂线，根据标高定出点 a' 和 b'；连接 $a'b'$，与整数标高线的交点就是所求的整数标高点；再过 $3'$、$4'$、$5'$、$6'$、$7'$ 向 $a_{2.3}$ $b_{7.8}$ 作垂线，即得整数标高点投影 3、4、…、7，如图 11.7（b）所示。

显然，各相邻整数标高点的水平距离应该相等。这时 $a'b'$ 反映实长，它与整数标高线的夹角

反映其对 H 面的倾角。在 V 面上作一组等距平行直线也可以不按照图中的比例尺画出，根据定比关系，其结果相同。

11.2.3 平面

(1) 平面上的等高线和坡度线

某个面（平面或曲面）上的等高线是该面上高程相同的点的集合，也可看成是水平面与该面的交线。平面与基准面的交线就是平面内标高为 0m 的等高线。

平面上的等高线就是平面上的水平线，如图 11.8 中的直线 BC、Ⅰ、Ⅱ、…。它们是平面 P 上一组互相平行的直线，其投影也相互平行；当相邻等高线的高差相等时，其水平距离也相等，如图 11.8（a）所示。图中相邻等高线的高差为 1m，它们的水平距离即为平距 l。

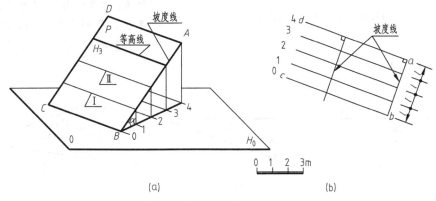

图 11.8 平面上的等高线和坡度线

坡度线就是平面上对 H 面的最大斜度线，如图 11.8（a）中直线 AB，它与等高线 BC 垂直，它们的投影也互相垂直，即 $ab \perp bc$。坡度线 AB 对 H 面的倾角 α 就是平面 P 对 H 面的倾角，因此坡度线的坡度就代表该平面的坡度。

【例 11.4】 已知一平面△ABC，且已知各点的标高投影，试求该平面与 H 面的倾角 α。

分析 因平面内的坡度线就表示该平面的坡度，而坡度线又垂直于平面内的等高线，因此只要定出平面内的等高线，则问题就容易解决了。

作图 先在△ABC 的任意两边上定出整数标高点，如在图 11.9 中，定出 ab 和 bc 的整数标高点，连接相同标高的点，就是等高线。然后，在适当位置作等高线的垂线 bd，即得坡度线。求出该坡度线对 H 面的倾角 α 就是该平面与 H 面的倾角 α。

(2) 平面的标高投影

平面的标高投影可以用确定平面的点、直线的标高投影表示，从易于表达和求解问题考虑，常用的有：

① 用平面上的一条等高线和一条坡度线表示；

② 用平面上的两条（或者一组）等高线表示；

③ 用平面上的一条任意直线和一条坡向线（虚线箭头指向大致下坡方向）表示。

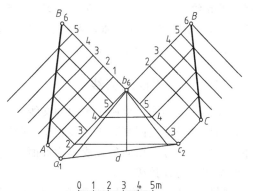

图 11.9 求平面与 H 面的倾角 α

为了比较客观地反映平面的倾斜方向，投影图中的平面常常画出示坡线，示坡线用长短间隔的细直线段表示，画在平面高的一侧，并且垂直于等高线。

（3）平面上的等高线

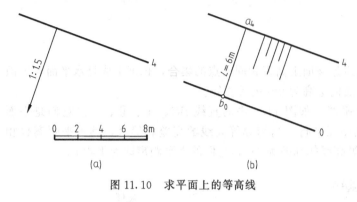

图 11.10 求平面上的等高线

【例 11.5】 求作图 11.10（a）所示平面上高程为 0m 的等高线。

作图 0m 等高线必与已知的高程为 4m 的等高线平行，且通过坡度线上高程为 0m 的点 B，AB 两点的水平距离 $L_{AB}=H_{AB}l=4\times 1.5=6$m。如图 11.10（b）所示，在坡度线上自 a_4 下坡方向量取 6m 得 b_0，过 b_0 作直线与高程为 4m 的等高线平行，得到高程为 0m 的等高线。

【例 11.6】 求作图 11.11（a）所示平面上高程为 0m 的等高线。

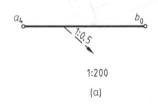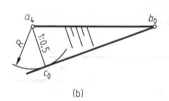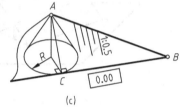

图 11.11 求平面上的等高线

分析 以高程为 4m 的点 A 为锥顶，底圆半径为 2m，素线坡度为 1：0.5 作一正圆锥面，高程为 0m 的等高线与底圆相切，平面 ABC 与该圆锥面相切，切线 AC 就是平面的坡度线，如 11.11（c）所示。

作图 由于已知直线 AB 不是平面上的等高线，所以该平面坡度线的准确方向未知。但是高程为 0m 的等高线必通过点 b_0，且距 a_4 点的水平距离 $L=Hl=4\times 0.5=2$m。因此，首先以 a_4 为圆心，2m 为半径作圆弧，再过 b_0 点向该圆弧引切线，得切点 c_0，得到高程为 0m 的等高线 b_0c_0，如图 11.11（b）所示。

11.2.4 平面的交线

在标高投影中，求两个平面的交线，就是求两个平面（曲面）上相同高程等高线的连线。通常是利用两平面内同高程等高线相交，分别找出两个共有点并连接起来求得交线。在工程中，相邻两（填、挖方）坡面的交线称为坡面交线；填方坡面与地面的交线称为坡脚线；挖方坡面与地面的交线称为开挖线。

【例 11.7】 如图 11.12 所示，已知一段斜路堤的倾斜顶面 ABCD，设地面是标高为 0m 的水平基准面，两侧和右端坡面的坡度如图所示，求作路堤坡脚线以及各坡面间的交线。

作图 首先求坡脚线，$L=2/3\times 3=2$m，画出斜坡道的坡脚线；再分别以 c_2、d_2 为圆心，$R=1\times 3=3$m 为半径画圆弧，再由 a_0、b_0 向两圆弧作切线即为斜坡道两侧的坡脚线，如图 11.12（b）所示；画出坡面交线和示坡线，整理图形，如图 11.12（c）所示。

【例 11.8】 如图 11.13 所示，在高程为 0m 的地面上修建一平台，台顶高程为 4m，从台顶到地面有一斜坡引道，平台的坡面于斜坡引道两侧的坡度均为 1：1，斜坡道坡度 1：3，试完成平台和斜

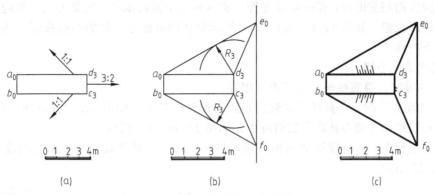

图 11.12 斜路堤的坡脚线和坡面交线

坡道的标高投影图。

分析 本题需求两类交线：①坡脚线即各坡面与地面的交线，它是各坡面上高程为零的等高线，共 5 条直线。其中平台坡面和斜坡道顶面是用一条等高线和一条坡度线来表示的；斜坡道两侧是用一条倾斜直线、平面的坡度及大致坡向来表示的，其坡面上 0m 高程等高线可用前述相应的方法求作。②坡面交线即斜坡道两侧坡面与平台边坡的交线，共两条直线，如图 11.13（d）所示。

作图 ①求坡脚线。平台坡面的坡脚线和斜坡道顶面的坡脚线求法是：由高差 4m，求出其水平距离 $L_1 = 1 \times 4 = 4$m，$L_2 = 3 \times 4 = 12$m，根据所求的水平距离按图示比例尺沿各坡面坡度线分别量得各坡面上的 0m 高程点，作坡面上已知等高线的平行线，即得。斜坡道两侧

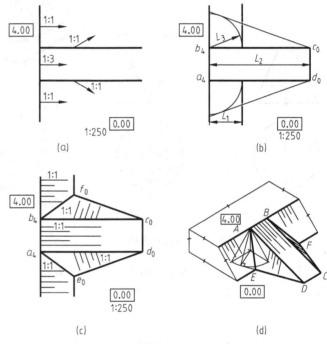

图 11.13 斜坡道的坡脚线和坡面交线

坡脚线的求法是：分别以 a_4、b_4 为圆心，$L_3 = 1 \times 4 = 4$m 为半径画圆弧，再由 c_0、d_0 向两圆弧作切线即为斜坡道两侧的坡脚线，如图 11.13（b）所示。

②求坡面交线。平台坡面和斜坡道两侧坡面坡脚线的交点 e_0、f_0 就是平台坡面和斜坡道两侧坡面的共有点，a_4、b_4 也是平台坡面和斜坡道两侧坡面的共有点，连接 e_0a_4、f_0b_4 即为坡面交线。画出各坡面的示坡线，完成画图，如图 11.13（c）所示。

11.3 曲面与地形面

11.3.1 正圆锥面

正圆锥面的标高投影也是用一组等高线和坡度线来表示的。正圆锥面的素线是锥面上的坡度线，所有素线的坡度都相等。正圆锥面上的等高线即圆锥面上高程相同点的集合，用一系列等高

差水平面与圆锥面相交即得，是一组水平圆。将这些水平圆向水平面投影并注上相应的高程，就得到锥面的标高投影。如图 11.14 （a）、（b）所示是正圆锥面等高线的标高投影，其等高线的标高投影有如下特性。

① 等高线是同心圆。

② 高差相等时，等高线间的水平距离相等。

③ 当圆锥面正立时，等高线越靠近圆心其高程数值越大，如图 11.14 （a）所示；当圆锥面倒立时，等高线越靠近圆心其高程数值越小，如图 11.14 （b）所示

在土石方工程中，常将建筑物的侧面做成坡面，而在其转角处作成与侧面坡度相同的圆锥面，如图 11.15 所示。

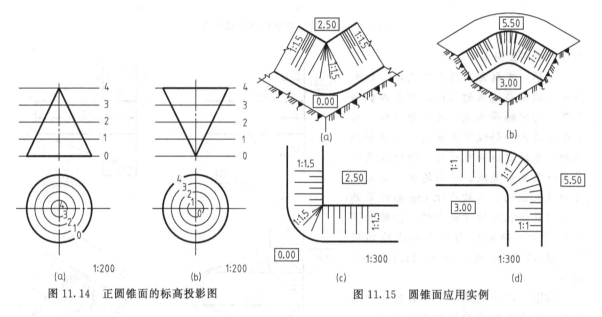

图 11.14 正圆锥面的标高投影图

图 11.15 圆锥面应用实例

【例 11.9】 在高程为 2m 的地面上筑一高程为 6m 的平台，平台面的形状及边坡坡度如图 11.16 所示，求坡脚线和坡面交线。

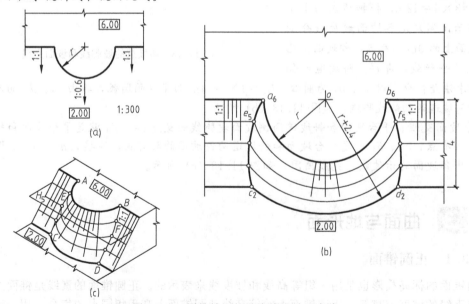

图 11.16 圆锥坡面的坡脚线和坡面交线

作图 ①求坡脚线。平面坡面坡脚线到平台的距离：$L=lH=1\times(6-2)=4$m；平台顶面中部边线为半圆，其边坡是圆锥面，所以坡脚线与台顶半圆是同心圆，其半径为 $R=r+L=r+lH=r+0.6\times(6-2)=r+2.4$ （m）。

② 求坡面交线。相邻面上相同高程等高线的交点就是所求交线上的点。用光滑曲线分别连接各点，即为所求的坡面交线。

③ 画出各坡面的示坡线。

11.3.2 同坡曲面

如图 11.17 （a）所示为一段倾斜的弯曲道路，两侧曲面上任何地方的坡度都是相同的，这种曲面称为同坡曲面。正圆锥面上的每一条素线的坡度均相等，所以正圆锥面是同坡曲面的特殊情况。

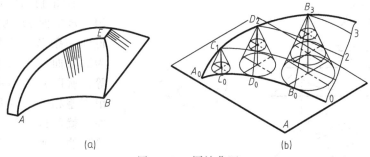

图 11.17 同坡曲面

如图 11.17 （b）所示，一正圆锥面定点沿着一条空间曲导线运动，运动时圆锥的轴线始终垂直于水平面，则所有的正圆锥面的包络曲面为同坡曲面。曲面的坡度就等于运动正圆锥的坡度。

运动正圆锥在任何位置时，同坡曲面都与它相切，其切线即是运动正圆锥的素线，同时又是同坡曲面的坡度线。如果用一水平面同时截割运动圆锥和同坡曲面，所得两条截交线一定相切。同坡曲面上每条坡度线的坡度都相等，所以同坡曲线的等高线为等距曲线。当高差相等时，它们的间距也相等，由此得出同坡曲面上等高线的作图方法。

【例 11.10】 设地面是标高为 16m 的水平面，有一条弯曲的斜引道与顶面标高为 20m 的平台相连，所有填筑坡面的坡度都是 1：1，求作坡脚线与坡面交线。如图 11.18 所示。

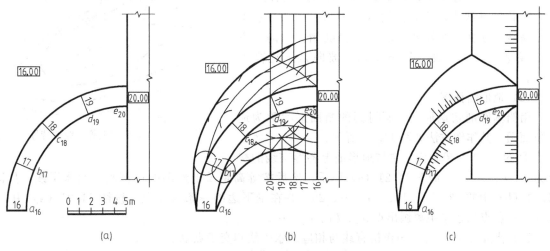

图 11.18 求作坡脚线与坡面交线

作图 ① 定出曲导线上的整数标高点。分别以弯曲道路两边线为导线，在导线上取整数标高点作为运动正圆锥的锥顶位置。

② 根据 $i=1:1$，得出平距 $l=1m$。

③ 作各正圆锥的等高线。以锥顶整数标高点为圆心，分别以 $R=l$、$2l$、$3l$、$4l$ 为半径画同心圆，得到各个圆锥面的等高线。

④ 作各个正圆锥面上同标高等高线的公切曲线，即为同坡曲线上的等高线。

⑤ 作出两侧同坡曲面与干道坡面的交线，连接两坡面上同标高等高线的交点，即为坡面交线。

11.3.3 地形面

(1) 地形等高线

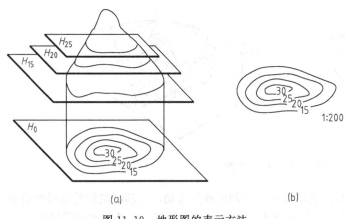

图 11.19 地形图的表示方法

如图 11.19（a）所示，假想用一水平面 H 截割小山丘，可以得到一条形状不规则的曲线，因为这条曲线上每个点的高程都相等，所以称为等高线。如果用一组高差相等的水平面截割地形曲面，就可以得到一组高程不同的等高线。画出这些等高线的水平投影，并注明每条等高线的高程和画图比例，就得到地形面的标高投影，这种图称为地形图，如图 11.19（b）所示。地形面上等高线高程数字的字头方向，宜朝高程增加的方向注写，或按右手法注写。为了便于等高线的高程识别，每 5 条地形等高线中的第 5 条称为计曲线，其标高值的尾数应是 10 的整数倍，用中粗实线绘制，其余用细实线绘制。

用这种方法表示地形面，能够看清楚地反映出地面的形状、地势的起伏变化以及坡向等。如图 11.20 中右方环状等高线中间高，四周低，表示一山头；右上角等高线较密集，平距小，表示地势陡峭；图的下方等高线平距较大，表示地势平坦，坡向是上边高下边低。

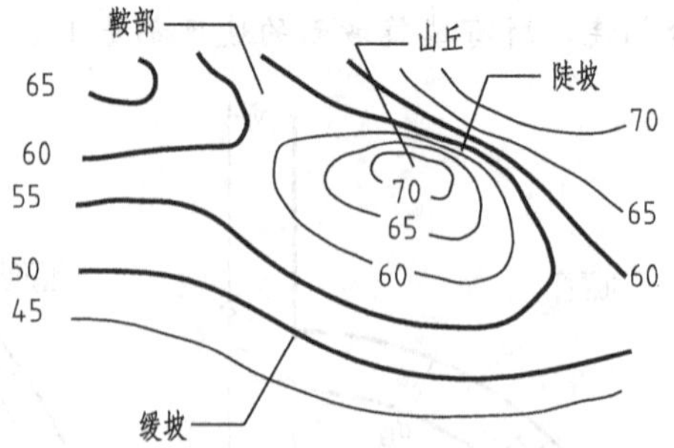

(2) 地形断面图

用铅垂面剖切地形面，所得到的断面形状称为地形断面图。其作图方法如图 11.21 所示。

① 过 1—1 作铅垂面，它与地形面上各等高线的交

图 11.20 地形图上等高线的特性

点为 a、b、c、…，如图 11.21（a）所示，然后按等高距及地形图的比例画一组水平线，如图 11.21（b）中的 13、14、15、16、…、20，并在最下边的一条直线上，按图 11.21（a）中 a、b、c、…各点的水平距离画出点 a_1、b_1、c_1、…。

② 自点 a_1、b_1、c_1、…作铅直线与相应的水平线相交于点 A、B、C、…。

③ 光滑连接点 A、B、C、…，并根据地质情况画上相应的剖面材料符号。注意：E、F 两

点按地形趋势连成曲线，不应连成直线。

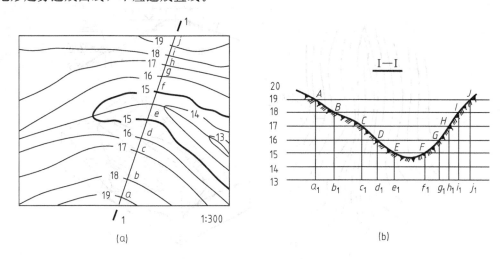

图 11.21　地形断面图

11.4　标高投影的应用

修建在地形面上的建筑物必然与地面产生交线，即坡脚线（或开挖线），建筑物本身相邻的坡面也会产生坡面交线。工程中常常需要求解土石方工程中的坡脚线（开挖线）和坡面交线，以便于在图样中表示坡面的空间位置、坡面间的相互关系和坡面的范围，或在工程造价预算中对挖（填）土方量进行计算。由于建筑物表面一般是平面或圆锥面，所以建筑物的坡面交线一般是直线和规则曲线，这些坡面交线可用前面所讲的方法求得，而建筑物上坡面与地形面的交线，即坡脚线（或开挖线）则是不规则曲线，需求出交线上一系列的点获得。求作一系列点的方法有两种。

① 等高线法。作出建筑物坡面上一系列的等高线，这些等高线与地形面上同高程等高线相交的交点，是坡脚线或开挖线上的点，依次连接即可。

② 断面法。用一组铅垂面剖切建筑物和地形面，在适当位置作出一组相应的断面图，这些断面图中坡面与地形面的交点就是坡脚线或开挖线上的点，把其画在标高投影图相应位置上，依次连接即可。

等高线法是常用的方法，只有当相交两面的等高线近乎平行，共有点不易求得时，才用断面法。

【例 11.11】　如图 11.22（a）所示为坝址处的地形图和土坝的坝轴线位置，如图 11.22（b）所示为土坝的最大横剖面，试完成该土坝的标高投影图。

分析　坝顶、马道以及上游坡面与地面都要产生交线即坡脚线，这些交线均为不规则的曲线，如图 11.22（c）所示。要作出这些交线，应首先在地形图上作出土坝坝顶和马道的投影，然后求出土坝各面上等高线与同高程地面等高线的交点，依次连接这些交点即得坡脚线的标高投影。

作图　① 画出坝顶和马道投影。因为坝顶的高程为 41m，所以应先在地形图上插入一条高程为 41m 的等高线（图中用虚线表示），根据坝轴线的位置与土坝最大剖面中的坝顶宽度，画出坝投影，其边界线应画到与地面高程为 41m 的等高线相交处，下游马道的投影是从坝顶靠下游

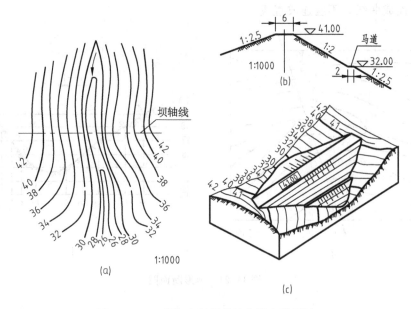

图 11.22　土坝标高投影的坡脚线和轴测图

坡面的轮廓线沿坡度线向下量 $L=\Delta Hl=(41-32)\times 2=18\text{m}$，作坝轴线的平行线即为马道的内边线，再量取马道的宽度，画出外边线，即得马道的投影。同理马道的边界线应画到与地面高为 32m 的等高线相交处，如图 11.23（a）所示。

　　② 求土坝的坡脚线。土坝的坝顶和马道是水平面，它们与地面的交线是地面上高程为 41m、32m 的一段等高线；上下游坝坡与地面的交线是不规则曲线，应先求出坝坡上的各等高线，找到与同高程地面等高线的交点，连点即得坡脚线，如图 11.23（a）所示。

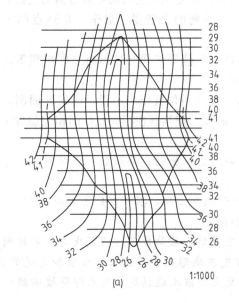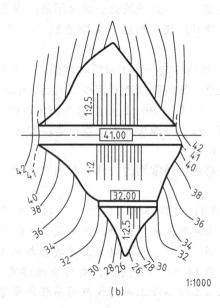

图 11.23　土坝标高投影

　　③ 画出坡面示坡线并标注各坡面坡度及水平面高程，即完成土坝的标高投影图。如图 11.23（b）所示。

④ 作 A—A 断面图。在适当位置作一直角坐标系，横轴表示各点水平距离，纵轴表示各点高程，将 A—A 剖切面与地形图和土坝各轮廓线的交点 1、2、3、⋯依次移到横轴上，并从各点作铅垂线，确定点Ⅰ、Ⅱ、Ⅲ、⋯的空间位置，连接各点（除Ⅲ点外）即得地形断面图，然后以Ⅲ点为基准再画出坝断面图，即为 A—A 断面图，如图 11.23（c）所示。

【例 11.12】 如图 11.24（a）所示，在地形面上修建一条道路，已知路面位置和道路填、挖方的标准断面图，试完成道路的标高投影图。

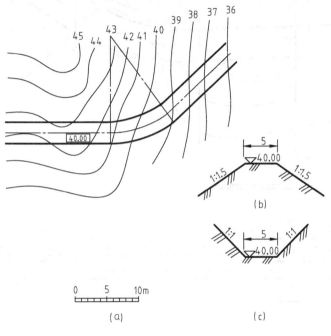

图 11.24 已知条件

分析 因该路面高程为 40m，所以地面高程高于 40m 的一端要挖方，低于 40m 的一端要填方，高程为 40m 的地形等高线是填、挖方分界线。道路两侧的直线段坡面为平面，其中间部分的弯道段边坡面为圆锥面，二者相切而连，无坡面交线。各坡面与地面的交线均为不规则的曲线。本例中西边有一段道路坡面上的等高线与地面上的部分等高线接近平行，不易求出共有点，这段交线用断面法来求作比较合适。其他处交线仍用等高线法求作（也可用断面法）。

作图 ① 求坡脚线。以高程为 40m 的地形等高线为界，填方两侧坡面包括一部分圆锥面和平面，根据填方坡度为 1：1.5，求出各坡面上高程为 39m、38m、37m、⋯的等高线，连接它们与同高程地面等高线的交点，即得填方边界线，如图 11.25（a）所示。

② 求开挖线。挖方两侧坡面包括一部分圆锥面和平面，根据挖方坡度 1：1，圆锥面部分的开挖线可用等高线法直接求得；平面部分的开挖线用地形剖面法来求，作图方法是：在道路左边每隔一段距离作一剖切面，如 A—A、B—B。如图 11.25（b）所示，在图纸的适当位置用与地形图相同的比例作一组与地面等高线对应的高程线 37m、38m、39m、⋯、44m，并定出道路中心线，然后以此为基线画出地形剖面图；并按道路标准断面图画出路面与边坡的剖面图，二者的交点即为挖方线上的点，将交点到中心线的距离返回到剖切面上，即得共有点投影，求出一系列共有点，连点即得开挖线。

③ 画出各坡面上的示坡线，加深完成作图，如图 11.25（c）所示。

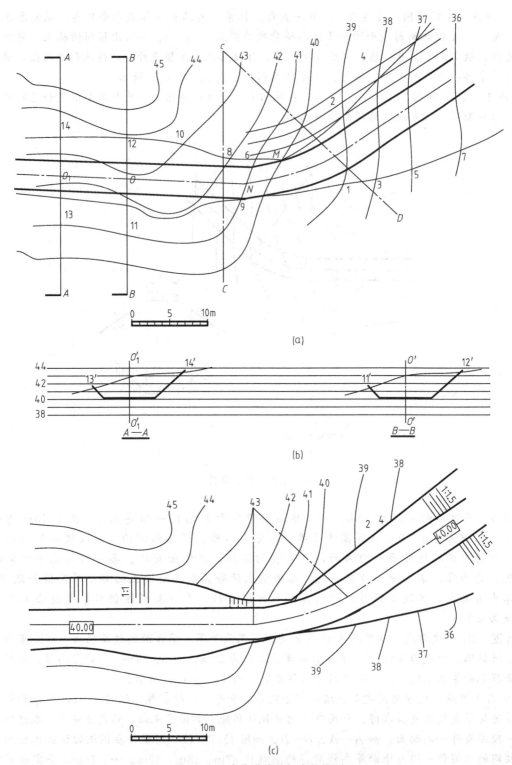

图 11.25　求作道路的标高投影图

【例 11.13】　在坡地上修建一高程为 21m 的水平场地，已知场地坡面坡度为 1 : 1，求场地左侧边界线、坡面与地面的交线，如图 11.26 (a) 所示。

分析　由于水平场地的高程为 21m，低于地面，为挖方。场地右侧边界为半圆，坡面是倒圆锥面。

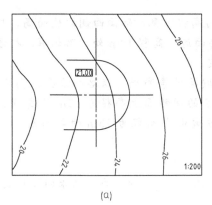
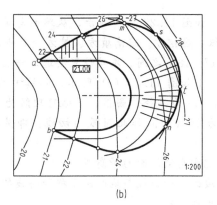

(a) (b)

图 11.26 场地的开挖线

场地前后两侧边界为与半圆相切的直线段，坡面是两个与倒圆锥面相切的平面，所以没有坡面交线。

作图 ① 场地为高程21m的水平面，左侧边界应该是地面上高程为21m的一段等高线。用插补法求得AB段即为场地的左侧边界线。

② 作出坡面上与地面等高线高程相应的等高线，由于地面上相邻等高线的高差是2m，因此坡面上的相邻等高线的高差也取2m，水平距离也是2m（坡度为1:1）。找出坡面上等高线与地面上同高程的交点，并连成光滑的曲线，即为所求的开挖线。

③ 坡面与地面上高程26m的两条等高线有两个交点M、N，而高程28m的两条等高线不相交。故在地面和圆锥面上各插补一条27m的等高线（虚线），求得S、T两点。

④ 画出示坡线。

【例 11.14】 在地面上修一条斜坡道，已知路面及路面上等高线的位置，并知填方、挖方的边坡为1:2，求各边坡与地面的交线，如图11.27（b）所示。

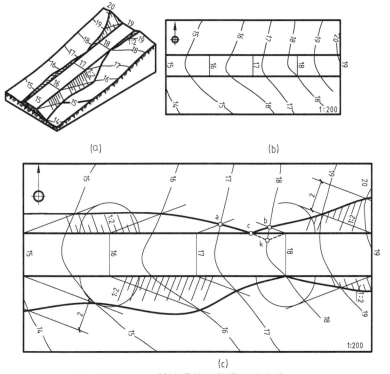

(a) (b)

(c)

图 11.27 斜坡道的开挖线和坡脚线

分析　如图 11.27（a）所示，从路面与地面的高程可见，路面西侧比地面高，应填方。东侧比地面低，应挖方。路南填方、挖方分界点在路面边缘高程 18m 处，路北填、挖方分界点大致在高程 17～18m 之间，准确位置要通过作图确定。

作图　①如图 11.27（c）所示，作填方两侧坡面的等高线。以路面边界上高程为 16m 的点为圆心，2m 为半径作圆弧，此弧可理解为 1∶2 的圆锥面上高程为 15m 的高程。自路面边界上高程为 15m 的点作此圆弧的切线，即为填方坡面上高程为 15m 的等高线，其余等高线类推。

② 作挖方两侧坡面的等高线。

③ 将坡面上等高线与地面同高程等高线的交点依次连接起来，即为所求的坡脚线和开挖线。

④ 画出示坡线。

第12章

房屋建筑图

▶▶

12.1 概述

将一幢房屋的内部大小、外部形状以及各部分的结构、构造、装修、设备等内容，按照国家标准的规定，用正投影方法详细准确地表达出来的图称为"房屋建筑图"。它是用以指导工程施工的图样，所以又称为"房屋施工图"。

12.1.1 房屋的组成

房屋建筑根据用途大致分为民用建筑和工业建筑，其基本的组成内容是相似的。如图 12.1 所示是某建筑的轴测示意图。

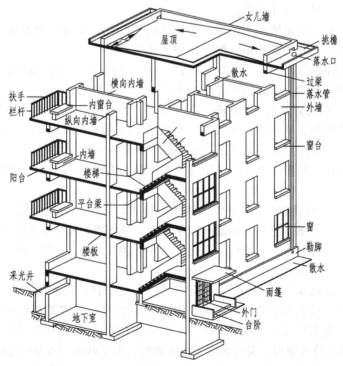

图 12.1 房屋的基本组成

楼房的第一层称为首层（或称一层或底层），往上数，称二层、三层、……顶层。房屋是由许多构配件和装修构造组成的，这些组成部分各有不同的作用。有些起着直接或间接地支承风、雪、人、物和房屋本身重量等荷载的作用，如基础、梁、柱、墙、楼板、屋面；有的起着防止风、沙、雨、雪和阳光的侵蚀或干扰的作用，如屋面、雨篷和外墙等；有的起着沟通房屋内外或上下交通的作用，如门、走廊、楼梯、台阶等；有的起着水平通风、采光的作用，如门窗等；有的起着排水的作用，如天沟、雨水管、散水、明沟等；有的起着保护墙身的作用，如勒脚、防潮层等。

12.1.2　施工图的产生及分类

房屋的建造一般需经设计和施工两个阶段，而房屋的设计一般分为初步设计和施工图设计。对一些技术上复杂而又缺乏设计经验的工程，初步设计之后还要经过技术设计再进行施工图设计。

（1）初步设计图

初步设计阶段提出方案，画出初步设计图，详细说明该建筑的平面布置、立面处理、结构选型等内容。它主要是用来研究设计方案、绘制初步设计图，内容比较简略。

① 初步设计图的内容包括总平面布置图、建筑平、立、剖面图。

② 初步设计图的表现方法、绘图原理及方法与施工图一样，只是图样的数量和深度（包括表达的内容及尺寸）有较大的区别；同时，初步设计图图面布置可以灵活些，图样的表现方法可以多样些，例如可画上阴影、透视、配景，或用色彩渲染等，以加强图面效果，表示建筑物竣工后的外貌，以便比较和审查。必要时还可做出小比例的模型来表达。

（2）施工图

施工图设计是为了修改和完善初步设计，以符合施工的需要。施工图是直接用来指导施工建造的图样，要求表达详尽，尺寸齐全。

施工图为施工安装、编制施工图预算、安排材料和设备及非标准构配件的制作提供完整的、正确的图纸依据。一套完整的施工图一般包括如下几类。

① 首页图，包括图纸目录及工程的总说明，一般应包括施工图的设计依据、设计标准、施工要求等。对于简单的工程，可分别在各专业图纸上写成文字说明。

② 建筑施工图（简称建施），主要表示建筑物的内部布置、外部形状及装修、施工要求等。基本图纸有建筑总平面图、平面图、立面图、剖面图和构造详图（如墙身详图等）。

③ 结构施工图（简称结施），主要表示建筑物承重结构的布置、构件的类型、大小及内部构造的作法等。基本图纸有基础平面图、楼层结构平面图、屋面结构平面图及构件详图（如基础、板、梁）等。

④ 设备施工图（简称设施），主要表示给水、排水、采暖、通风、电气等管线的布置、构造、安装要求等。基本图纸有各种管线的布置平面图、系统图、构造和安装详图。

一套完整的施工图需要建筑、结构、设备三大专业相互配合，表达一致。

（3）阅读施工图的步骤

一套完整的施工图纸简单的有几张，复杂的可能有上千张，在翻阅图纸时需要从哪入手呢？首先，根据图纸目录，检查和了解图纸的类别及张数。如有缺损或需用标准图和重复利用旧图时，应及时配齐。检查无缺后，按目录顺序（一般是按"建施""结施""设施"的顺序排列）通读一遍，对工程对象的建设地点、周围环境、建筑物的大小及形状、结构型式和建筑关键部位等情况有一个大概的了解。然后，负责不同专业（或工种）的技术人员，根据不同要求，重点深入阅读不同类别的图纸。阅读时，应按先整体后局部，先文字后图样，先图形后尺寸等原则依次仔细阅读。同时应特别注意各类图纸之间的联系，以避免发生矛盾而造成质量事故和经济损失。

本章将列出一般的民用房屋和工业厂房建筑施工图中较主要的图纸，以作参考。因版面大小的原因各插图都缩小了，但图中仍注上原来的比例和尺寸。

12.1.3 房屋建筑图相关的国家标准

我国制定了《房屋建筑制图统一标准》（GB/T 50001—2010）、《建筑制图标准》（GB/T 50104—2010）、《总图制图标准》（GB/T 50103—2010）、《建筑结构制图标准》（GB/T 50105—2010）等标准图集，目的是为了保证房屋建筑图的画法、内容及格式等能够统一，便于阅读和交流。下述有关施工图的规定都是依据标准制图图集。

（1）比例

房屋建筑图一般采用较小的绘图比例。每个视图所用的比例，需注写在视图的下面。总平面图常用的比例有：1∶500、1∶1000、1∶2000；平面图、立面图、剖面图常用的比例有：1∶50、1∶100、1∶200；详图常用的比例有：1∶1、1∶2、1∶6、1∶10、1∶20。

（2）图线

房屋建筑图常用的线型有实线、虚线、点画线、折断线、双点画线和波浪线。其中实线、虚线、点画线又分为粗、中粗、细三种，即粗线、中粗线、细线三种，线宽之比为 4∶2∶1，见表12.1。粗线的宽度代号为 b，它应根据图的复杂程度及比例大小，从下面线宽系列中选取：0.13mm、0.18mm、0.25mm、0.35mm、0.5mm、0.7mm、1.0mm、1.4mm。

表 12.1　图线的线型、线宽及用途

名称	线宽	一般用途
粗实线	b	主要可见轮廓线 平面图、剖面图及详图中被剖切的主要轮廓线；立面图中的外轮廓线及构配件详图中的可见轮廓线；剖切线等
中实线	$0.5b$	可见轮廓线 平面图、剖面图及详图中建筑物构配件的轮廓线；平面图、剖面图中被剖切到的次要建筑构造的轮廓线；构配件详图中的一般轮廓线
细实线	$0.25b$	尺寸界线、尺寸线、索引符号的圆圈、引出线、图例线、标高符号线、重合断面的轮廓线、较小图形中的中心线、钢筋混凝土构件详图的构件轮廓线等
粗虚线	b	新建的各种给水排水管道线，总平面图或运输图中的地下建筑物或地下构筑物等
中虚线	$0.5b$	需要画出的不可见轮廓线、建筑平面图中运输装置（例如桥式吊车）的外轮廓线、原有的给水排水管线、拟扩建的建筑物轮廓线等
细虚线	$0.25b$	不可见轮廓线、图例线等
粗点画线	b	结构图中梁或构件的位置线、平面图中起重机轨道线等
细点画线	$0.25b$	中心线、对称线、定位轴线等
粗双点画线	b	预应力钢筋线等
中粗双点画线	$0.5b$	见有关专业制图标准
细双点画线	$0.25b$	假想轮廓线、成型以前的原始轮廓线
折断线	$0.25b$	断开界线
波浪线	$0.25b$	断开界线、构造层次的断开界线
加粗的粗实线	$1.4b$	路线工程图中的设计线路、剖切位置的线段等

（3）常用符号

施工图中，为读图方便，国标还规定了许多标注符号。

① 定位轴线。确定建筑承重构件（如梁、柱、墙等）位置的轴线叫定位轴线，各承重构件均需标注纵横两个方向的定位轴线。次要构件或非承重的隔墙一般以附加轴线定位。

定位轴线采用细点画线表示，轴线编号的圆圈用细实线绘制，直径一般为 8~10mm，在圆圈内写上编号。在平面图上，横向的编号应采用阿拉伯数字，从左向右依次编写。竖向的编号，应用大写拉丁字母自下而上顺次编写。字母中的 I、O 及 Z 三个字母不得用作轴线编号。

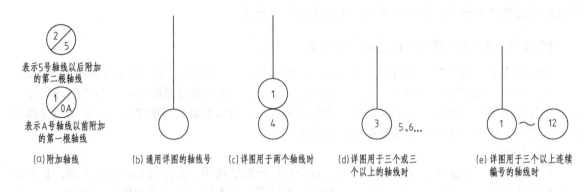

图 12.2　定位轴线

附加轴线的编号用分数表示。分母表示前一轴线或后一轴线的编号，分子表示附加轴线的编号，用阿拉伯数字顺序编写，如图 12.2（a）所示。

如一个详图适用于几个轴线时，应同时将各有关轴线的编号注明，如图 12.2（c）、（d）、（e）所示。定位轴线也可采用分区编号，其注写形式可参照国标有关规定。

② 索引符号及详图符号。图样中的某一局部或构件需另见详图时，常用索引符号注明画出详图的位置、详图的编号以及详图所在的图纸编号。

索引符号用一引出线指出要画详图的地方，在线的另一端画一细实线圆，其直径为 10mm。引出线应对准圆心，圆内过圆心画一水平线，上半圆中用阿拉伯数字注明该详图的编号，下半圆中用阿拉伯数字注明该详图所在图纸的编号，如图 12.3（a）所示。如详图与被索引的图样同在一张图纸内，则在下半圆中间画一水平细实线，如图 12.3（b）所示。索引出的详图，如采用标准图，应在索引符号水平直径的延长线上加注该标准图册的编号，如图 12.3（c）所示。

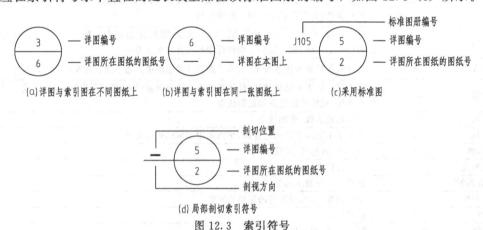

图 12.3　索引符号

索引符号如用于索引剖视详图，应在被剖切的部位绘制剖切位置线，并以引出线引出索引符号，引出线所在的一侧为投射方向，如图 12.3（d）所示。

详图符号表示详图的位置和编号，用一粗实线圆绘制，直径为 14mm。详图与被索引的图样同在一张图纸内时，应在符号内用阿拉伯数字注明详图编号，如图 12.4（a）所示。如不在同一张图纸内，可用细实线在符号内画一水平直径，在上半圆中注明详图编号，在下半圆中注明被索引图纸的编号，如图 12.4（b）所示。

零件、钢筋、杆件、设备等的编号应用阿拉伯数字按顺序编写，并应以直径为 4～6mm 的细实线圆绘制，如图 12.5 所示。

③ 指北针。指北针的外圆用细实线绘制，圆的直径宜为 24mm。指针尖为正北方向，指针尾部宽度宜为 3mm。需用较大直径绘指北针时，指针尾部宽度宜为直径的 1/8。指针头部应注"北"或"N"字。如图 12.6 所示。

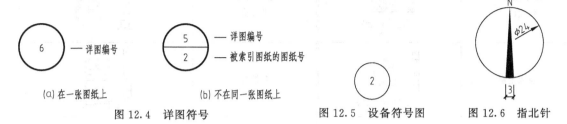

(a) 在一张图纸上　　　　　　(b) 不在同一张图纸上

图 12.4　详图符号　　　　　　图 12.5　设备符号图　　　图 12.6　指北针

（4）常用图例

施工图中含有大量的图例。由于房屋的构、配件和材料种类较多，为作图简便起见，国标规定了一系列的图形符号来代表建筑构配件、卫生设备、建筑材料等，这种图形符号称为图例。

① 门窗图例。国标所规定的各种常用门窗图例，见表 12.2（包括门窗的立面和剖面图例）。门的代号是 M，窗的代号是 C。在代号后面写上编号，如 M1、M2、……和 C1、C2、……等。同一编号表示同一类型的门窗，它们的构造和尺寸都一样。在平面图上表示不出的门窗编号，应在立面图上标注。从所写的编号可知门窗共有多少种。一般情况下，在首页图或在与平面图同页图纸上，附有门窗表，表中列出了门窗的编号、名称、尺寸、数量及其所选标准图集的编号等内容。

门窗立面图例上的斜线，表示门窗扇开关方向（一般在门窗详图中表示）。其中实线表示外开，虚线表示内开，斜线相交一侧是安装合页的一侧。在各门窗立面图例之下方为平面图，左方为剖面图（当图样比例较小时，中间的窗线可用单粗实线表示）。

值得注意的是，门窗虽然用图例表示，但门窗洞的大小及其形式仍按投影关系画出。如窗洞有凸出的窗台时，应在窗的图例上画出窗台的投影。门窗立面图例按实际情况绘制。图例中的高窗，是指在剖切平面以上的窗，按投影关系它是不应画出的，但为了表示其位置，往往在与它同一层的平面图上用虚线表示。

② 常用建筑材料图例。为区分形体的空腔和实体，剖面图的断面应画出材料图例，同时表明建筑物是用什么材料建成的。材料图例按国家标准《房屋建筑制图统一标准》规定绘制，见本书第 1 章表 1.4。

（5）尺寸

房屋建筑图中，使用的度量单位有 mm 和 m 两种。在总平面图、立面图或剖面图中的标高用 m（米）来标注，并附加标高符号。其他尺寸单位一律采用 mm（毫米）。在房屋建筑图中进行尺寸标注时应执行相关的国家标准。

表 12.2　门窗图例

名称	图例	名称	图例
单扇门（平开或单面弹簧）		卷门	
双扇门（平开或单面弹簧）		单扇双面弹簧门	

名称	图例	名称	图例
双扇双面弹簧门	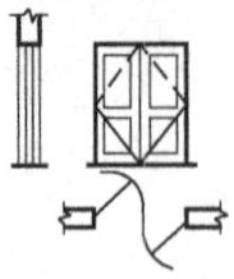	双层内开平开窗	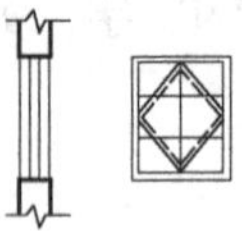
单层固定窗	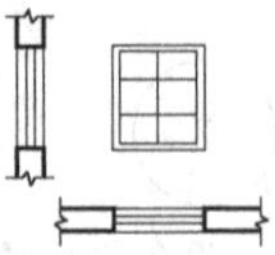	左右推拉窗	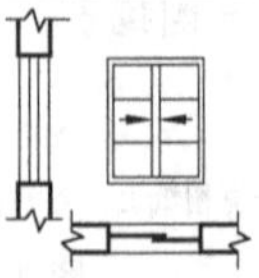
单层外开平开窗	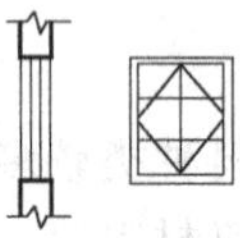	上推窗	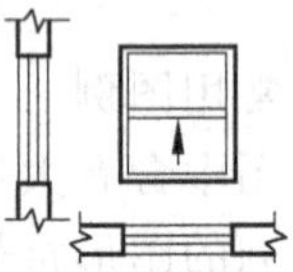

12.2 建筑总平面图

12.2.1 图示方法及作用

将拟建工程四周一定范围内的新建、拟建、原有和将拆除的建筑物、构筑物连同其周围的地形地物状况，用水平投影方法和相应的图例画出的图样，称为建筑总平面图。建筑总平面图不仅是施工放样的重要依据，也是房屋及其他设施施工的定位、土方施工以及绘制水、暖、电等管线总平面图和施工总平面图的依据。

12.2.2 图示内容

（1）比例

总平面图所表示的范围较大，所以绘制时采用较小的比例，如 1∶2000、1∶1000、1∶500 等。

（2）图例与线型

由于总平面图绘图比例较小，图中房屋、道路、绿化、桥梁边坡、围墙等均用图例表示。常用图例见表 12.3。在较复杂的总平面图中，若用到一些国家标准没有规定的图例，必须在图中另加说明。

表 12.3　总平面图中常用图例

名称	图例	说　　明
新建的建筑物	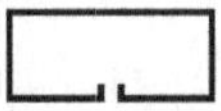	① 用粗实线表示,可以不画出入口; ② 需要时,可在右上角以点数或数字表示层数; ③ 高层宜用数字表示层数
原有的建筑物	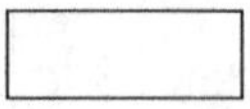	① 在设计图中拟利用者,均应编号说明; ② 用细实线表示
计划扩建的预留地或建筑物		用中虚线表示
拟拆除的建筑物	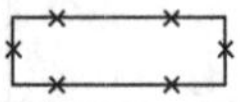	用细实线表示

续表

名称	图例	说　明
围墙及大门	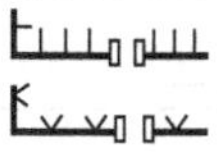	上图表示砖石、混凝土或金属材料围墙； 下图表示镀锌铁丝网、篱笆等围墙； 如仅表示围墙时不画大门
坐标	 X105.00 Y425.00 A131.51 B278.25	上图表示测量坐标，下图表示施工坐标
挡土墙		被挡的土在"突出"的一侧

（3）标高

标高分绝对标高和相对标高。①绝对标高，是指以我国青岛市外的黄海平均海平面作为零点而测定的高度尺寸，以 m 为单位。房屋底层室内地面的标高是根据拟建房屋所在位置地面等高线的标高，并估算到填挖土方基本平衡而决定。如果图上没有等高线，可根据原有房屋或道路的标高来确定。②相对标高以建筑物的首层室内主要房间的地面为零点（±0.000），表示某处距首层地面的高度。总平面图中标高的数值应为绝对标高，如标注相对标高，则应注明相对标高与绝对标高的换算关系，或者在施工说明中注明。注意室内外地坪标高标注符号的不同。

（4）定位及层数

新建房屋的具体位置，一般是通过原有房屋或道路来定位，标注出以 m 为单位的定位尺寸，精确至小数点后两位。对于较大的工程，往往标注出测量坐标网或施工坐标网，用坐标来定位。测量坐标网是以细实线画出交叉十字坐标网格，坐标代号为"X""Y"；施工坐标网画成网格通线，代号为"A""B"。起伏较大的地形用等高线来表示。新建房屋的层数通过其图例右上角的数字或点数来表示。

（5）指北针或风玫瑰图

根据指北针可知新建建筑物的朝向。

风玫瑰图即风向频率玫瑰图，可了解新建建筑房屋地区常年的主导风向及夏季风主导风向。风玫瑰图一般画出 12 个或 16 个方向的长短线来表示该地区常年的风向频率。它是根据该地区多年平均统计的各个方位上风向次数的百分率，将端点到中心的距离按比例绘制而成的，其中粗实线范围表示全年风向频率，距坐标原点最远的风向表示吹风频率最高，称为全年主导风向；细虚线范围表示夏季风向频率，如图 12.7 所示。

（6）周围地形地物和绿化

水、电、暖等管线及绿化布置情况。

（7）容积率、建筑密度

容积率是项目总建筑面积与总用地面积的比值，一般用小数表示。建筑密度是项目总占地基地面积与总用地面积的比值，一般用百分数表示。

上述内容不是对任何工程设计都缺一不可，而应根据具体工程和实际情况而定，对一些简单的工程，可不画出等高线、坐标网或绿化规划和管道的布置。

12.2.3　实例

图 12.7 是拟建的一幢办公楼的总平面图，绘图比例为 1∶500。图中用粗实线画的是拟建房屋的底层平面轮廓，其位置以已有建筑为基准，标注定位尺寸来定位。图中的 4F 表示房屋的层数是四层，也可以用小黑点数表示。其室内外地坪用标高来表示。

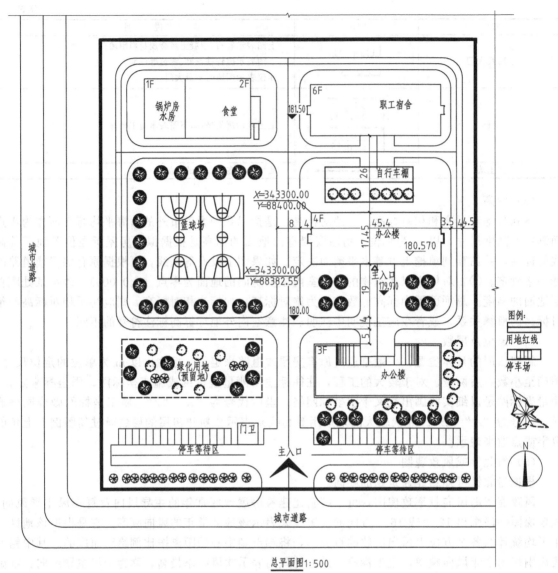

总平面图1:500

图 12.7 总平面图

拟建房屋周围的情况是用细实线画的已有房屋和道路。该房屋的西面是已有的道路，南面是原有办公楼，北面是职工宿舍。

通过指北针可以知道建筑物、构筑物等的朝向是坐北朝南；通过风玫瑰图还可以看出该地区的常年风向频率为西北风，夏季主要风向频率为东南风。拟建房屋周围的地形起伏不大，从北向南地势逐渐降低。

12.3 建筑平面图

12.3.1 建筑平面图的产生及作用

建筑平面图实际上是建筑物的水平剖面图（屋顶平面图除外），是假想用水平的剖切平面在窗台上方把整幢房屋剖开，移去上面部分，将剩下部分向水平面投影后得到的正投影图。它反映了建筑物的平面形状、水平方向各部分（如出入口、走廊、楼梯、房间、阳台等）的布置、门窗类型及位置、墙（或柱）的位置以及其他建筑构配件的位置和大小等。

原则上，多层房屋均应画出各层平面图，并注明相应图名。但当有些楼层的平面布置完全相同，或仅有局部不同时，则只需要画出一个共同的平面图（也称标准层平面图）。对于局部不同之处，只需另绘局部平面图。底层平面图和屋顶平面图必须另外画出。

12.3.2　建筑平面图的图示内容

建筑平面图上应表达剖切到的和投影方向可见的建筑构造、构配件以及必要的尺寸和标高，图示内容包括以下内容。

① 图名和比例。

② 水平和垂直方向的定位轴线及其编号。

③ 门窗的布置和类型。

④ 各房间的开间、进深、布局、名称，墙或柱的断面形状及尺寸。开间是指房屋在水平方向上轴线间的距离，进深是指房屋竖直方向上轴线间的距离。图形中尺寸包括外部尺寸和内部尺寸。

a. 外部尺寸。为便于读图和施工，一般在平面图的下方及左侧注写三道尺寸：

第一道尺寸，表示外轮廓的总尺寸，即指从一端外墙边（不是轴线）到另一端外墙边的总长和总宽尺寸；

第二道尺寸，表示轴线间的距离，用以说明房间的开间及进深的尺寸；

第三道尺寸，表示各细部的大小和位置，如门窗洞的宽度和位置、墙柱的大小和位置等，标注这道尺寸时，应与轴线联系起来。

另外，台阶（或坡道）、花池及散水等细部的尺寸，可单独标注。

三道尺寸线之间应留有适当距离，一般为7～10mm，但第三道尺寸线应离图形最外轮廓线10～15mm，以便注写尺寸数字。如果房屋前后或左右不对称，则平面图上四边都应注写尺寸。如有部分尺寸相同，另一部分不相同，可只注写不同的部分。如有些相同尺寸数量太多，可省略不注出，而在图形外用文字说明，如未注明墙厚尺寸均为240mm。

b. 内部尺寸。在平面图上应清晰地注写出有关的内部尺寸，说明房间的净空大小和室内的门窗洞、孔洞、墙厚和固定设施（例如厕所、盥洗室、工作台、搁板等）的大小和位置，同时应注出室内楼地面标高。楼地面标高是各房间的楼地面对标高零点（注写为±0.000）的相对高度，亦称相对标高。通常首层主要房间的地面定为标高零点。标高符号与总平面图中的室内地坪标高相同。

⑤ 楼梯的位置、形状、走向和级数。

⑥ 地下室、地坑、地沟、各种平台、阁楼（板）、检查孔、墙上留洞、高窗等位置尺寸与标高。如果是隐蔽的或在剖切面以上部位的内容，应用虚线表示，如高窗。

⑦ 详图索引符号，剖面图的剖切位置、方向及编号，指北针。

⑧ 卫生器具、水池、工作台、橱柜、隔断及重要设备位置。

⑨ 屋面平面图一般内容有：女儿墙、檐沟、屋面坡度、分水线与落水口、变形缝、楼梯间、水箱间、天窗、上人孔、消防梯及其他构筑物、索引符号等。

以上所列内容，可根据具体建筑物的实际情况进行取舍。

12.3.3　建筑平面图的识读

图12.8、图12.9、图12.10分别为某办公楼的一层平面图、二三层平面图和屋顶平面图。

现以图 12.8 为例，说明平面图的内容的识读方法。

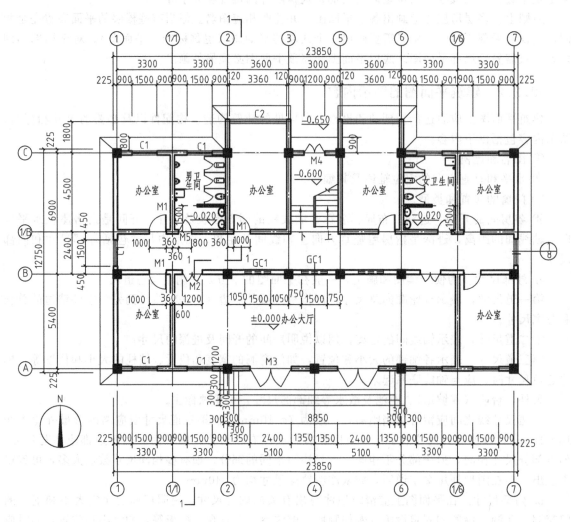

一层平面图 1:100

未注明墙体厚度均为240mm。

图 12.8　一层平面图

① 从图名可了解该图是首层平面图，比例是 1∶100。

② 在首层平面图左下角，画有一个指北针，说明房屋的朝向。从图中可知，本例房屋坐北朝南。

③ 从平面图的形状与总长、总宽尺寸，可计算出房屋的用地面积。

④ 从图中墙的分隔情况和房间的名称，可了解到房屋内部各房间的配置、用途、数量及其相互间的联系情况。

⑤ 从图中定位轴线的编号及其间距，可了解到各承重构件的位置及房间的大小。本例的横向轴线为①～⑦，纵向轴线为Ⓐ～Ⓒ。此房屋是框架结构，图中轴线上涂黑的部分是钢筋混凝土柱，填充墙体的定位用附加轴线。

⑥ 图中注有外部和内部尺寸。从各道尺寸的标注，可了解到房屋的总长、总宽，各房间的

开间、进深，门窗及室内设备的大小和位置等。

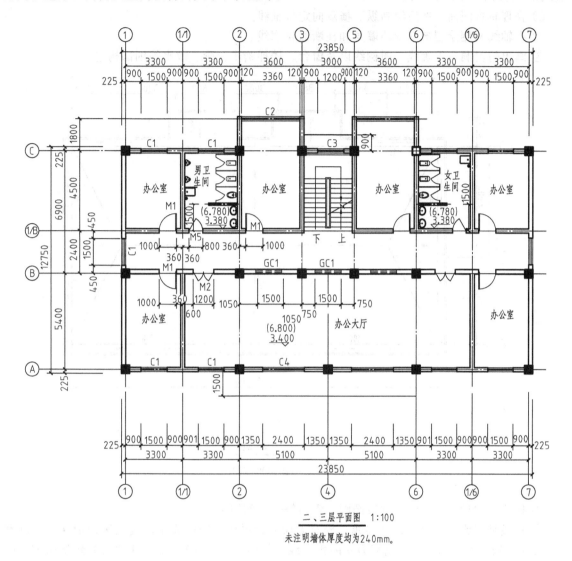

二、三层平面图 1:100

未注明墙体厚度均为240mm。

图 12.9 二三层平面图

图中厨房和卫生间地面标高是−0.020，表示该处地面比该层建筑标高低 20mm。

⑦ 从图中门窗的图例及其编号，可了解门窗的类型、数量及其位置。

⑧ 图中还可了解其他细部（如楼梯、搁板、墙洞和各种卫生设备等）的配置和位置情况。相关图例，可参看国标的有关介绍。

⑨ 图中还表示出室外台阶、散水和雨水管的大小与位置。有时散水（或排水沟）在平面图中只在转角处部分画出。

⑩ 在首层平面图中，还画出建筑剖面图的剖切符号和索引符号，以便与剖面图或详图对照查阅。

12.3.4 建筑平面图的作图步骤

绘制建筑平面图必须依照"国标"的相关规定，总体原则是由整体到局部，逐渐深化细化，其步骤一般如下（图 12.11）。

　　① 合理布置图面，然后绘制纵、横双向定位轴线。

　　② 在轴线两侧绘制被剖到的墙身和柱断面轮廓线。

　　③ 画出门窗洞口位置线、图例线以及窗台、楼梯踏步台阶、散水等细部构造。

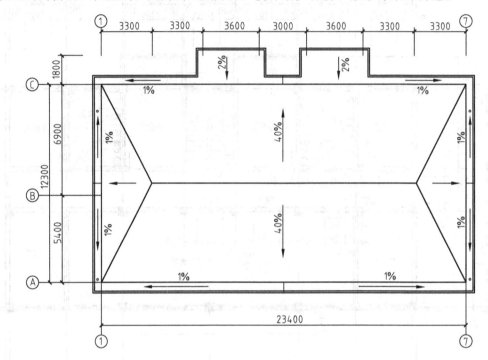

屋顶平面图　1:100

图 12.10　屋顶平面图

　　④ 标注指北针、尺寸线、轴线圆圈、索引符号及剖切符号等。

　　⑤ 稿线是用铅笔画出的轻细实线，校对无误后，再按不同的线型、线宽区别加深，被剖到的主要建筑构件的轮廓线，用线宽为 b 的粗实线（如墙身轮廓线）；被剖到的次要建筑构配件的图例，用线宽 $0.7b$ 的中粗实线（如门）。对未被剖到的楼梯、梯段等构配件的可见轮廓用细实线。

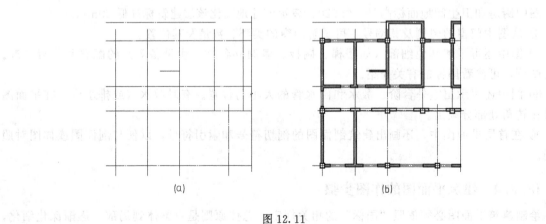

(a)　　　　　　　　　　　　　　(b)

图 12.11

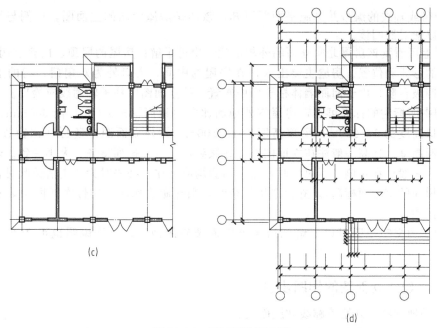

图 12.11 平面图作图步骤

12.4 建筑立面图

12.4.1 建筑立面图的产生及作用

建筑立面图是在平行于建筑物各方向外墙面的投影面上所作的正投影图，简称立面图。建筑立面图用来表示房屋的外部形状、主要部位高程及外墙面装饰要求等的图样。

房屋有多个立面，通常把房屋的主要出入口或反映房屋外貌主要特征的立面图称为正立面图，从而确定背立面图和左、右侧立面图。有时也可按房屋的朝向来确定立面图的名称，例如南立面图、北立面图、东立面图和西立面图。有定位轴线的建筑物，则按立面图两端的轴线编号来确定立面图的名称，如①～⑦立面图，如图 12.12 所示。如果房屋的东西立面布置完全对称，则可合用而取名东（西）立面图。

立面图上不平行于投影面的结构，如圆弧形、曲线形等，可将该部分展开到与投影面平行，再用正投影方法绘制出立面图，并在图名后加注"展开"字样。立面图上的门窗等细节，由于绘图比例较小，所以用图例表示。

12.4.2 建筑立面图的图示内容

从立面图上可以了解到以下内容。

① 图名、比例，通常采用和平面图相同的比例。

② 立面图两端的定位轴线及编号。

③ 房屋在室外地坪线以上的全部组成部分，门窗的形状、位置、开启方向，台阶、雨篷、屋顶、檐口、雨水管等的形状和位置。

④ 用图例或文字说明外墙面、勒脚、墙面引条线等的装饰材料、颜色及做法。

⑤ 外墙各主要部位的标高，一般只注写相对标高。包括室外地坪、台阶、窗台、雨篷、檐口及屋顶的高程，以及部分局部尺寸。

12.4.3 建筑立面图的识读

现以图 12.12①～⑦立面图为例，说明立面图的内容及其阅读方法。

① 从图名或轴线的编号并对照平面图可知，该图是房屋南向的立面图，比例与平面图一样（1∶100），以便对照阅读。

② 从图上可看到该房屋北向立面的外貌形状，也可了解该房屋的屋顶、门窗、雨篷、阳台、台阶等细部的形式和位置。房屋主要出入口在房屋的中间，入口处为双扇门，门的上方设有雨篷，其下有四级台阶。由于南面墙体柱子居中布置，故立面图中柱子轮廓线应绘出。

③ 从图中所标注的标高可知，房屋室外地面比室内地面（±0.000）低 600mm，屋面为同坡屋面，檐口高度为 10.200m，屋顶高度为 13.800m，另外立面图中还标注出窗顶窗底标高，由此可知窗洞高度。标高一般注在立面图外，并做到标高符号排列整齐、大小一致。若房屋立面左右对称时，一般注在左侧。不对称时，左右两侧均应标注。必要时为了更清楚起见，可标注在图内（如楼梯间的窗台面标高）。立面造型复杂时，细部做法标注在构件大样图中表示，应注意结合大样图读图。

④ 从图上的文字说明可以了解到房屋外墙面装修的做法，装修说明也可在首页图中列表详述。

12.4.4　建筑立面图的作图步骤

① 定室外地坪线、外墙轮廓线和屋面线。

② 定门窗位置，画细部，如檐口、门窗洞、窗台、雨篷、阳台、雨水管等。

③ 经检查无误后，擦去多余的作图线，按施工图的要求加深图线，画出轴线，少量门窗扇、墙面装饰分格；标注标高，写图名、比例及有关文字说明。为了加强图面效果，使外形清晰、重点突出和层次分明，在立面图上往往选用多种不同的线宽。习惯上屋面和外墙等最外轮廓线用粗实线（线宽为 b）；勒脚、窗台、门窗洞、檐口、阳台、雨篷、柱、台阶和花池等轮廓线用中实线（0.5b）；门窗扇、栏杆、雨水管和墙面分格线等均用细实线（0.25b）；地坪线用特粗实线，线宽可用 1.4b。完成后的立面图见图 12.12。

图 12.12　①～⑦立面图

建筑立面图作图步骤见图 12.13。

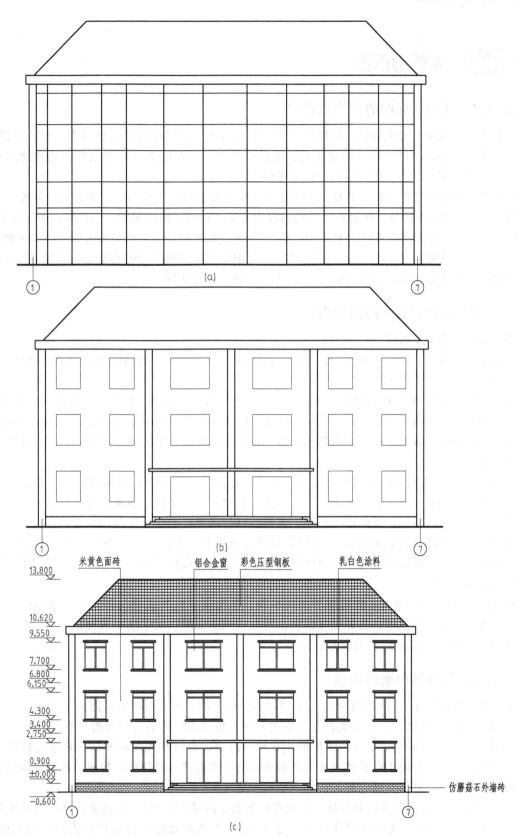

图 12.13 立面图作图步骤

12.5 建筑剖面图

12.5.1 建筑剖面图的产生及作用

假想用一个或多个铅垂剖切面将房屋剖开，所得的正投影图称为建筑剖面图，简称剖面图。剖面图是进行分层，砌筑内墙，铺设楼板、屋面板和楼梯以及内部装修的依据，是与建筑平面图、立面图相互配合以表示房屋全局的三大图样之一。

剖面图的数量将根据房屋的具体情况和施工实际需要而定。剖切面一般为横向，必要时也可为纵向。剖切位置应选择通过建筑物内部结构较为复杂的部位，如楼梯间、门窗洞、夹层等部位。多层房屋的剖面，应通过楼梯间或在层高不同、层数不同的部位。剖面图的图名编号应与平面图上所标注剖切符号的编号对应，如1—1剖面图、2—2剖面图等。剖面图中的断面，其材料图例、抹灰层面层线和地面面层线的表示原则及方法，与平面图的处理相同。

12.5.2 建筑剖面图的图示内容

建筑剖面图有如下内容。

① 图名、比例。一般与平面图一致，但是也可以采用较大比例，以便将图形表达得更清楚。

② 墙、柱及其定位轴线。

③ 室内外地坪、室内首层地面、地坑、地沟、各层楼面、顶棚、屋顶（包括檐口、女儿墙、隔热层或保温层、天窗、烟囱、水池等）、门窗、楼梯、阳台、雨篷、预留洞、墙裙、踢脚板、防潮层、室外地面、散水、排水沟及其他装修等剖切到和能见到的内容。习惯上，剖面图中不画出基础和大放脚。

④ 标出各部位完成面的标高和高度方向尺寸。标高尺寸包括室内外地面、各层楼面与楼梯平台、檐口或女儿墙顶面、高出屋面的水池顶面、烟囱顶面、楼梯间顶面、电梯间顶面等处完成面的标高。高度尺寸包括：外部尺寸的门、窗洞口（包括洞口上部和窗台）高度，层间高度及总高度（室外地面至檐口或女儿墙顶）。有时，后两部分尺寸可不标注。内部尺寸包括地坑深度和隔断、搁板、平台、墙裙及室内门、窗等的高度。注写标高及尺寸时，注意与立面图和平面图相应部分的尺寸相一致。

⑤ 楼、地面各层构造，一般可用引出线说明。引出线指向所说明的部位，并按其构造的层次顺序，逐层加以文字说明。若另画有详图，可在详图中说明，也可统一说明。

⑥ 画出需画详图之处的索引符号。

12.5.3 建筑剖面图的识读

现以本章实例的1—1剖面图为例（图12.14），说明剖面图的内容及其阅读方法。

① 从剖切位置可知，1—1剖面图是从右向左进行投射所得的横向剖面图（图12.8）。

② 图中画出房屋地面至屋面的结构形式和构造内容。对照平面图可知，该房屋是钢筋混凝土框架结构，由垂直方向承重构件（柱）和水平方向承重构件（梁和板）构成。根据楼地面和屋面的构造说明索引，可以查阅它们各自的详细构造情况。

③ 图中标注的标高都是相对标高。首层室内地面标高是±0.000，二层楼面和三层楼面标高分别是3.400和6.800，说明楼层高度都是3.400m。室外地面标高比首层室内地面低600mm（650 mm）。图中标注了窗台和门窗洞的高度尺寸。

④ 从图中标注的屋面坡度可知，该处为双向排水屋面，其坡度为 25%。

12.5.4　建筑剖面图的作图步骤

剖面图的图线要求与平面图相同。完成后的剖面图如图 12.14 所示。

建筑剖面图的画图步骤如图 12.15 所示。

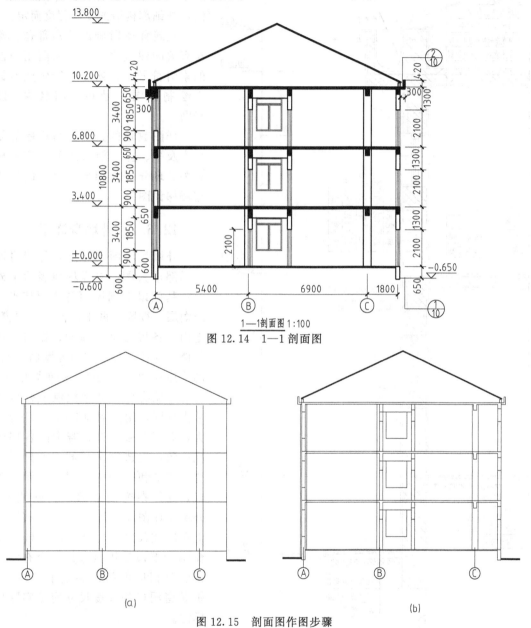

1—1剖面图 1:100

图 12.14　1—1 剖面图

(a)

(b)

图 12.15　剖面图作图步骤

12.6　建筑详图

12.6.1　建筑详图的产生及作用

在施工图中，对房屋的细部或构配件用较大的比例（如 1:20、1:10、1:5、1:2、1:1

等）将其形状、大小、材料和做法等，按正投影的方法，详细而准确地画出来的图样，称为建筑详图，简称详图。详图也称大样图或节点图。

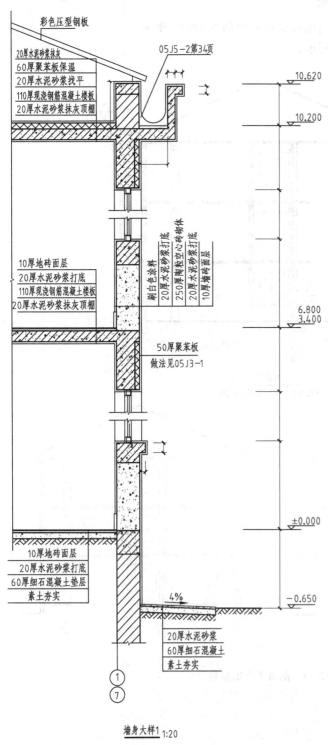

彩色压型钢板
20厚水泥砂浆抹灰
60厚聚苯板保温
20厚水泥砂浆找平
110厚现浇钢筋混凝土楼板
20厚水泥砂浆抹灰顶棚

05J5-2第34页

10.620

10.200

10厚地砖面层
20厚水泥砂浆打底
110厚现浇钢筋混凝土楼板
20厚水泥砂浆抹灰顶棚

刷白色涂料
20厚水泥砂浆打底
250厚陶粒空心砖砌体
20厚水泥砂浆打底
10厚瓷砖面层

6.800
3.400

50厚聚苯板
做法见05J3-1

10厚地砖面层
20厚水泥砂浆打底
60厚细石混凝土垫层
素土夯实

±0.000

4%

-0.650

20厚水泥砂浆
60厚细石混凝土
素土夯实

①
⑦

墙身大样1:20

图12.16 外墙身详图

因比例较大，须画出材料图例。

建筑详图是建筑平、立、剖面图的补充，其特点是比例大、尺寸齐全、文字说明较全面详细。详图的图示方法，视细部构造的复杂程度而定。

建筑详图所画的节点部位，除应在有关的建筑平、立、剖面图中注出的索引符号外，还需在所画建筑详图上绘制详图符号和详图名称，以便查阅。

详图数量的选择，与房屋的复杂程度及平、立、剖面图的内容及比例有关。现分别介绍外墙身、门窗详图与楼梯详图。

12.6.2 外墙身详图

外墙身详图实际上是外墙身剖面的局部放大图，它详尽地表示了外墙身从基础以上到屋顶各主要节点（如防潮层、勒脚、散水、窗台、门窗顶、地面、各层楼面、屋面、檐口、楼板与墙的连接，外墙的内外墙面装饰等）的构造和做法，是施工的重要依据。

外墙身详图通常绘制成外墙剖面节点详图，用比例为1：20。因比例较大，对于多层房屋，若中间各层的情况一致，构造完全相同，可只画出底层、顶层和一个中间层来表示。画图时，往往在窗洞中部以折断线断开，外墙身详图成为几个节点详图的组合。但在标注尺寸时，标高应在楼面和门窗洞上下口处用括号加注没有画出的楼层及相应的门窗洞上下口的标高，折断窗洞口的高度尺寸应按实际尺寸标注。

有时，也可不画整个墙身的详图，而在建筑剖面图外墙上对各节点标注索引符号，将各个节点的详图分别单独绘制。外墙剖面详图的线型要求与建筑剖面图的线型要求基本相同，但现以图 12.16 所示的外墙剖面详图为例，说明外墙身详图所表达的内容和图示方法。

① 由详图的编号，对照图 12.17 相应的详图索引符号，可知该详图的位置和投射方向。图中注上轴线的两个编号，表示这个详图适用于①、⑦两个轴线的墙身。

② 在详图中，对屋面、楼层和地面的构造，采用多层构造说明方法来表示。

③ 上半部的详图为檐口部分。从图中可了解到屋面的承重层现浇钢筋混凝土板、砖砌女儿墙、屋面防水和保温的做法。

④ 中间部分的详图为中间楼面板、外墙部分。从图中可了解到楼面板顶棚及楼面的做法、外墙材料及保温的做法。

⑤ 下半部的详图为地面部分。从图中可了解到室内地面的做法和带有 4% 坡度的散水的做法。

12.6.3　门窗详图

门窗由门窗框、门窗扇组成，门窗详图包括门窗立面图、节点大样图、五金表和文字说明等。采用标准图集中的门窗型号时，不需另画详图，但需注明所选标准图集代号。

门窗立面图主要表示门窗的形式、开启方式、尺寸和详图索引符号等内容。用较大比例的节点详图表示门窗的截面、用料、安装位置、门窗扇与框的连接关系等。

12.6.4　楼梯详图

楼梯是多层房屋上下交通的重要设施，由楼梯段、平台和栏板（或栏杆）组成。楼梯段简称梯段，包括踏步和斜梁。平台包括平台板和平台梁。踏步的水平面称为踏面，竖直面称为踢面。楼梯详图主要表示楼梯的类型、结构形式、各部位的尺寸及做法，是楼梯施工放样的主要依据。

楼梯详图一般包括楼梯平面图、楼梯剖面图及踏步、栏板详图等。其中楼梯平面图和楼梯剖面图的比例要一致，常用 1:50。楼梯详图一般分建筑详图与结构详图，分别绘制，并分别编入"建施"和"结施"中；但当楼梯结构较简单时，也可将楼梯的建筑详图和结构详图合并绘制，编入"建施"和"结施"均可。

楼梯建筑详图的线型及表达方法与相应的建筑平面图和建筑剖面图相同。

下面介绍楼梯详图所表达的内容和图示方法。

（1）楼梯平面图

楼梯平面图也是用一假想水平剖切面沿窗台上方剖切，将剖切面以上部分移去，对剖切面以下部分所作的楼梯间的水平正投影图。它表明梯段的水平长度和宽度、各级踏面的宽度、休息平台的宽度和栏板（或栏杆）扶手的位置等的平面情况，如图 12.17 所示。

一般每层都应画出楼梯平面图，对于三层以上的房屋，若中间各层的楼梯形式、构造完全相同，往往只需画出底层、中间层（标准层）和顶层三个平面图即可。但在标准层平面图上应以括号形式加注省略各层相应部位的标高。

剖切平面位置除顶层在栏板（或栏杆）扶手以上外，其余各层均在该层上行第一跑楼梯平台下。各层被剖切到的梯段，剖切处应按国标规定，在平面图中用一根 45° 折断线表示，并用箭头配合文字"上"或"下"表示楼梯的上行或下行方向，同时注明该梯段的步级数。如图中所示"上 20"表示从该层往上经过 20 个步级可到达上一层，"下 20"表示从该层往下经过 20 个步级可到达下一层。应当注意的是 20 步是一层的总步数，而非一个梯段的步数。各层楼梯平面图中应标注楼梯间的轴线及其编号，底层平面图中还应注明楼梯剖面图的剖切位置及剖视方向。

楼梯平面图中的尺寸标注，应标注出楼梯轴线间尺寸、梯段的定位及宽度、踏步宽度、休息平台的宽度和栏板（或栏杆）扶手的位置等。如图 12.17 中轴线间尺寸 2400mm 和 5500mm，分别表示为楼梯间的开间和进深；休息平台宽度 1200mm，梯段宽度 1030mm（含扶手宽），梯井宽度 100mm；图中 9×300mm 表示为踏面数×踏面宽＝梯段长度。

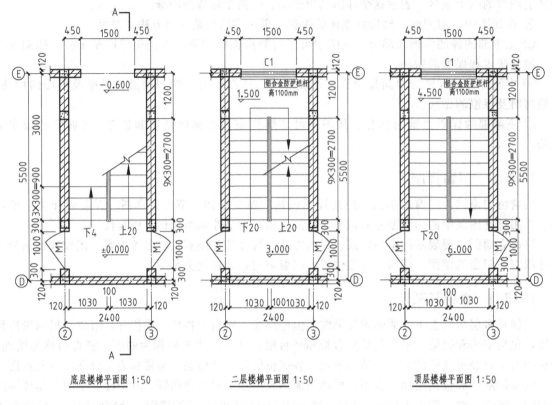

底层楼梯平面图 1:50   二层楼梯平面图 1:50   顶层楼梯平面图 1:50

图 12.17　楼梯平面

楼梯平面图中的标高，一般应注明地面、各层楼面及休息平台的标高，如图中±0.000、1.500、3.000、4.500、6.000。

底层平面图包括从±0.000 下至−0.600 的台阶和从±0.000 至 1.500 平台处的梯段，此梯段被剖切。顶层平面图没有剖切到梯段及栏板，因此可以看到两段完整的梯段及栏板的投影，图中还表明顶层护栏的位置，梯段处只有一个注有"下"字的长箭头。中间层平面图既有被剖切到的往上走的梯段（注有"上"字的长箭头），还有看到的该层往下走的梯段（注有"下"字的长箭头），休息平台及平台往下走的梯段，被剖切到的上行梯段和剖开后看到的下行梯段之间以 45°折断线为界。

在楼梯平面图中画出的踏面数总比步级数少一个，因为总有一个踏面借助了楼地面或休息平台面，即踏面数加 1 等于踏步数。

（2）楼梯剖面图

用一假想的铅垂剖切面沿梯段长度方向，通常通过第一跑梯段和门窗洞口，将楼梯间剖开，向未剖到的梯段方向投影，得到楼梯剖面图。楼梯剖面图能完整而清晰地反映楼层、梯段、平台、栏板等构造及其之间的相互关系，如图 12.18 所示。

在多层房屋中，若中间各层的楼梯构造完全相同时，楼梯剖面图可以只画出底层、中间层（标准层）和顶层的剖面，中间以折断线断开，但应在中间层以括号形式加注省略各层相应部位的标高。习惯上，若楼梯间的屋面无特殊之处，一般可折断不画。未被剖到的梯段，若被栏板遮挡而不可见时，其踏步可用虚线表示，也可不画，但仍应标注该梯段的步级数和高度尺寸。

图 12.18 即为图 12.17 的 A—A 剖面图，该楼梯为现浇钢筋混凝土双跑板式楼梯。图中表示

了梯段的数量、步级数、休息平台的位置、楼梯类型及其结构形式。

楼梯剖面图中的尺寸标注主要有轴线间尺寸、梯段、踏步、平台等尺寸。如图中轴线间尺寸5500mm，梯段高度方向尺寸用步级数×踢面高＝梯段高度（$10×150mm＝1500mm$）的方式标注，栏板的高度尺寸900mm，是指从踏面中间到扶手顶面的垂直高度为900mm。标高主要标注地面、各层楼面及休息平台等处的标高。

楼梯剖面图中应标注楼梯间的轴线及其编号，以及踏步、栏板、扶手等详图的索引符号。

（3）楼梯踏步、栏板、扶手详图

楼梯踏步、栏板、扶手等细部详图，表示它们的形式、大小、材料及构造等情况。对于图中的防滑条应从图中索引出，另绘详图。图12.19为楼梯踏步详图。

（4）绘制步骤

楼梯平面图的绘制步骤如图12.20所示。

首先画出楼梯间轴线、墙身线、门窗位置线，然后定出休息平台的宽度、梯段的长度和宽度，确定楼梯的位置，再绘制踏步，画出踏步线时应根据踏面数等于$n-1$（n为踢面数），将梯段长分为$n-1$等份，画出踏步线。

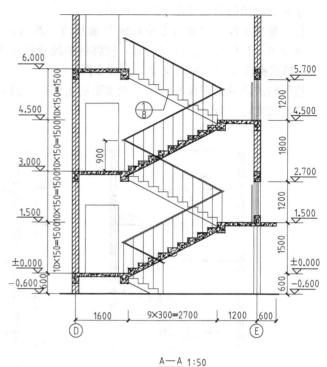

图12.18 楼梯剖面图

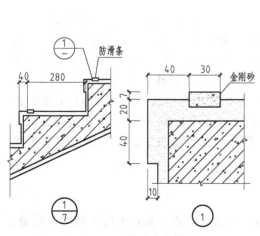

图12.19 楼梯踏步详图

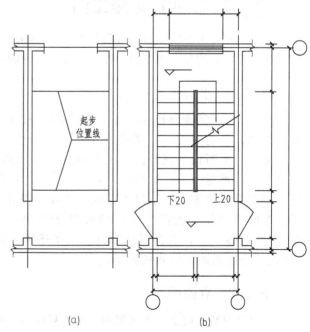

图12.20 楼梯平面图绘制步骤

楼梯剖面图的画法如图 12.21 所示。

首先根据进深尺寸画出定位轴线和墙身线,然后画出室内地面线和休息平台面及各层楼面线;再定出起步位置线。画梯段时,应将各梯段分格画出,水平方向分为 $n-1$ 格,高度方向分 n 格。最后标注尺寸,书写文字,完成全图。

绘图时应注意,楼梯平面图与剖面图的比例应一致,相应尺寸及标高应一致,扶手的坡度应与梯段的坡度相一致。

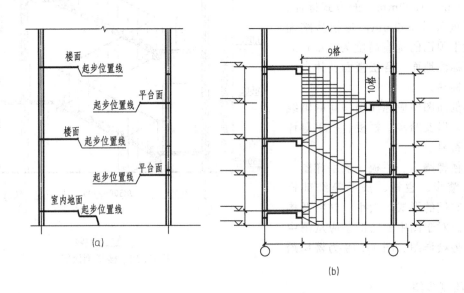

图 12.21　楼梯剖面图绘图步骤

12.7　工业厂房施工图

工业厂房施工图的图示原理和读图方法与民用房屋施工图一样,只是由于生产工艺条件不同,对工业厂房的要求也不同,在施工图上所反映的某些内容或图例符号也有些不同。

12.7.1　平面图

图 12.22 是某通用机械厂的机修车间。柱子轴线之间的距离为 6m,共 7 个开间,Ⓐ、Ⓓ轴线之间距离为 15m。建筑最外侧轴线通过柱子外侧表面和墙的内沿,如轴线①。车间柱子是工字形断面的钢筋混凝土牛腿柱。车间内设有一台桥式吊车。吊车用图例表示,注明吊车的起重量(5t)和轨距(13.5m)。室内两侧的粗单点长画线表示吊车轨道的位置,也是吊车梁的位置。上下吊车用的工作梯,设在②~③开间,其构造详图从 02J401 图集选用。车间四向各设大门一个,编号是 M3639(M 为门的代号,前"36"为门宽 3m,后"39"为门高 3m),选自图集 J646。为了运输方便,门入口处设置坡道。室外四周设置散水(只在厂房四角画出散水的投影)。

12.7.2　立面图

厂房围护墙上设上、下两层窗。图上只标出窗的顶面与底面标高。窗和大门的规格与数量,另见门窗表。

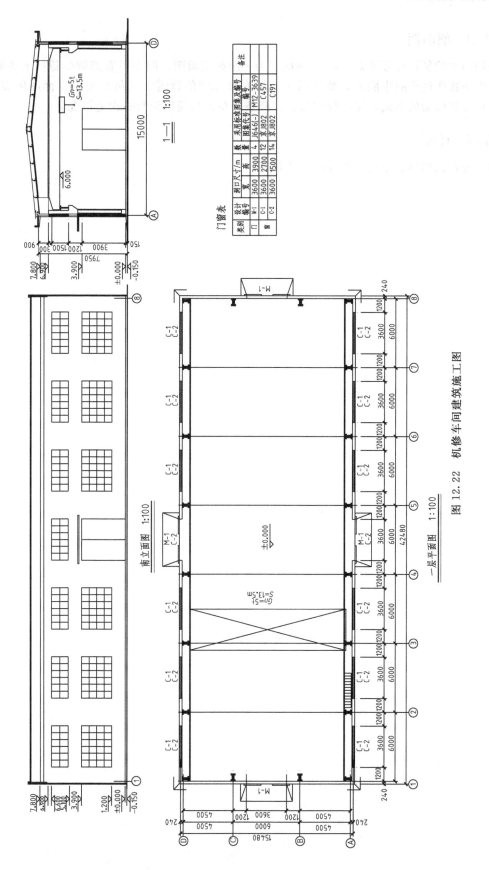

图 12. 22 机修车间建筑施工图

12.7.3　剖面图

从平面图中的剖切符号可知，1—1剖面图为一阶梯剖面图。图中可看到带牛腿柱子的侧面，T形吊车梁搁置在柱子的牛腿上，桥式吊车架设在吊车梁的轨道上（吊车是用立面图例表示）。从图中还可看到屋架的形式，屋面板的布置、檩条的布置和檐口天沟等构造情况。

12.7.4　详图

详图主要包括檐口、檐沟节点详图，此处略。

第13章

结构施工图

▶▶

13.1 概述

13.1.1 结构施工图简介

建筑实体的安全性需要建筑结构的支撑来保证，结构是实现建筑必需的技术条件。建筑结构是指由各种受力构件组成的结构系统，这些受力构件也称结构构件，如基础、梁、板、柱、墙、楼梯、屋架等，在建筑工程中起着承受荷载和传递荷载的作用。因此一幢建筑物的施工图除了进行建筑设计，还需进行结构设计。

结构设计是在建筑设计的基础上，根据建筑物的使用要求和作用在建筑构件上的荷载，选择合理的结构类型，进行结构布置，通过力学和结构计算，确定各构件的截面形状、大小、材料及构造。将结构设计的结果按国家制图标准绘制出来的图样，称为结构施工图，简称"结施"。结构施工图按《建筑结构制图标准》GB/T 50105—2010 绘制。结构施工图是进行构件制作、结构安装、指导施工、编制预算和施工进度等的重要依据。

结构施工图一般包括以下内容。

（1）结构设计总说明

结构设计总说明是带有全局性的文字说明，一般包括：主要设计依据（如地质条件、风雪荷载、抗震设防烈度等），选用结构材料的类型、规格，地基情况，选用的标准图集和通用图集，施工注意事项等。

（2）结构布置平面图

结构布置平面图一般包括基础平面图，楼、屋面结构布置平面图，吊车梁、连系梁及支撑系统布置图等。

（3）构件详图

构件详图一般包括基础结构详图，梁、板、柱详图，楼梯结构详图，屋面结构详图及其他构件详图。

13.1.2 结构施工图的一般规定

（1）常用构件代号

结构构件的种类较多，为方便绘制图样和识读图，国家标准规定了常用构件代号，表示方法是用构件名称的汉语拼音字母中的第一个字母及其组合，详见表 13.1。

（2）结构施工图的线型和比例

施工图样应根据复杂程度和比例大小，选用不同的线宽和线型。在《建筑结构制图标准》

中，对建筑结构施工图中选用的图线和比例作了规定。结构施工图的线型见表 13.2。

表 13.1 常用构件代号

序号	名称	代号	序号	名称	代号	序号	名称	代号
1	板	B	18	连系梁	LL	35	设备基础	SJ
2	屋面板	WB	19	基础梁	JL	36	桩	ZH
3	空心板	KB	20	楼梯梁	TL	37	挡土墙	DQ
4	槽形板	CB	21	框架梁	KL	38	地沟	DG
5	密肋板	MB	22	框支梁	KZL	39	柱间支撑	ZC
6	折板	ZB	23	屋面框架梁	WKL	40	垂直支撑	CC
7	楼梯板	TB	24	檩条	LT	41	水平支撑	SC
8	挡雨板或檐口板	YB	25	屋架	WJ	42	梯	T
9	盖板或沟盖板	GB	26	托架	TJ	43	梁垫	LD
10	墙板	QB	27	天窗架	CJ	44	阳台	YT
11	天沟板	TGB	28	框架	KJ	45	雨篷	YP
12	吊车安全走道板	DB	29	钢架	GJ	46	预埋件	M
13	梁	L	30	支架	ZJ	47	钢筋网	W
14	屋面梁	WL	31	柱	Z	48	钢筋骨架	G
15	吊车梁	DL	32	框架柱	KZ	49	基础	J
16	圈梁	QL	33	构造柱	GZ	50	暗柱	AZ
17	过梁	GL	34	承台	CT			

注：预应力钢筋混凝土构件代号，应在构件代号前加注"Y—"，如 Y—KB 表示预应力空心板。

表 13.2 结构施工图的线型

名称		线宽	一般用途
实线	粗	b	螺栓、主钢筋线、结构平面图中的单线结构构件线、钢木支撑及系杆线、图名下横线、剖切线
	中粗	$0.7b$	结构平面图及详图中剖到或可见的墙身轮廓线，基础轮廓线，钢、木结构轮廓线，钢筋线
	中	$0.5b$	结构平面图及详图中剖到或可见的墙身轮廓线、基础轮廓线、可见的钢筋混凝土构件轮廓线、钢筋线
	细	$0.25b$	尺寸线、标注引出线、标高符号线
虚线	粗	b	不可见的钢筋线、螺栓线，结构平面图中不可见的单线结构构件线及钢、木支撑线
	中粗	$0.7b$	结构平面图中不可见的构件、墙身轮廓线及钢、木构件轮廓线，不可见钢筋线
	中	$0.5b$	结构平面图中不可见的构件、墙身轮廓线及不可见钢、木结构构件线，不可见的钢筋线
	细	$0.25b$	基础平面图中的管沟轮廓线，不可见的钢筋混凝土构件轮廓线
单点长画线	粗	b	柱间支撑，垂直支撑，设备基础轴线图中的中心线
	细	$0.25b$	定位轴线、对称线、中心线
双点长画线	粗	b	预应力钢筋线
	细	$0.25b$	原有结构轮廓线

根据图样的用途，被绘物体的复杂程度，绘图时应选用表 13.3 中的常用比例，特殊情况下也可选用可用比例。当构件的纵、横向断面尺寸相差悬殊时，同一详图中的纵、横向可选用不同的比例绘制。轴线尺寸与构件尺寸也可选用不同的比例绘制，如钢屋架的绘制。

表 13.3 结构施工图的比例

图名	常用比例	可用比例
结构平面图、基础平面图	1∶50、1∶100、1∶150	1∶60、1∶200
圈梁平面图、总图中管沟、地下设施等	1∶200、1∶500	1∶300
配件及构件详图	1∶10、1∶20、1∶50	1∶5、1∶25、1∶30

13.2 钢筋混凝土结构的图示方法

13.2.1 钢筋混凝土结构基本知识

（1）钢筋混凝土简介

混凝土是由水泥、砂、石子和水按一定比例配合，经养护硬化后得到的一种人工建筑材料。混凝土按立方体抗压强度标准值的不同，分为C15、C20、C25、C30、C35、C40、C45、C50、C55、C60、C65、C70、C75、C80十四个强度等级。如混凝土强度等级为C30，表示混凝土的立方体抗压强度标准值为$30N/mm^2$，C表示混凝土，数字表示混凝土的抗压强度。混凝土的抗压强度较高，但抗拉强度较低，一般仅为抗压强度的$1/15\sim1/8$，容易因受拉而断裂，如图13.1（a）所示。

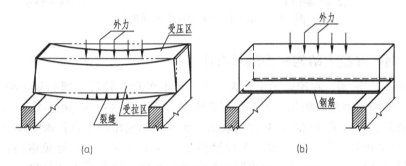

图13.1 梁的受力示意图

为提高混凝土构件的抗拉性能，常在混凝土构件的受拉区配置一定数量的钢筋，如图13.1（b）所示。钢筋不仅具有良好的抗拉强度，而且与混凝土有良好的黏结力，其热膨胀系数与混凝土相近。把混凝土和钢筋这两种材料组合成一体，使混凝土主要承受压力，钢筋主要承受拉力，就形成钢筋混凝土结构。用钢筋混凝土制成的梁、板、柱、基础等构件，称为钢筋混凝土构件。

（2）钢筋分类及作用

① 钢筋的种类。建筑用钢筋按其产品种类等级不同，分别用不同的直径符号表示，见表13.4。

表13.4 普通热轧钢筋的种类及符号

钢筋牌号	符号	热处理方式及外形
HPB300	Φ	热轧光圆钢筋
HRB335	Φ	普通热轧带肋钢筋
HRB400	Φ	普通热轧带肋钢筋
HRB500	Φ	普通热轧带肋钢筋
RRB400	Φ^R	余热处理带肋钢筋

② 钢筋的分类与作用。根据配置在构件中的钢筋所起作用的不同，可分为以下几种，如图13.2所示。

a. 受力筋——主要承受拉应力或压应力，用于梁、板、柱等各种混凝土构件中。根据形状不同，受力筋可分为直筋和弯起钢筋，其中弯起钢筋是在支座附近弯起的钢筋，弯起部分可以承受剪力。

b. 箍筋——主要承受剪力或扭矩，并用于固定受力筋的位置，多用于梁、柱等构件中。

c. 架立筋——主要用于固定梁内箍筋的位置，并与受力筋、箍筋共同构成钢筋骨架。

d. 分布筋——主要用于板内，与板的受力筋垂直布置，将承受的荷载均匀地传给受力筋并固定受力筋的位置，同时可抵抗热胀冷缩引起的温度变形。

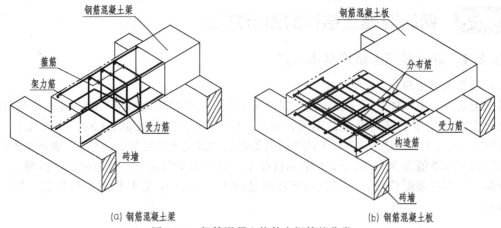

(a) 钢筋混凝土梁　　　　　　　　(b) 钢筋混凝土板

图 13.2　钢筋混凝土构件中钢筋的分类

13.2.2　钢筋混凝土结构构件图示方法

① 钢筋的图线与图例。在配筋图中，为了突出钢筋的配置情况，国标规定构件轮廓线用中或细实线绘制，图内不画材料图例；钢筋都用单线表示，钢筋的立面用粗实线表示，钢筋的断面用涂黑的圆点表示，不可见的钢筋用粗虚线表示，预应力钢筋用粗双点长画线表示。

② 钢筋的弯钩和保护层。为了加强光圆钢筋与混凝土的黏结力，避免钢筋在受拉时滑动，需要在其两端设置弯钩。带肋钢筋因与混凝土的黏结力较强，故两端不必弯钩。钢筋端部的弯钩常用两种形式：带有平直部分的半圆弯钩和直弯钩，如图 13.3（a）、（b）所示。箍筋两端也应弯钩，如图 13.3（c）所示。

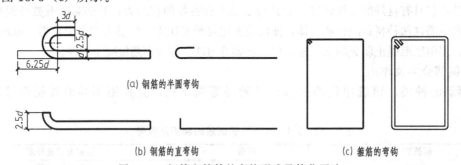

(a) 钢筋的半圆弯钩

(b) 钢筋的直弯钩　　　　　　　　(c) 箍筋的弯钩

图 13.3　钢筋和箍筋的弯钩形式及简化画法

在钢筋混凝土构件中，为了防止钢筋锈蚀，需要有一定厚度的混凝土作为保护层。最外层钢筋外边缘至构件表面的距离称为保护层。它可起到保护钢筋、防腐蚀、防火及增加钢筋与混凝土黏结力的作用。纵向受力的普通钢筋及预应力钢筋，其保护层厚度不应小于钢筋的公称直径，且符合依据构件所处的环境类别和混凝土强度等级所作的规定，可参照表 13.5。

表 13.5　钢筋混凝土构件保护层厚度　　　　　　单位：mm

环境类别	板、墙	梁、柱
一	15	20
二 a	20	25
二 b	25	35
三 a	30	40
三 b	40	50

③ 钢筋的标注方法。钢筋（或钢丝束）的标注应包括钢筋的编号、数量或间距、代号、直径及所在位置，通常沿钢筋的长度方向标注或标注在相关钢筋的引出线上。梁、柱的箍筋和板的分布筋，一般应注出间距，不注数量。简单的构件，钢筋可不编号。具体标注方式见图 13.4。

④ 钢筋的尺寸。图中箍筋的长度尺寸，应指箍筋的里皮尺寸，弯起钢筋的高度尺寸应指钢筋的外皮尺寸，如图 13.5 所示。

⑤ 当构件纵横向尺寸相差悬殊时，可在同一详图中纵横向选用不同比例绘制，如钢桁架的绘制。

⑥ 结构图中的标高，一般标注出构件完成面的结构标高。

⑦ 构件配筋较简单时，可在其模板图的一角，用局部剖面的方式绘出其钢筋布置。构件对称时，可在同一图中一半画模板图，另一半画配筋图。

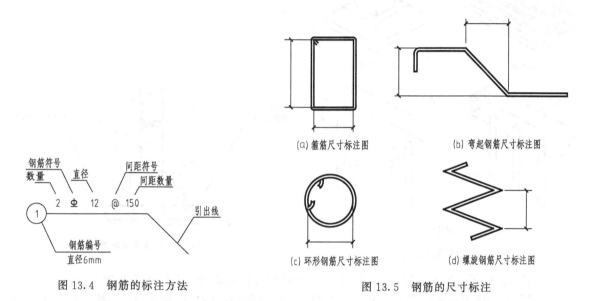

（a) 箍筋尺寸标注图　　　　　（b) 弯起钢筋尺寸标注图

（c) 环形钢筋尺寸标注图　　　　（d) 螺旋钢筋尺寸标注图

图 13.4　钢筋的标注方法　　　　　图 13.5　钢筋的尺寸标注

13.3　基础平面图及基础详图

基础是房屋地面以下的承重构件，承受上部建筑的荷载并传给地基。基础的形式与上部建筑的结构形式、荷载大小以及地基的承载力有关，一般常见的基础形式有条形基础、柱下独立基础、柱下条形基础、筏板基础和桩基础，如图 13.6 所示。

基础图是表示房屋建筑地面以下基础部分的平面布置和详细构造的图样。包括基础平面图和基础详图两部分，是施工放线、基坑开挖、砌筑或浇筑基础的依据。下面以条形基础为例，介绍与基础有关的术语，如图 13.7 所示。

① 地基：承受建筑物荷载的天然土壤或经过加固的土壤层。

② 垫层：是将基础传来的荷载均匀地传递给地基的结合层。

③ 大放脚：基础墙下部做成阶梯形的砌体称为大放脚，目的是使地基上单位面积的压力减少。

④ 基坑：为基础施工而开挖的土坑。

⑤ 基坑边线：是施工放线的灰线。

⑥ 防潮层：是防止地下水对墙体侵蚀的一层防潮材料。

13.3.1 基础平面图

(1) 基础平面图图示内容

基础平面图是一个水平剖面图，是剖切面沿房屋的地面与基础之间把整幢房屋剖开后，移开上部的房屋和基础回填土后所作出的基础水平投影图。基础平面图的图示内容包括如下内容。

① 与建筑施工图对应统一的定位轴线及编号。

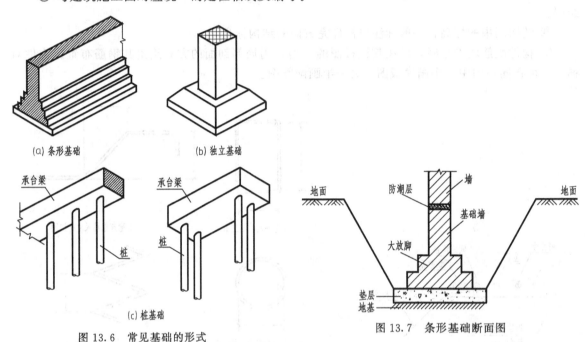

图 13.6　常见基础的形式

图 13.7　条形基础断面图

② 墙体、柱子的外形轮廓及图例；柱基础底面的外形轮廓线、基础梁的轮廓线。

为了使基础平面图简洁明了，基础平面图中一般只需画出墙身线和基础底面线。被剖切平面剖到的墙体轮廓线，用粗实线表示，剖切平面以下未剖切到但可见的轮廓线，如基础底面线，用中实线表示；可见的梁画粗实线（单线），不可见的梁画粗点画线（单线）；剖切到的钢筋混凝土柱断面，由于绘图比例较小，要涂黑表示。基础的大放脚等细部的可见轮廓线都省略不画，这些细部的形状和尺寸用基础详图表示。

③ 尺寸标注。外部尺寸包括轴线间尺寸和总长、总宽尺寸，与建筑施工图对应；内部尺寸包括基础的大小尺寸和定位尺寸，大小尺寸是指基础墙断面尺寸、柱断面尺寸以及基础底面宽度尺寸，定位尺寸是指基础墙、柱以及基础底面与轴线的联系尺寸。

④ 基础断面图的剖切符号及编号，独立基础、基础梁的编号等。

⑤ 图名、比例的标注。

(2) 基础平面图的阅读

图 13.8 是第 12 章中的办公楼基础平面图，绘图比例为 1∶100，定位轴线与建筑平面图完全相同。

由于办公楼为框架结构形式，基础有两种类型：柱下独立基础和填充墙下的条形基础。独立基础有三种，分别为 J-1、J-2、J-3，由基础尺寸标注可知，三种基础大小不同，比如 J-1（3000mm×3000mm）、J-2（2200mm×2200mm），但是基底埋深相同均为−1.800m，J-1 具体构造见详图 13.11；墙下条形基础，主要承受首层墙体的自重，所有墙下条基基底宽度相同，均为 600mm，具体构造见 1—1 断面图（图 13.9）。如有地基梁，地基梁亦在基础平面图中表示。

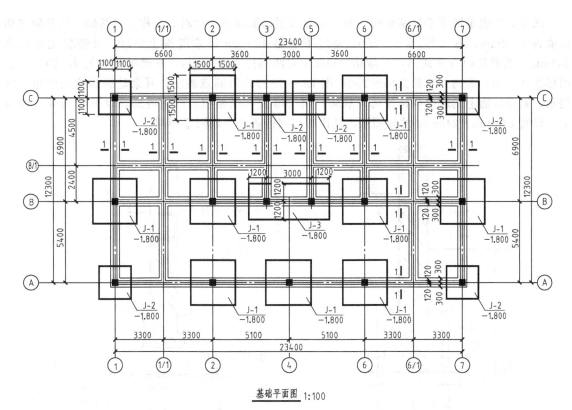

基础平面图 1:100

图 13.8 基础平面图

（3）基础平面图的作图步骤

① 在选用的图幅内用一定比例画各构件定位轴线。

② 绘制各构件轮廓线。

③ 校对并按相应图层加深。

④ 标注尺寸、构件编号、剖切符号、图名比例等。

13.3.2 基础详图

  基础平面图只表达了基础的平面布置及基底外轮廓尺寸，但基础的外形、构造、材料、基底的埋深及细部尺寸还需要另见详图。基础详图是用较大的比例，详细地表示基础的类型、尺寸、做法和材料，通常用垂直剖面图表示。基础详图包括基础的垫层、基础、基础墙（包括大放脚）、地圈梁、防潮层等材料和详细尺寸，以及室内外地坪标高和基础底部标高。

  基础详图采用的比例较大（如 1:20、1:10 等），墙身部分应画出墙体的材料图例。基础部分由于画出了钢筋的配置，所以不再画钢筋混凝土材料图例。详图的数量由基础构造的变化决定，凡不同的构造部分都应单独画出详图，相同部分可在基础平面图上标出相同的符号，只需画出一个详图。条形基础的详图一般用断面图表达。对于比较复杂的独立基础，有时还要增加一个平面图，才能完整地表达清楚。

  （1）条形基础

  条形基础详图通常用断面图表示。图 13.9 墙下条形基础为图 13.8 中 1—1 断面图，基础采用了砖放大脚的形式，垫层采用了素混凝土，所以又称刚性基础。墙身及基础的轮廓线均用中粗实线来表示。不同材料分别用相应的图例表示，尺寸标注包括基础细部尺寸和室内外地面及基底标高，如图所示。墙身上在室内地坪以下 50mm 处设置防潮层。

图 13.10 也是墙下条形基础的一种，基础采用钢筋混凝土材料，又称柔性基础。该基础底面宽度为 1200mm，基底标高 −1.500，基底下面是 100mm 厚素混凝土垫层，且垫层比基底宽 200mm。条形基础为变截面，高度由 250mm 向两端降至 150mm，基础的受力筋为 Φ10@150，用粗实线表示，纵向分布筋为 Φ6@250，用 1mm 左右的黑圆点表示，其余轮廓线均用中粗实线表示。基础顶面上的墙体砌两皮砖大放脚，用以增大承压面积。在室内地坪以下 50mm 处墙身上，设置 240mm×240mm 的地圈梁，其作用与刚性基础中地圈梁相同。

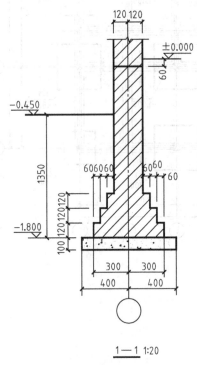

图 13.9　墙下刚性条形基础

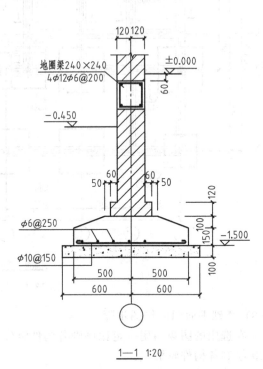

图 13.10　墙下钢筋混凝土条形基础

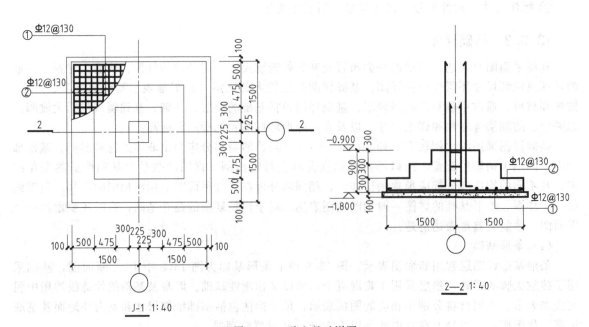

图 13.11　独立基础详图

（2）独立基础

为了清楚表达独立基础的大小及配筋，其详图常用平面图和剖面图共同表示。图 13.11 是图 13.8 办公楼框架柱下独立基础 J-1，基础为阶梯形。由平面图知，基础平面尺寸为 3000mm× 3000mm，柱断面为 450mm×450mm，垫层四周均伸出基础外轮廓 100mm，并通过局部剖切的方式表达了基础底板的配筋，双向均为 Φ12@130。由 J-1 的剖面图知，基础的高度为 900mm，垫层厚度为 100mm，基础底面的标高为 -1.800m；同时可读到基础的配筋形式及柱子的插筋情况。结合基础平面及剖面，可知每个阶梯的长度、宽度和高度。

13.4　结构平面布置图

结构平面布置图是表示建筑物各承重构件平面布置的图样。在楼层结构中，当底层地面直接做在地基上时，它的地面层次、做法和用料已在建筑施工图中表明，无需再画底层结构平面图。结构平面布置图主要有楼层结构平面图和屋面结构平面布置图。屋顶由于结构布置要满足排水、隔热等特殊要求，需要设置檐沟、女儿墙、保温隔热层等，所以屋顶的结构布置通常需要用屋顶结构平面图来表示，它的图示内容和形式与楼层结构平面图类似。

楼层结构平面布置图（简称结构平面图）是假想将房屋沿楼板面水平剖切后所得到的水平剖面图，主要表示每一层楼面板及板下梁、墙、柱等承重构件的布置情况，或现浇楼板的构造和配筋情况。它是安装各层楼面的承重构件的施工依据。

13.4.1　楼层结构平面布置图的图示内容

（1）标注出与建筑图一致的轴线网及编号。

（2）画出各种结构构件位置。如混合结构中的墙、构造柱、圈梁与过梁位置，框架结构中的梁、柱，剪力墙结构中的剪力墙等。

（3）在现浇板的平面图上画出其钢筋配置，与受力筋垂直的分布筋不必画出，但要在附注中或钢筋表中说明其级别、直径、间距（或数量）及长度等，并标注预留孔洞的大小及位置。

（4）注明预制板的跨度方向、代号、型号或编号、数量和预留洞等的大小和位置。

（5）注明圈梁或门窗洞过梁的位置和编号。

（6）注出各种梁、板的底面标高和轴线间尺寸。有时也可注出梁的断面尺寸。

（7）注出有关的剖切符号或详图索引符号。

（8）附注说明选用标准构件的图集编号、各种材料标号，板内钢筋的级别、直径、间距等。

13.4.2　楼层结构平面图的图示特点

（1）图名。对于多层建筑，一般应分层绘制。但当各层楼面结构布置情况相同时，可只画出一个楼层结构平面图，并注明应用各层的层数和各层的结构标高。

（2）图线。墙、柱、梁等可见的构件轮廓线用中实线表示，不可见构件的轮廓线中虚线表示。钢筋用粗实线表示，每种规格的钢筋只画一根。如梁、屋架、支撑等可用粗点画线表示其中心位置。

13.4.3　结构平面布置图的阅读

楼板分预制板和现浇板两大类。预制板是由厂家在工厂生产后，运至施工现场进行铺装；现浇板是在施工现场搭好模板，安装钢筋后再在模板上浇筑混凝土，混凝土经养护达到一定强度后再拆模板。相比预制板，现浇板整体性好，应用广泛。

（1）预制板

对于预制板，用中实线表示楼层平面轮廓，用细实线表示预制板的铺设方向。

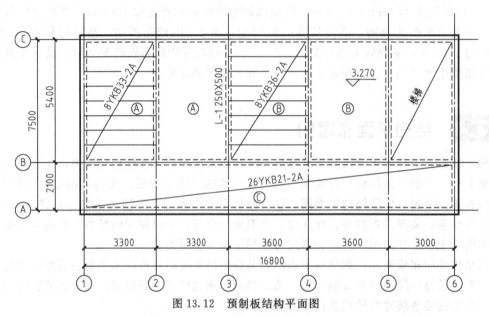

图 13.12　预制板结构平面图

图 13.12 为某外廊式单面办公楼的一层顶板结构平面图，板顶标高为 3.270，楼板采用预应力空心板。在结构平面图中，如若干部分相同时，可只绘制一部分，并用大写的拉丁字母（A、B、C

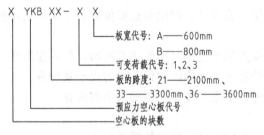

图 13.13　空心板代号的含义

等）外加细实线圆圈表示相同部分的分类符号，细圆圈直径为 8mm 或 10mm，如图所示注明的分类编号Ⓐ、Ⓑ、Ⓒ。对于每类编号的板选择一个房间为代表，分别用细实线画出预制板的轮廓线、房间对角线，并注写出板的代号（图 13.13），其余相同房间只标注分类号即可。板墙及梁板节点可采用重合断面法的形式在图中示出，也可绘制节点大样图。

（2）现浇整体式楼盖

现浇整体式楼盖主要表达楼面梁、板的平面布置、梁板与柱墙之间的关系，以及板的配筋情况。如图 13.14 所示是办公楼一层楼面板配筋图。

该结构是框架结构，楼面水平承重构件是梁和板，墙体为填充墙，故图中所示为梁和板的投影。沿楼板面进行剖切后，板下梁底轮廓线不可见，用中虚线表示；如果板或梁顶标高与结构面标高不一致时，即板或梁轮廓可见，则用中实线绘制，如①号板。对混合结构，墙体承重，在板配筋图中要绘制出构造柱、板、墙的投影。

板配筋图中钢筋包括板顶支座处钢筋和板底钢筋，分布筋不需画出，表达方式见表 13.5。板的配筋可归类表达，比如④号板的配筋可见③④轴之间的图示，该板为双向板，板厚 110mm，板跨中短向受力钢筋为Φ10@100，长向受力筋为Φ8@130；支座处受力钢筋置于板顶，比如Φ10@150 的钢筋，数值 1040 为钢筋的水平直线长度。其余编号为④的房间板的配筋均与之相同，可不做重复表示。

（3）单层厂房柱网及屋顶结构平面图

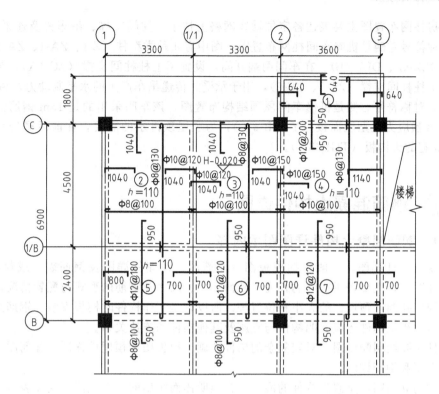

3.370m结构平面图 1:50
未注明钢筋为Φ8@200

图 13.14 3.370m 结构平面图

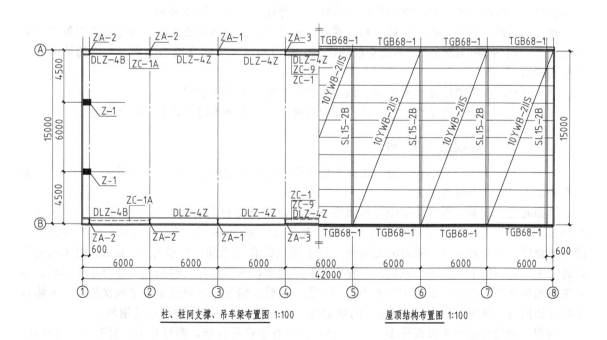

柱、柱间支撑、吊车梁布置图 1:100   屋顶结构布置图 1:100

图 13.15 机修车间结构平面图

单层厂房柱网布置图主要表达各定位轴线网格上柱子、柱间支撑、吊车梁及连系梁的布置。图 13.15 对称符号左侧是机修车间柱网布置图，图中有 4 种类型柱（Z-1、ZA-1、ZA-3），2 种类型吊车梁（DLZ-4Z、DLZ-4B）。在车间两端开间，设置了上柱柱间支撑（ZC-1A），车间中部设置了上柱及下柱柱间支撑（ZC-1、ZC-9），用于承受并传递吊车产生时的水平制动力及风荷载。

图 13.15 对称符号右侧是机修车间屋顶结构布置图，该车间采用的是 15m 钢筋混凝土屋面梁（SL15）及预应力大型屋面板（Y-WB-2Ⅱ），为了屋顶排水的需要，在前后檐处分别设置了一块 680mm 宽的天沟板（TGB68-1）。

13.5 钢筋混凝土构件详图

13.5.1 钢筋混凝土构件详图图示内容

钢筋混凝土构件详图，一般包括模板图、配筋图、预埋件详图及钢筋表（或材料用量表）等。在构件详图中，主要表明构件的长度、断面形状、尺寸及钢筋的型式与配置情况，也可表示模板尺寸，预留孔洞与预埋件的大小和位置等。所以它是制作构件时模板安装、钢筋加工和绑扎等工序的依据。现浇构件还应表明构件与支座及其他构件的连接关系。

一般构件主要绘制配筋图，对较复杂的构件才画出模板图和预埋件详图。配筋图通常应画出立面图、断面图和钢筋详图。

配筋图中的立面图，是假想构件的混凝土为透明体而画出的一个视图，主要表示钢筋的立面形状及其上下排列的情况。钢筋需用粗实线画出，而构件的轮廓线则用细实线表示。在图中，箍筋（用中实线画出）只反映出其侧面，投射成一根线，当它的类型、直径、间距均相同时，可只画出其中一部分。当构件配筋较复杂时，通常在立面图的正下（或上）方用同一比例画出钢筋详图。同一编号的钢筋只画一根，并详细注出它的编号、数量（或间距）、类别、直径及各段的长度与总尺寸。对简单的构件，钢筋详图不必画出，可在钢筋表用简图表示。

通常在构件断面形状或钢筋数量和位置有变化之处，都需画一断面图（但不宜在斜筋段内截取断面）。图中钢筋的横断面，不论钢筋的粗细，都用相同大小的黑圆点表示，构件的轮廓线用细实线画出。

立面图和断面图都应注出相一致的钢筋编号和留出规定的保护层厚度。

本节主要以钢筋混凝土梁、柱及楼梯详图为例，说明钢筋混凝土构件详图的画法。

13.5.2 钢筋混凝土梁详图

图 13.16 所示为一个钢筋混凝土梁的构件详图，包括立面图、断面图和钢筋表。梁的两端搁置在砖墙上，是一个简支梁。

读图时先看图名，再看立面图和断面图，后看钢筋详图和钢筋表。从图名 L102（200mm×350mm）得知它是房屋一层楼面的第 2 号梁，断面尺寸宽 200mm、高 350 mm。对照阅读立面图和断面图，可知此为矩形断面的现浇梁，位于轴线①和②之间，楼板厚 100mm，梁两端支承在砖墙上。立面图中虚线为板底边线。在梁的配筋图中，钢筋用粗实线绘制，并对不同形状、不同规格的钢筋进行编号，如图 13.16 中的①～④号钢筋。编号应用阿拉伯数字顺次编写，并将数字写在圆圈内，圆圈应用直径为 6mm 的细实线绘制，用引出线指到被编号的钢筋。

读图可知梁底配有 4 根直径 14 的受拉筋，其中有 2 根是直筋，编号是①；另有 2 根是弯筋，编号是②。弯筋在接近梁的两端支座处弯起 45°（梁高小于 800mm 时，弯起角度为 45°；梁高大于 800mm 时，弯起角度为 60°）。在梁中的 1—1 断面图中梁底部有 4 个黑圆点，分别是两根①

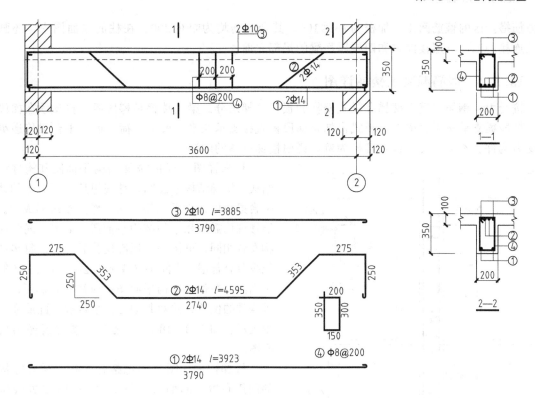

图 13.16 现浇钢筋混凝土梁配筋

号直筋和两根②号弯筋的横断面。在梁端的 2—2 断面图中，②号弯筋伸到了梁的上方，梁的上部两侧各配有一根直径 12 的架立钢筋，编号为③。沿着梁的长度范围内配置编号为④的箍筋。箍筋的中心距为 200mm。

表 13.6　钢筋表

构件名称	构件数	钢筋编号	钢筋规格	简图	长度/mm	每件根数	总长度/m	质量累计/kg
L102	3	①	Φ 14		3923	2	23.538	28.6
		②	Φ 14		4595	2	27.570	33.4
		③	Φ 10		3885	2	23.310	14.4
		④	Φ 8		1000	20	60.000	23.5

表 13.6 钢筋表中列出了这个梁中每种钢筋的编号、简图、直径、长度和根数。通过梁的立面图、断面图和钢筋表，可以清楚地表达出这根钢筋混凝土梁的配筋情况。

13.5.3　钢筋混凝土柱详图

钢筋混凝土柱的钢筋由纵向受力筋和箍筋组成，配筋详图由配筋立面图和断面图组成。

如图 13.17 所示是现浇钢筋混凝土柱的立面图和断面图。该柱从基础起直通屋面。底柱为正方形断面 350mm×350mm，受力筋为 6Φ22（1—1 断面）；下端与柱基础搭接，搭接长度为 1100mm；上端伸出二层楼面 1100mm，以便与二层柱受力筋 4Φ22（2—2 断面）搭接。二、三层柱为正方形断面 300mm×300mm。二层柱的受力筋上端伸出三层楼面 800mm，与三层柱的受力筋 4Φ18（3—3 断面）搭接。在钢筋搭接处，在搭接两端各画 45°粗短线，以示钢筋截断位置。

受力筋搭接区的箍筋间距需加密为Φ8@100，其余箍筋均为Φ8@200。在柱的立面图中，还画出了柱连接的二、三层楼面梁和四层屋面梁的局部立面。

13.5.4 钢筋混凝土楼梯详图

按受力，钢筋混凝土楼梯有梁式楼梯和板式楼梯之分。梁式楼梯是梯段板直接支承在梯段梁上，梯段梁支承在平台梁上；板式楼梯是梯段板直接支承在平台梁上，荷载通过平台梁传递给竖向受力构件。本文主要以板式楼梯为例，说明楼梯详图的画法。

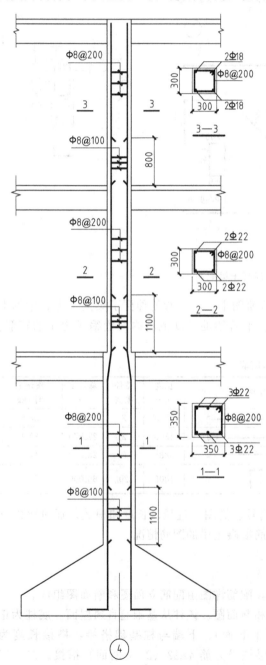

图 13.17　现浇钢筋混凝土柱配筋图

楼梯详图一般由楼梯结构平面图和构件详图组成。楼梯结构平面图，是假想从每层向上的休息平台梁顶处作水平剖切，向下作正投影形成的。每层楼梯均需做相应的结构平面图，如梁中间各层结构布置相同，可用一个标准层代替。所以每步楼梯至少要有首层、中间层（或标准层）、顶层三个结构平面图。在各层结构平面图中应注明各梯板、梯梁等构件的位置，并对其编号，平台板的配筋亦在此处表示。如图 13.18 所示是办公楼的楼梯结构平面图。

楼梯构件详图主要包括各梯板、梯梁等构件的配筋布置、断面尺寸等。图 13.19 是办公楼的楼梯构件详图（梯板配筋图），该楼梯为平行双跑式，即每层有两个梯段板，编号为 TB-1、TB-2、TB-3；TB-1 连接了首层地面和标高为 1.670 的休息平台板；TB-2 连接了 1.670 休息平台至标高为 3.370 的楼面，及 5.070 至标高为 6.770 的楼面；TB-3 则为连接一层顶板 3.370 至标高为 5.070 休息平台板。二层楼梯结构平面图中的梯板主要涉及 TB-2 与 TB-3。

平台梁 TL-1 作为梯板（TB-2、TB-3）和平台板（B-1）的支承，将荷载传递给其两端的支承 TZ1 上。

梯板的配筋及尺寸在梯板立面图中表示，梯梁在其断面图中表示。如 TB-2，板厚为 110mm，受力筋为①号筋Φ12@100，分布筋为④号筋Φ8@250，②③分别为 TB-2 的支座构造负筋，每一根钢筋的类型及长度可见钢筋的材料表（此处略）。TL-1 断面为 250mm×350mm，梁下皮受力筋为 3Φ18，梁上皮架立筋为 2Φ14，箍筋为Φ6@150，纵筋两端分别锚入 TZ1 内。TL-2 类同。

13.5.5　构件详图的绘制步骤及要求

① 确定图样数量，选择比例，布置图样。配筋立面图应布置在主要位置上，断面图可布置在

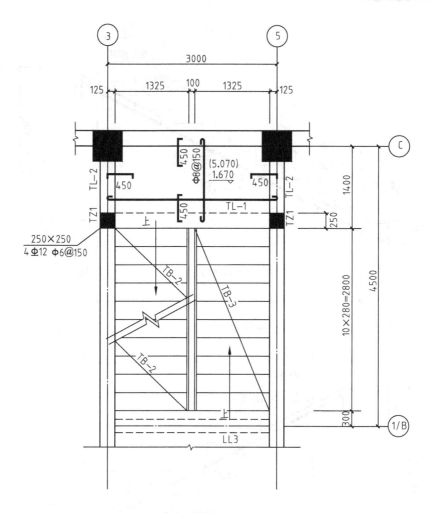

标准层楼梯结构平面图 1:50

注：平台板厚100；未注明钢筋为Φ8@200。

图 13.18 标准层楼梯结构平面图

任何位置上，但排列要整齐，其比例可与立面图相同，也可适当放大。钢筋详图一般画在立面图的下（上）方，但箍筋的位置可灵活些。钢筋表一般布置在图纸的右下角。

② 画配筋立面图。定轴线（即确定构件所在平面图中位置）、画构件轮廓、钢筋，绘支座，标注剖切符号。

③ 画断面图。根据立面图上的剖切位置，分别画出各断面图。先画轮廓，后画钢筋。在画钢筋的横断面时，黑圆点要圆、大小适当且一致，位置要准确（要紧靠箍筋）。

④ 画钢筋详图。将各类不同的钢筋单独抽出，顺序排列画在与立面图相对应的地方。

⑤ 标尺寸、注标高。立面图中应标注轴线间距、支座宽、梁高等。梁和板要注出其结构标高。断面图只标注梁高和梁宽。钢筋详图应沿各钢筋边标注各段设计长度及总的下料长度。

⑥ 标注钢筋的编号、数量（或间距）、类别和直径。

⑦ 编制钢筋表。钢筋表的内容及格式一般如表 13.6 所示，但也可视具体情况，增减一些内容。例如，配筋图中已有钢筋详图，表格中的钢筋简图一项可省略。

⑧ 注写有关混凝土、砖、砂浆的强度等级及技术要求等说明。

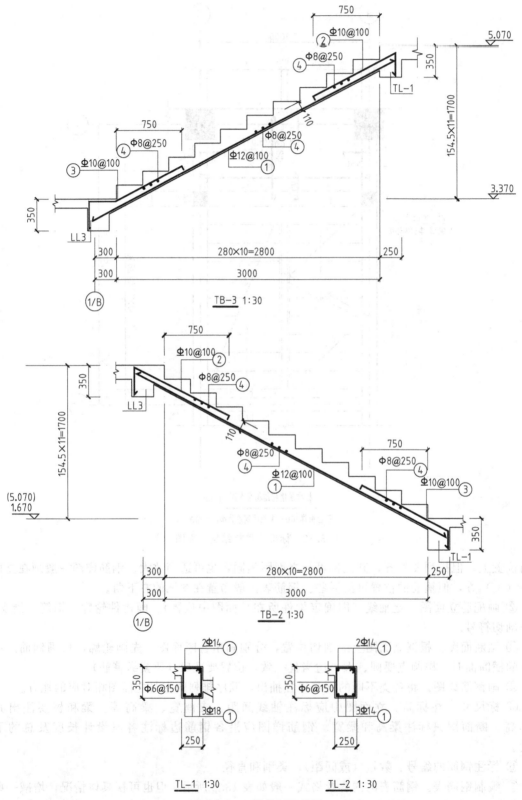

图 13.19 楼梯板配筋图

13.6 混凝土结构"平法"施工图

2003年1月20日我国推出了标准图集《混凝土结构施工图平面整体表示方法制图规则和构造详图》（03G101-1），在全国推广使用。钢筋混凝土结构施工图平面整体表示方法简称为"平法"。所谓平法，就是把结构构件的尺寸和配筋等，按照平面整体表示方法制图规则，整体直接表达在各类构件的结构平面布置图上，再与标准构造详图相配合，即构成一套完整的结构设计。"平法"改变了传统那种将构件从结构平面布置图中索引出来，再逐个绘制配筋详图的繁琐方法。

下面主要介绍用于现浇框架梁、现浇框架梁柱、剪力墙的平法施工图。

13.6.1 柱平法施工图

柱平法施工图是在柱平面布置图上采用列表注写或截面注写方式直观地表达柱的配筋。柱平面布置图，可采用适当比例单独绘制，也可与剪力墙平面布置图合并绘制。在柱平法施工图中，尚应注明各结构层的楼面标高、结构层高及相应的结构层号。

（1）列表注写方式

列表注写方式是在柱平面布置图上（一般只需采用适当比例绘制一张柱平面布置图，包括框架柱、框支柱、梁上柱和剪力墙上柱），分别在同一编号的柱中选择一个（有时需要选择几个）截面标注几何参数代号；在柱表中注写柱号、柱段的起止标高、柱截面尺寸（含柱截面对轴线的偏心情况）与配筋的具体数值，并配以各种柱截面形状及其箍筋类型图的方式，来表达柱平法施工图。

在列表注写方式中，当柱的总高、分段截面尺寸和配筋均对应相同，仅分段截面与轴线的关系不同时，可将其编为同一个柱号。柱表中各段柱的起止标高，是自柱根部往上以变截面位置或截面未变但配筋改变处为界分段注写的。框架柱和框支柱的根部标高是指基础顶面标高。梁上柱的根部标高是指梁顶面标高。剪力墙上柱的根部标高分两种：当柱纵筋锚固在墙顶部时，其根部标高为墙顶面标高；当柱与剪力墙重叠一层时，其根部标高为墙顶面往下一层的结构层楼面标高。

图13.20是某高层建筑1～16层之间柱的平法施工图，图中包括框架柱（KZ1）、梁上柱（LZ1）和芯柱（XZ1），有关柱的内容均可见柱表。如柱号KZ1表示该柱类型为框架柱，序号为1。比如KZ1截面定形尺寸（$b \times h$）1～6层是750mm×700mm；7～11层是650mm×600mm；12层～屋顶是550mm×500mm，定位尺寸柱宽方向$b_1+b_2=b$，柱高方向$h_1+h_2=h$，均可从不同层次中读出对应的数值。对圆截面，定形尺寸是直径d，定位尺寸也用b_1、b_2、h_1、h_2表示，但是$b_1+b_2=h_1+h_2=d$。

柱纵筋采用一种时，列表用全部纵筋表示，采用两种纵筋时则用角筋和各边中部筋表示。

箍筋的中心距沿柱高不一致时，用斜线"/"区分每层柱端部加密区域柱与柱中部非加密区，如KZ1在1～6层箍筋为Φ10@100/200，表示箍筋在加密区间距为100mm，非加密区间距为200mm。

柱纵筋数量及截面形状，直接影响着箍筋的形状，所以柱平法施工图中，常用较大比例显示柱断面及箍筋类型。如图13.20所示，其中类型1用（$m \times n$），说明沿b向箍筋肢数为m，沿h方向箍筋肢数为n，如KZ1在1层至屋顶箍筋类型均为1，但箍筋肢数在1～6层为5×4，其余层为4×4。

圆柱箍筋采用螺旋箍，其标注方式为LΦ10@200。

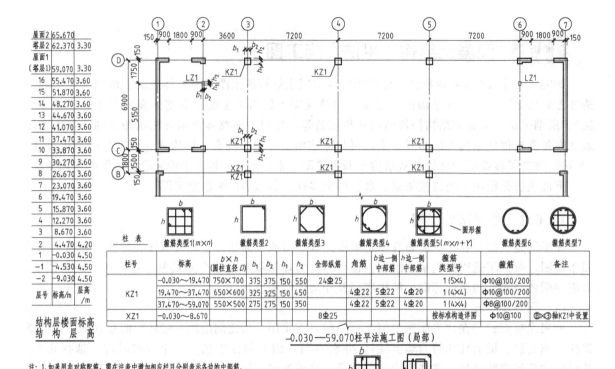

图 13.20　柱平法施工图列表注写方式示例

注：1. 如采用非对称配筋，需在注表中增加相应栏目分别表示各边的中部筋.
　　2. 抗震设计箍筋对纵筋至少隔一拉一.
　　3. 类型1的箍筋肢数可有多种组合，右图为5×4的组合，其余类型为固定形式，在表中只注类型号即可.

（2）截面注写方式

截面注写方式是在分标准层绘制的柱平面布置图的柱截面上，分别在同一编号的柱中选择一个截面，以直接注写截面尺寸和配筋具体数值的方式，来表达柱平法施工图。

在截面注写方式中，当柱的总高、分段截面尺寸和配筋均对应相同，仅分段截面与轴线的关系不同时，仍可将其编为同一个柱号，但此时应在未画柱配筋的柱截面上注写该柱截面与轴线关系的具体尺寸。

图 13.21 为办公楼一层柱的平面布置及配筋图，由图可知柱子类型均为框架柱（KZ1～KZ8），从不同编号柱中各选取一个柱采用原位放大的比例绘制，注明其定形、定位尺寸及配筋，如 KZ1 截面尺寸为 $b×h=450\text{mm}×450\text{mm}$，纵筋采用了引出标注和原位标注的方式，4Φ22 表示角筋，箍筋的含义与列表柱写相同。

13.6.2　梁平法施工图

梁平法施工图是在梁平面布置图上采用平面注写方式或截面注写方式表达，应分别按梁的不同结构层，将全部梁和与其相关联的柱、墙、板一起采用适当比例绘制，并按规定注明各结构层的顶面标高及相应的结构层号。平面图中轴线居中的梁及贴柱边的梁定位尺寸不标注，只标注梁的偏心定位尺寸。

（1）平面注写方式

图 13.22 是用传统表达方式画出的一根两跨钢筋混凝土框架梁的配筋图，从图中可以了解该梁的支承情况、跨度、断面尺寸，以及各部分钢筋的配置情况。可以看出，传统表示方法钢筋布置明确，但绘图复杂，工作量大。

平面注写方式，是在梁的平面布置上，分别从不同编号梁中各选一条梁，在其上注写截面

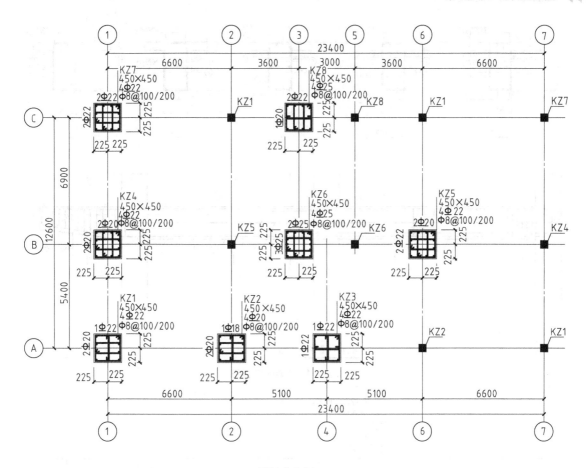

一层柱配筋平面图 1:50
标高: -1.750~3.310m

图 13.21 办公楼柱平法施工图截面注写方式

尺寸和配筋具体数值的方式来表达梁平法施工图。平面注写方式包括集中标注与原位标注。集中标注表达梁的通用数值，原位标注表达梁的特殊数值。集中标注中的个别数值不适于梁的某部位时，则将该数值进行原位标注，施工时，原位标注取值优先。如图 13.23 所示是图 13.22 梁的平法表示，在平面注写方式中不需再绘制梁的截面配筋图。

① 梁的集中标注。集中标注有五项必注项和一项选注项，必注项包括梁的编号、梁截面尺寸、箍筋、梁上部通长筋或架立筋、梁侧面纵向构造筋和受扭钢筋；选注项指梁顶面标高差值。规定如下。

a. 梁编号。由梁类型代号、序号、跨数及有无悬挑代号几项组成。如 KL101 (2A) 表示框架梁；编号 101 通常指第一层第 2 号梁，在平面图中梁按顺序排序，如从上往下，从左往右排序；2A 表示 2 跨一端悬挑，若为 B，梁两端悬挑，悬挑不计跨数。

b. 截面。梁为等截面时，用 $b \times h$ 表示；当为竖向加腋梁时，用 $b \times h \, Y c_1 \times c_2$ 表示，其中 c_1 为腋长，c_2 为腋高。当多跨梁的集中标注中已注明加腋，而该梁某跨根部不需要加腋时，则在该跨原位标注等截面的 $b \times h$，如图 13.24 所示。当有悬挑梁且根部和端部的高度不同时，用斜线分隔根部与端部的高度值，即为 $b \times h_1/h_2$（如图 13.25）。

c. 箍筋。包括钢筋级别、直径、加密区与非加密区间距及肢数。箍筋加密区与非加密区的不同间距及肢数用斜线"/"分隔；若梁全长范围内箍筋间距及肢数相同，则没有斜线，且箍筋

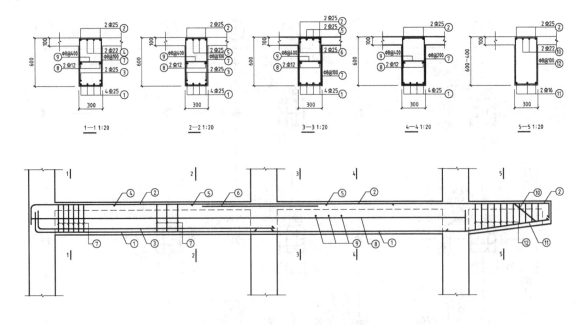

图 13.22 框架梁配筋详图

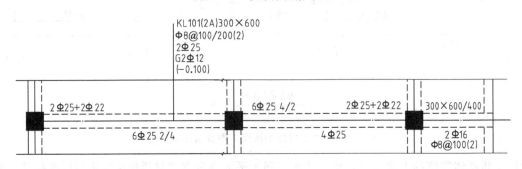

图 13.23 平面注写方式示意

肢数只注写一次。如Φ10@100/200（2），表示直径为 10mm 的 HPB300 双肢箍，加密区间距 100mm，非加密区间距 200mm。如Φ10@100（4）/200（2），表示直径为 10mm 的 HPB300 箍筋，加密区为间距 100mm 的四肢箍，非加密区为间距 200mm 的两肢箍；13Φ10@150/200（4），表示箍筋为 HPB300，直径Φ10mm，梁两端各有 13 根四肢箍，间距 150mm；梁跨中部分间距为 200mm，四肢箍。

d. 梁上部通长筋或架立筋。梁上部通长钢筋或架立筋的规格与根数应根据结构受力要求及箍筋肢数等构造要求而定。如图 13.23 中，集中标注中 2Φ25，表示梁上部有 2 根直径为 25mm 的 HRB335 通长筋。如同排纵筋中既有通长筋又有架立筋时，应用"+"号相连，如 2Φ25＋（2Φ12），则表示 2Φ25 为梁上部通长筋，2Φ12 为架立筋。

当梁上部及下部纵筋均为通长筋，且多跨数配筋相同时，可将上部和下部纵筋同时集中标注，中间用";"分隔。如 3Φ22；2Φ25，分号前表示梁上部通长筋，分号后表示梁下部通长筋。

e. 梁侧面纵向构造钢筋或受扭钢筋。当梁腹板高度≥450mm 时，须配置纵向构造钢筋，如

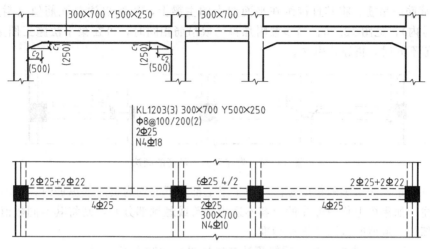

图 13.24　加腋梁截面注写方式

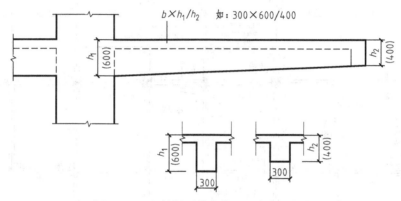

图 13.25　悬挑梁不等高截面尺寸注写方式

图 13.23 所示，G2Φ12 表示梁的两侧各配置 1Φ12 的纵向构造筋；需配置受扭纵向钢筋时，以大写字母 N 打头，如 N4Φ18 表示梁的两侧各配置 2Φ18 的受扭纵筋，如图 13.24 所示。

　　f. 梁顶标高差值。指梁顶面相对于结构层楼层标高的高差值，写在括号内。如（−0.100）表示某梁顶面比楼板面标高低 0.1，如果两者没有高差，则不注写此项。

　　② 梁原位标注的内容规定。

　　a. 梁支座上部纵筋。该部位钢筋是包含上部通长钢筋在内的所有支座纵筋，当上部纵筋多于一排时，用斜线"/"将各排纵筋自上而下分开。如 6Φ25 4/2，表示钢筋两排布置，上一排纵筋为 4Φ25，下一排纵筋为 2Φ25。当同排纵筋有两种直径时，用加号"＋"将两种直径的纵筋相连，并将角部纵筋注写在前。如 2Φ22＋2Φ20 表示梁支座上部有 4 根纵筋，2Φ22 放在角部，2Φ20 放在中部。当梁中间支座两边的上部纵筋不同时，须在支座两边分别标注；当梁中间支座两边的上部纵筋相同时，可仅在支座的一边标注配筋值，另一边不注，如图 13.24 所示。

　　b. 梁下部纵筋。当下部纵筋多于一排时，用斜线"/"将各排纵筋自上而下分开。如 6Φ25 2/4，表示上一排纵筋为 2Φ25，下一排纵筋为 4Φ25，全部伸入支座。当同排纵筋有两种直径时，用加号"＋"将两种直径的纵筋相连，注写时角筋写在前面。

　　当梁下部纵筋不全部伸入支座时，将梁支座下部纵筋减少的数量写在括号内。如 2Φ22＋2Φ20（−2）/4Φ25，表示上排纵筋为 2Φ22 和 2Φ20，其中，中部 2 根 20 的纵筋不伸入支座，下排 4 根 25 的纵筋则全部伸入支座。

　　c. 附加箍筋或吊筋。将其直接画在平面图中的主梁上，用线引注总配筋值（附加箍筋的肢数注写在括号内），见图 13.26。当多数附加箍筋或吊筋相同时，可在梁平法施工图上统一注明，少数与统一值不同时，再原位引注。

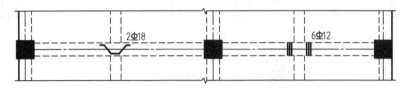

图 13.26　附加箍筋和吊筋的画法

　　需要注意的是，如果梁的集中标注注写了梁上部和下部均为贯通的纵筋时，则不在梁下部做重复原位标注。如果梁上集中标注的内容不适用某跨或悬挑部分时，则将其不同数值原位标注在该跨或悬挑部位，取值时以原位标注为准。

　　③ 实例。图 13.27 为办公楼二层梁平法施工图平面注写方式示例。

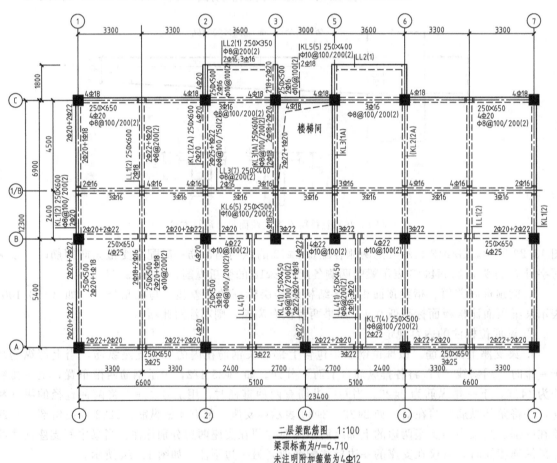

二层梁配筋图　1:100
梁顶标高为H=6.710
未注明附加箍筋为4Φ12

图 13.27　办公楼二层梁平法施工图平面注写方式

（2）截面注写方式

　　梁平法施工图的截面注写方式，是在梁平面布置图中分别从不同编号梁中各选一条梁用剖面号引出配筋图，并在其上注写截面尺寸和配筋。剖切符号采用"单边截面号"，梁顶标高高差值与平面注写方式相同，如图 13.28 所示。

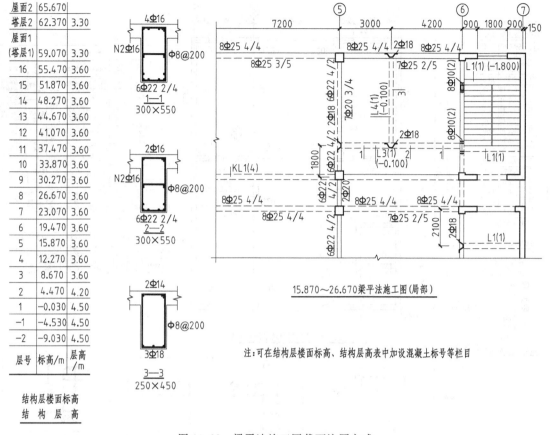

层号	标高/m	层高/m
屋面2	65.670	
塔层2	62.370	3.30
屋面1(塔层1)	59.070	3.30
16	55.470	3.60
15	51.870	3.60
14	48.270	3.60
13	44.670	3.60
12	41.070	3.60
11	37.470	3.60
10	33.870	3.60
9	30.270	3.60
8	26.670	3.60
7	23.070	3.60
6	19.470	3.60
5	15.870	3.60
4	12.270	3.60
3	8.670	3.60
2	4.470	4.20
1	-0.030	4.50
-1	-4.530	4.50
-2	-9.030	4.50

结构层楼面标高
结构层高

15.870～26.670梁平法施工图(局部)

注:可在结构层楼面标高、结构层高表中加设混凝土标号等栏目

图13.28 梁平法施工图截面注写方式

13.6.3 剪力墙平法施工图

剪力墙平法施工图是在剪力墙平面布置图上采用列表注写方式或截面注写方式表达。剪力墙平面布置图可采用适当比例单独绘制,也可与柱或梁平面布置图合并绘制。当剪力墙较复杂或采用截面注写方式时,应按标准层分别绘制剪力墙平面布置图。

对于轴线未居中的剪力墙(包括端柱),应标注其偏心定位尺寸。

(1)列表注写方式

剪力墙可以视为由剪力墙柱、剪力墙身和剪力墙梁三类构件构成。列表注写方式,是分别在剪力墙柱表、剪力墙身表和剪力墙梁表中,对应于剪力墙平面布置图上的编号,用绘制截面配筋图并注写几何尺寸与配筋具体数值的方式,来表达剪力墙平法施工图。

如图13.29所示将剪力墙按剪力墙柱、剪力墙身、剪力墙梁(简称为墙柱、墙身、墙梁)三类构件分别编号。在编号中,如墙柱的截面尺寸与配筋均相同,仅截面与轴线的关系不同时,可将其编为同一墙柱号;墙身和墙梁的编号亦如此。

墙柱编号由墙柱类型代号和序号组成,如①、⑩轴相交处的CJZ1,表示第1号构造边缘转角墙柱。墙柱类型代号有约束边缘暗柱 YAZ、约束边缘端柱 YDZ、约束边缘翼墙(柱)YYZ、约束边缘转角墙(柱)YJZ、构造边缘端柱 GDZ 等。

墙身编号由墙身代号、序号以及墙身所配置的水平与竖向分布钢筋的排数组成,其中排数注写在括号内。表达形式为 Q××(×排)。如图13.29中①轴上的 Q1(2排),表示第1号剪力墙配置的水平与竖向分布钢筋为2排。

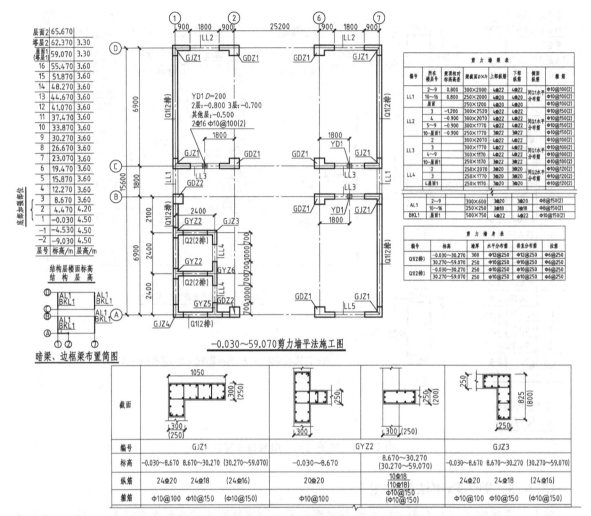

-0.030~59.070剪力墙平法施工图

-0.030~65.670 剪力墙平法施工图（部分剪力墙柱表）
截面图中未注明的尺寸按标准构造详图

图 13.29 剪力墙平法施工图列表注写方式

墙梁编号由墙梁类型代号和序号组成，例如，图 13.29 中①轴上的 LL1，表示第 1 号剪力墙梁，墙梁类型代号有梁（无交叉暗撑及无交叉钢筋）LL、连梁（有交叉暗撑）LL（JC）、连梁（有交叉钢筋）LL（JG）、暗梁 AL、边框梁 BKL。

在剪力墙柱表中表达的内容有：

① 墙柱编号；

② 墙柱的截面几何尺寸和配筋图；

③ 各段墙柱的起止标高；

④ 各段墙柱的纵向钢筋和箍筋（纵向钢筋注总配筋值，墙柱箍筋的注写方式与柱箍筋相同）。

在剪力墙身表中表达的内容有：

① 墙身编号（含水平和竖向分布钢筋的排数）；

② 各段墙身起止标高（自墙身基础顶面标高往上以变截面位置或截面未变但配筋改变处为界分段注）；

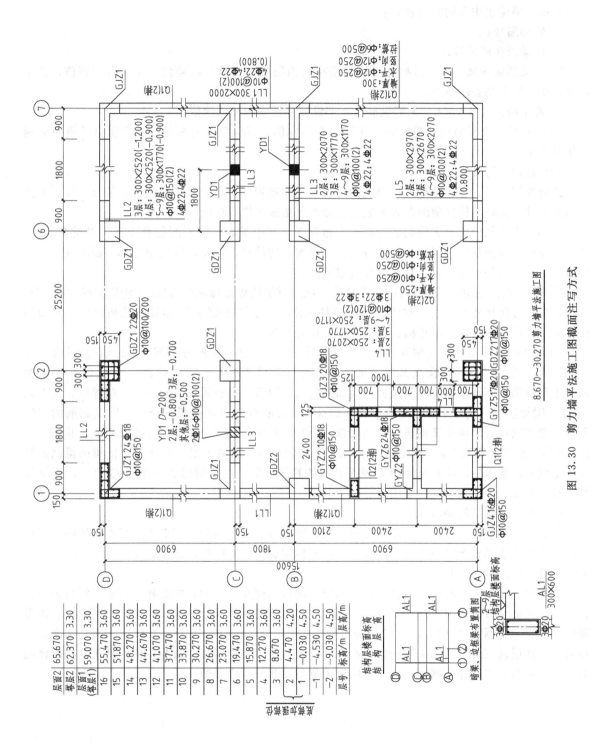

图 13.30 剪力墙平法施工图截面注写方式

③ 水平分布钢筋、竖向分布钢筋和拉筋的具体数值（注写数值为一排水平分布钢筋和竖向分布钢筋的规格与间距）。

在剪力墙梁表中表达的内容有：

① 墙梁编号；

② 墙梁所在楼层号；

③ 墙梁顶面标高高差（指相对于墙梁所在结构层楼面标高的高差值，高于者为正值，低于者为负值，当无高差时不注）；

④ 墙梁截面尺寸 $b×h$，上部纵筋，下部纵筋和箍筋的具体数值；

⑤ 当连梁设有斜向交叉暗撑时，注写一根暗撑的全部纵筋，并标注×2表明有两道斜向钢筋相互交叉。

（2）截面注写方式

截面注写方式，是在分标准层绘制的剪力墙平面布置图上，以直接在墙柱、墙身、墙梁上注写截面尺寸和配筋具体数值的方式来表达剪力墙平法施工图，如图13.30所示。

选用适当比例原位放大绘制剪力墙平面布置图，其中对墙柱绘制配筋截面图。对所有墙柱、墙身、墙梁分别按规定进行编号，并分别在相同编号的墙柱、墙身、墙梁中选择一根墙柱、一道墙身、一根墙梁进行注写。注写的内容有以下几点。

① 墙柱标注全部纵筋及箍筋的具体数值。此外对于约束边缘端柱 YDZ 和构造边缘端柱 GDZ 需增加标注几何尺寸 $b_c×c_c$。对于非边缘暗柱 AZ 和扶壁柱 FBZ 需增加标注几何尺寸。其余墙柱几何尺寸如按平法标准图集构造详图取值，设计不注。

② 墙身按顺序引注墙身编号、墙厚尺寸，水平分布钢筋、竖向分布钢筋和拉筋的具体数值。

③ 墙梁中当连梁无斜向交叉暗撑时，按顺序注写墙梁编号、墙梁截面尺寸 $b×h$、墙梁箍筋、上部纵筋、下部纵筋和墙梁顶面标高高差的具体数值。当连梁设有斜向交叉暗撑时，还要以 JC 打头附加注写一根暗撑的全部纵筋，并标注×2表明有两根暗撑相互交叉，以及箍筋的具体数值。当连梁设有斜向交叉钢筋时，还要以 JG 打头附加注写一道斜向钢筋的配筋值，并标注×2表明有两道斜向钢筋互相交叉。当墙身水平分布钢筋不能满足连梁、暗梁及边框梁的梁侧面纵向构造钢筋的要求时，应补充注明梁侧面纵筋的具体数值，注写时以大写字母 G 打头，连续注写直径与间距。

（3）剪力墙洞口的表示方法

无论采用列表注写方式还是截面注写方式，剪力墙上的洞口均可在剪力墙平面布置图上原位表达。在剪力墙平面布置图上绘制洞口示意，并标注洞口中心的平面定位尺寸。见图13.29中的 YD1 和图13.30中的 YD1。

在洞口中心位置引注四项内容：洞口编号、洞口几何尺寸、洞口中心相对标高、洞口每边补强钢筋。矩形洞口编号为 JD×× （××为序号），圆形洞口编号为 YD×× （××为序号）；矩形洞口几何尺寸为洞宽×洞高（$b×h$），圆形洞口几何尺寸为洞口直径 D；洞口中心相对标高，是相对于结构层楼（地）面标高的洞口中心高度。当其高于结构层楼面时为正值，低于结构层楼面时为负值；洞口每边补强钢筋，情况不同较为复杂，此处不作说明。

第14章

建筑给水排水工程识图

14.1 建筑给水系统概述

建筑给水系统是将城镇给水管网或自备水源给水管网的水引入室内，经配水管送至生活、生产和消防用水设备，并满足用水点对水量、水压和水质要求的冷水供应系统。

14.1.1 建筑给水系统的分类

根据用户对水质、水量、水压、水温的要求，并结合外部给水系统情况进行划分，有三种基本给水系统：生活给水系统、生产给水系统、消防给水系统。

① 生活给水系统，是供人们日常生活中饮用、烹饪、盥洗、沐浴、洗涤、冲厕、清洁和其他生活用途的用水。近年来在某些高档小区、综合楼实施了分质供水，管道直饮水给水系统已进入住宅。

② 生产给水系统，是供生产过程中产品工艺用水、清洗用水、冷却用水、生产空调用水、稀释用水、除尘用水、锅炉用水等用途的水。由于工艺过程和生产设备的不同，生产用水对水质、水量、水压的要求有较大的差异。

③ 消防给水系统，是供给消火栓、消防卷盘和自动喷水灭火系统喷头等消防设施用水的给水系统。消防给水对水质要求不高，但必须满足《建筑设计防水规范》（GB 50016—2014），保证供给足够的水量和水压。

上述三种基本给水系统可单独设置，也可根据具体情况予以合并共用。如生活-生产给水系统、生活-消防给水系统、生产-消防给水系统、生活-生产-消防给水系统。系统的选择，应根据生活、生产、消防等各项用水对水质、水量、水压、水温的要求，结合室外给水系统的实际情况，经技术经济比较后确定。

14.1.2 建筑给水系统的组成

① 引入管，又称进户管，是指从室外给水管网的接管点引至建筑物内的管段。引入管段一般设有水表、阀门等附件。

② 水表节点，是指安装在引入管上的水表及其前后设置的阀门和泄水装置的总称。在引入管段上应装设水表，计量建筑物的总用水量。在建筑内部的给水系统中，除了在引入管段上安装水表外，在需计量的某些部位和设备的配水管上也要安装水表。住宅建筑每户的进户管上均应安装分户水表。

③ 给水管道，包括干管、立管、支管和分支管，用于输送和分配用水。干管是将水从引入管输送至建筑物各区域的管段。立管是将水从干管沿垂直方向输送至各楼层、各不同标高处的管段。支管又称分配管，是将水从立管输送至各房间内的管段。分支管又称配水支管，是将水从支管输送至各用水设备处的管段。

④ 给水附件，是指管道系统中调节水量、水压、控制水流方向、改善水质，以及关断水流，便于管道、仪表和设备检修的各类阀门和设备。给水附件包括各种阀门、水锤消除器、过滤器、水泵接合器、水流指示器等管路附件。

⑤ 配水设施，是指管网终端用水点上的装置。生活给水系统主要指卫生器具的给水配件或配水龙头；生产给水系统主要指用水设备；消防给水系统主要指室内消火栓和自动喷水灭火系统中的各种喷头。

⑥ 升压和贮水设备，是指当室外给水管网的水量、水压不能满足建筑用水要求或要求供水压力稳定、确保供水安全可靠时，应根据需要设置水泵、气压给水设备、无负压给水设备以及水箱、水池等贮水设备。

14.1.3 常用给水方式

给水方式是指建筑内部给水系统的供水方案。合理的供水方案，应综合工程涉及的各种因素确定，如用户对水质、水量、水压的要求，室外管网所能提供的水质、水量、水压情况，卫生器具及消防设备在建筑物内的分布，用户对供水安全可靠性以及经济因素等。

(1) 依靠外网压力的给水方式

① 直接给水方式。由室外给水管网直接供水。适用于室外给水管网的水量、水压在一天内均能满足用水要求的建筑。这种给水方式充分利用城市管网的水压，系统最简单、经济，便于管理维护。

② 设水箱的给水方式。宜在室外给水管网供水压力周期性不足时采用。低峰用水时，室外管网水压高，可利用室外给水管网水压直接供水并向水箱进水，水箱贮备水量。高峰用水时，室外管网水压不足，则由水箱向建筑给水系统供水。这种供水方式系统比较简单，投资较小，可以充分利用室外管网压力供水，节省电耗，而且系统具有一定的储备水量，安全可靠性较好。但是设置高位水箱增加了建筑物的结构荷载。

(2) 依靠水泵升压给水方式

① 设水泵的给水方式。宜在室外给水管网的水压经常不足时采用。当建筑内用水量大且较均匀时，可用恒速水泵供水；当建筑内用水不均匀时，宜采用一台或多台水泵变速运行供水，以提高水泵的工作效率。

② 设水泵、水箱联合的给水方式。宜在室外给水管网压力低于或经常不满足建筑内给水管网所需的水压，且室内用水不均匀时采用。该给水方式的优点是水泵能及时向水箱供水，可缩小水箱的容积，又因有水箱的调节作用，水泵出水量稳定，能保持在高效区运行。

③ 气压给水方式。气压给水方式是指在给水系统中设置气压给水设备，利用该设备的气压水罐内气体的可压缩性升压供水。气压水罐的作用相当于高位水箱，其位置可根据需要设置在高处或低处。该方式宜在室外给水管网压力低于或经常不能满足建筑内给水管网所需水压，室内用水不均匀，且不宜设置高位水箱时采用。

④ 分区给水方式。当室外给水管网的压力只能满足建筑下层供水要求时，可采用分区给水方式。室外给水管网水压线以下楼层为低区，由室外管网直接供水，以上楼层为高区，由升压贮水设备供水。该方式可充分利用市政管网的水压，经济性较好。

在高层建筑中常见的分区给水方式有串联水泵、水箱分区给水方式，并联水泵、水箱分区给水方式，变频水泵分区并联给水方式，减压给水方式。

a. 串联水泵、水箱分区给水方式，是指分别由水泵、水箱从下向上逐区供水。主要特点是无高压水泵和高压管道。缺点是管理分散、水箱容积大、占地面积大、噪声及振动较大、供水安全可靠性差。

b. 并联水泵、水箱分区给水方式。每一分区各自有一套独立的供水系统，由水泵送至各区水箱，再由水箱向各区输水。主要特点是供水安全可靠性好，管理集中。缺点是水泵型号不同，有压水管道。

c. 变频水泵分区并联给水方式。如果将并联水泵、水箱给水方式中的水箱取消，工频水泵由变频水泵代替，造价降低，管理方便且节能，是一种广泛使用的供水方式。

d. 减压给水方式，由底层的水泵加压，将水输送至高压水箱，再由水箱依次向下供水，达到由各区水箱减压或减压阀减压的效果。主要特点是水泵数量较少、设备集中、管理方便，如果设减压阀减压，又节省了各区水箱所占空间。

⑤ 分质给水方式。分质给水方式是指根据不同用途所需的不同水质，分别设置独立的给水系统，如生活饮用水系统、生活杂用水系统等。

14.2 建筑消防系统概述

建筑消防系统根据使用灭火剂的种类和灭火方式可分为3种灭火系统：①消火栓给水系统；②自动喷水灭火系统；③其他使用非水灭火剂的固定灭火系统，如二氧化碳灭火系统、干粉灭火系统、卤代烷灭火系统等。

《建筑设计防火规范》（GB 50016—2014）规定消防给水和消防设施的设置应根据建筑的用途及其重要性、火灾危险性、火灾特性和环境条件等因素综合确定。

14.2.1 消火栓给水系统

消火栓给水系统是把室外给水系统提供的水量，经过加压（外网压力不满足需要时），输送到用于扑灭建筑物内的火灾而设置的固定灭火设备，是建筑物中最基本的灭火设施。

（1）消火栓给水系统的组成

建筑消火栓给水系统一般由水枪、水带、消火栓、消防管道、消防水池、高位水箱、水泵接合器及增压水泵等组成。

① 消火栓。消火栓为内扣式接口的球形阀式水龙头，其进口向下与消防管道相连，出口与水龙带相接，有单阀和双阀之分。一般情况下推荐使用单阀单出口消火栓。消火栓的栓口直径有 $DN50$ 和 $DN65$ 两种。

② 水带。水带是输送消防水的软管，材质有麻织和化纤两种。

③ 水枪。水枪是灭火的主要工具，材质是铝制或铜制的，其作用是产生具有一定压力的充实水柱，以击灭火焰。

④ 消防卷盘。消防卷盘又称消防水喉，是在启用室内消火栓之前供建筑物内一般人员自救初期火灾的消防设施。它由 $DN25$ 或 $DN32$ 的小口径消火栓、内径不小于 19mm 的水带和口径不小于 6mm 的消防卷盘喷嘴组成。

⑤ 消火栓箱。是将室内消火栓、水龙带、消防水枪及电气设备集装于一体的装置。

⑥ 水泵接合器。水泵接合器是连接消防车向室内消防给水系统加压供水的装置，一端由消防给水管网水平干管引出，另一端设于消防车易于接近的地方。

⑦ 消防水池。消防水池用于无室外消防水源的情况下，贮存火灾持续时间内的室内消防用水量。它可设于室外地下或地面上，也可设在室内地下室，或与室内游泳池、水景水池兼用。

⑧ 消防水箱。消防水箱对扑救初期火灾起着重要的作用，应储存 10min 的室内消防用水量。消防用水与其他用水合用的水箱应采取消防用水不作他用的技术措施。

⑨ 消防水泵。消防水泵是消火栓系统的增压设备，一般需要设置性能相同的备用泵，且应有两个独立电源。

（2）消火栓给水系统的给水方式

① 由室外给水管网直接供水的消火栓给水方式。宜在建筑物高度不大，室外给水管网的水

量、水压在任何时候都能满足室内消火栓给水系统所需的水量、水压要求时采用。

② 设水箱的消火栓给水方式。宜在室外管网水压在一天内变化较大，有一定时间能保证消防水量、水压时采用。

③ 设水泵、水箱的消火栓给水方式。宜在室外给水管网的水压不能满足室内消火栓给水系统所需水压时采用。

④ 设消防水泵、水箱及增压设施的消火栓给水方式。宜在室外给水管网的水压不能满足室内消火栓给水系统所需水压，且一类建筑（住宅除外）的消防水箱不能满足最不利点消火栓静水压 0.07MPa（建筑高度超过 100m 的高层建筑，静水压不低于 0.15MPa）时采用。

（3）室内消火栓的布置

室内消火栓应布置在建筑物内各层明显、易于取用的部位，如楼梯间、走廊、大厅、消防电梯前室等处。

室内消火栓的布置应保证有两支水枪的充实水柱能同时到达室内任何部位。建筑高度不超过 24m，且体积不超过 5000m³ 的库房，可采用 1 支水枪的充实水柱到达室内任何部位。

14.2.2 自动喷水灭火系统

自动喷水灭火系统是一种在发生火灾时，能自动打开喷头喷水灭火并同时发出火警信号的消防系统。它由水源、加压贮水设备、喷头、管网、报警装置等组成。根据喷头的常开、闭形式和管网充水与否分为以下几种。

（1）湿式自动喷水灭火系统

湿式自动喷水灭火系统为喷头常闭的灭火系统。管网中充满有压水，当建筑物发生火灾，火点温度达到开启闭式喷头时，喷头出水灭火。适合安装在常年室温不低于 4℃ 且不高于 70℃，能用水灭火的建筑物、构筑物内。

（2）干式自动喷水灭火系统

干式自动喷水灭火系统为喷头常闭的灭火系统。管网中平时不充水，充有有压气体，火灾时需先排气。适用于温度低于 4℃ 或高于 70℃ 的场所。

（3）干湿兼用式自动喷水灭火系统

冬季闭式喷水管网中充满有压气体，而在温暖季节则改为充水，其喷头应向上安装。适用于年采暖期少于 240 天的不采暖房间。

（4）预作用式自动喷水灭火系统

该系统综合运用了火灾自动探测控制技术和自动喷水灭火技术，兼具湿式、干式系统的特点。适用于冬季结冰、不能采暖的建筑物内，或不允许有误喷造成水渍损失的建筑物内。

（5）雨淋喷水灭火系统

雨淋喷水灭火系统为喷头常开的灭火系统。发生火灾时，火灾报警装置自动开启雨淋阀，开式喷头便自动喷水，其灭火均匀且及时。适用于火灾蔓延快、危险性大的场所。

（6）水幕系统

该系统喷头沿线状布置，发生火灾时主要起阻火、冷却、隔离的作用。

（7）水喷雾系统

水喷雾系统是指利用水喷雾喷头在一定水压下将水流分解成细小水雾滴进行灭火或防护冷却的一种灭火系统。适用于存放易燃液体的场所及用于扑救电气设备的火灾。

14.3 建筑排水系统概述

建筑排水系统的功能是将人们在日常生活和工业生产过程中使用过的受到污染的水以及降落

到屋面的雨水、雪水收集起来，及时排到室外。

14.3.1 建筑排水系统的分类

（1）生活排水系统

生活排水系统排除居住建筑、公共建筑及工业企业生活间的污水和废水。它又可分为生活污水排水系统和生活废水排水系统。

（2）工业废水排水系统

工业废水排水系统排除工业企业在生产过程中产生的污废水。根据污染程度分为生产污水排水系统和生产废水排水系统。

（3）屋面雨水排水系统

屋面雨水排水系统排除降落到屋面的雨水及雪水。

14.3.2 建筑排水系统的组成

一般建筑内部的排水系统由污（废）水收集器、排水管道、通气管、清通装置、提升设备等组成。其中排水管道又分为器具排水管、排水横支管、排水立管、排出管等。

14.3.3 建筑排水管道的布置

建筑内部排水管道布置时应遵循以下原则：

① 排水畅通，水利条件好；

② 保证设有排水管道的房间或场所的正常使用；

③ 保证排水管道不受损坏；

④ 室内环境卫生条件好；

⑤ 施工安装、维护管理方便；

⑥ 占地面积小，总管线短，工程造价低。

14.4 建筑给水排水施工图的识读

14.4.1 制图标准中的相关规定

（1）线型（表 14.1）

表 14.1 建筑给水排水专业制图常用线型

名称	线型	线宽	一般用途
粗实线	——————	b	新设计的各种排水和其他重力流管线
粗虚线	— — — — —	b	新设计的各种排水和其他重力流管线的不可见轮廓线
中粗实线	——————	$0.75b$	新设计的各种给水和其他压力流管线；原有的各种排水和其他重力流管线
中粗虚线	— — — — —	$0.75b$	新设计的各种给水和其他压力流管线及原有的各种排水和其他重力流管线的不可见轮廓线
中实线	——————	$0.50b$	给水排水设备、零（附）件的可见轮廓线，总图中新建的建筑物和构筑物的可见轮廓线，原有的各种给水和其他压力流管线
中虚线	— — — — —	$0.50b$	给水排水设备、零（附）件的不可见轮廓线，总图中新建的建筑物和构筑物的不可见轮廓线，原有的各种给水和其他压力流管线的不可见轮廓线

续表

名称	线型	线宽	一般用途
细实线	——————————	0.25b	建筑的可见轮廓线;总图中原有的建筑物和构筑物的可见轮廓线;制图中的各种标注线
细虚线	— — — — — —	0.25b	建筑的不可见轮廓线;总图中原有的建筑物和构筑物的不可见轮廓线
单点长画线	—————·———	0.25b	中心线、定位轴线
折断线	———⌐⌐———	0.25b	断开界线
波浪线	∿∿∿	0.25b	平面图中的水面线;局部构造层次范围线;保温范围示意线

（2）比例

建筑给排水平面图宜与建筑专业一致，一般采用比例 1：150、1：100、1：50。建筑给排水轴测图宜与相应图纸一致，一般采用比例 1：150、1：100、1：50；在轴测图中，如局部表达有困难时，该处可不按比例绘制。

（3）图例（图 14.2）

表 14.2　管道及附件图例

序号	名称	图　例	备　注
1	管道	——————— J ———————	生活给水管
		——————— W ———————	污水管
		——————— Y ———————	雨水管
		——————— XH ———————	消火栓给水管
2	立管检查口	╟	
3	清扫口	⊙— ⊤	左:平面图,右:系统图
4	通气帽	↑ ⌒	左:成品,右:蘑菇形
5	圆形地漏	⊘ ⊤	通用。如无水封,地漏应加存水弯
6	S形存水弯	 ⅁	
7	P形存水弯	 ↳	
8	闸阀	 ▷◁	
9	截止阀	▷◁ ●┬	
10	止回阀	 ▷/	
11	室外消火栓	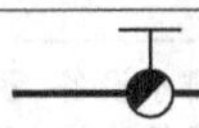 ◉	
12	室内消火栓(单口)	◣ ◓	左:平面图,右:系统图白色为开启面
13	室内消火栓(双口)	▨ ✴	左:平面图,右:系统图

续表

序号	名称	图 例	备 注
14	水泵接合器		
15	水流指示器		
16	立式洗脸盆		
17	台式洗脸盆		
18	浴盆		
19	污水池		
20	淋浴喷头		
21	水表井		

（4）管径

管径的单位应为 mm。水煤气输送钢管、铸铁管等管材，宜以公称直径 DN 表示。无缝钢管、焊接钢管等管材，宜以外径 D×壁厚表示。建筑给水排水塑料管材，宜以公称外径 DN 表示。钢筋混凝土管，宜以内径 d 表示。单管管径表示法如图 14.1 所示，多管管径表示法如图 14.2 所示。

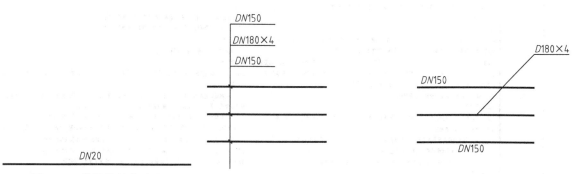

图 14.1　单管管径表示法　　　　　图 14.2　多管管径表示法

（5）编号

当建筑物的给水引入管或排水排出管的数量超过一根时，应进行编号，编号宜按图 14.3 的方法表示。

建筑物内穿越楼层的立管，其数量超过一根时，应进行编号，编号宜按图 14.4 的方法表示。

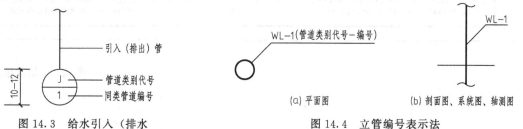

图 14.3　给水引入（排水　　　　　图 14.4　立管编号表示法
　　　　　排出）管编号表示法

给水排水施工图设计说明

1 设计依据

1.1 给排水专业与消防、卫生有关的现行设计规范、规程。

《建筑给水排水设计规范》GB 50015—2003（2009年版）

《建筑设计防火规范》GB 50016—2014

《住宅建筑规范》GB 50368—2005《住宅设计规范》GB 50096—2011

《建筑灭火器配置规范》GB 50140—2005

《民用建筑太阳能热水系统应用技术规范》GB 50364—2005

《消防给水及消火栓系统技术规范》GB 50974—2014

《民用建筑绿色评价标准》JGJ/T-229-2010《绿色建筑评价标准》GB/T 50378—2014

《城镇绿色建筑技术设计规范》GB 50788—2012《民用建筑节水设计标准》GB 50555—2010

山东省绿色建筑相关技术标准

1.2 本工程设计任务书，建设单位提供的建筑周围市政条件资料。

1.3 建筑和有关工种提供的条件设计及设计资料。

2 工程概况

2.1 本工程是住宅楼，建设地点位于山东省莱市。

2.2 本工程为建筑面积5244m²，建筑层数为6层，建筑总高度为18.85m，砖混结构。

2.3 本工程为小型住宅建筑。

3. 设计范围

3.1 本工程设有生活给水系统、生活污水排水系统、太阳能热水、灭火器配置设计。

3.2 本设计范围包括由地红线以内的室外给水排水、小型排水构筑物。

4. 系统说明

4.1 生活给水系统

4.1.1 （甲方提供）本工程水源为市政供水，由用地南侧市政给水管接入一根 dn 200供给本工程用水。

4.1.2 本工程最高日用水量为16.8m³/d，最大小时用水量为 1.75m³/h 。

4.1.3 市政给水管网供水压力为0.30MPa。水质应符合现行的国家标准《生活饮用水卫生标准》的要求。

4.1.4 本工程供水方式为市政给水管网直接供水。供水压力0.30MPa，经计算供水压力均能满足套内分户用水点的给水压力不小于0.05MPa，入户侧的给水压力不大于 0.35MPa 。

4.1.5 每户DN 20水表设于储藏层水表间内。

4.2 热水系统

4.2.1 本工程采用太阳能热水系统，由屋面太阳能热水器提供。户内给水及热水系统通过电动三通转换阀与屋面太阳能热水器相连。

4.2.2 本工程每户最高日热水（60℃）用水量为120L/d。每户每日热水用量（60℃）40L，每户按3人计算。当太阳能热水系统供暖量不足时，各户启动电辅助加热为本户供应热水。

4.2.3 本工程热水水质应符合现行的国家标准《生活饮用水卫生标准》的要求。

4.3 污、废水系统

4.3.1 本系统污、废水合流，生活污水经室外化粪池处理后排入市政污水管网。

4.3.2 本工程最高日排水量为15.1m³。

4.4 雨水系统

4.4.1 雨水系统按泰安地区暴雨强度公式设计，其公式如下：

$$q = 3500.28 \times (1 + lgP) / (t + 13.9)^{0.8} \text{ (L/s · 公顷)}$$

4.4.2 屋面雨水系统设计重现期2年，溢流能力与雨水排水量之和排水量为10年重现期雨水量。

4.4.3 屋面雨水采用外排水，经汇集后排至散水（外排雨水由建筑专业设计，详见建施图）。

4.5 空调冷凝水系统：空调冷凝水集中排放。

4.6 室外消火栓系统

4.6.1 本工程室外消火栓用水量15L/s。需设置2具室外消火栓，其间距不应大于120m，消火栓距建筑边不应大于2m，距房屋外墙不少于5m，室外消火栓系统由小区统一考虑。

4.6.2 水源

本工程水源为市政供水，由用地南、北侧市政给水管各接入一根 dn 200 供水管供给生活用水及室外消防用水，市政供水压力 0.30MPa 满足室外低压消防要求。

4.7 灭火器

本建筑储藏室按A类火灾轻危险等级设置灭火器，灭火器采用手提式（磷酸铵盐）干粉灭火器，灭火器设置在不妨碍通行的位置，每点2具，放在专用灭火器箱内，禁止设锁闭装置。

施工说明

1 管材及接口

1.1 生活给水管选用S5级PP-R给水管，热熔连接，与 PP-R 给水管连接的管件必须为热熔管件。热水管道选用S2.5级 PB 热水管，（使用水温不应大于70℃），热熔连接。

1.2 生活排水立管、支管及专用通气立管采用PP超静音排水塑料管材，柔性承插连接。出屋面部分采用机制排水铸铁管，橡胶圈连接。

1.3 空调冷凝水管采用抗老化UPVC塑料管，黏接。

1.4 采用的管材应符合下列要求：

1.4.1 管材与管件应配套，且应符合现行产品标准的要求和卫生标准；

1.4.2 管道的工作压力不得大于产品标准规定相应介质温度下的工作压力；

1.4.3 设备机房内不采用塑料管材。

2 阀门及附件

2.1 阀门

2.1.1 生活给水管上采用全铜质球阀。采用阀门的工作压力为1.0MPa。

2.1.2 压力排水阀门采用闸阀，采用阀门的工作压力为 1.0MPa 。

2.2 止回阀

止回阀的工作压力与同位置的阀门一致。

2.3 附件

2.3.1 管道穿过沉降缝、伸缩缝处可采用不锈钢波纹管或可挠曲橡胶接头。其工作压力应与所在管道工作压力一致。

2.3.2 带水封的地漏水封深度不小于50mm，不得采用钟罩（扣碗）式地漏。构造内无存水弯的卫生器具与生活污水管道连接时，在排水口以下应设存水弯，其水封深度不得小于50mm。

2.3.3 塑料排水管伸缩节：当层高不超过4m时，排水立管每层设一个伸缩节；当层高超过4m时，每层设2个伸缩节；横支管直管段长度超过2m时，设伸缩节；伸缩节之间最大间距不得超过4m；伸缩节应尽量设在靠近水流汇合管件处。配合伸缩节设置清扫口和固定支架。支架做法参见国家标准图集10S406。

2.3.4 排水塑料管安装好防火圈的地方有：（指高层建筑）图片安装见国家标准图集10S406。（1）穿越防火墙处；（2）明装管道穿越楼板处；（3）管并内管道穿越防火分隔处。

3 卫生洁具

3.1 本工程卫生洁具型号及颜色由业主和装修确定，卫生洁具安装留洞见国标09S304。

3.2 卫生洁具给水及排水五金配件应符合《节水型生活用水器具》CJ/T 164—2014的规定。

3.3 采用3/6 升两档的节水坐便器。

3.4 卫生器具和用水设备的生活饮用水管配水件出水口不得被任何液体或杂质所淹没，且应高出用水器水壶溢流边缘的最小空气间隙，不得小于出水口直径的2.5倍。

4 管道敷设

4.1 管道穿墙和楼板时应设金属或塑料套管。安装于楼板内的套管，其顶部应高于装饰地面20mm；安装于墙内的套管，其洞部应高于装饰地面50mm；底部与楼板底部相平；安装与墙壁内的套管，其两端与饰面相平。管内空隙用阻燃密实材料和防水油膏填实，且端面光滑。

4.2 管道穿梁、穿钢筋混凝土墙时，应预埋套管；管道地下室外墙时埋刚性防水套管，应用防水材料封堵严密；水泵吸水管穿越水池池壁时对应埋柔性防水套管；其它管穿越水池池壁时埋刚性防水

图 14.5 给水排水

套管设。

4.3 敷设在垫层或墙槽内的塑料给水、热水管或金属与塑料复合管材，外径不应大于25mm；地面上宜有管道位置的临时标识。

4.4 管道坡度：各种管道应根据图中所注标高进行施工，当未注明时，按下列坡度安装。

4.4.1 给水管、消防管按0.002～0.005坡度，坡向泄水装置。

4.4.2 排水管道应按图中注明的坡度或标高施工，如未注明时，均按下列坡度安装。

管径/mm	DN50	DN75	DN100	DN150
污水、废水管标准坡度	0.035	0.025	0.02	0.01

通气管以0.01的上升坡度坡向通气立管。

4.5 管道支架：管道支架或管卡应固定在楼板上或承重结构上。

4.5.1 给排水消防管道支架和卡箍间距按《建筑给水排水及采暖工程施工质量验收规范》及国标《室内管道支架及吊架》03S402进行。

4.5.2 水泵房内应用减震器及吊架。

4.5.3 铸铁排水管的吊钩或卡箍应固定在承重结构上，固定件间距：横管不得大于2m，立管不得大于3m，层高小于或等于4m，立管可安一个固定件，立管转向的弯管处应设支墩。

4.6 暗设在管井、吊顶内的管道，凡设阀门或检查口处应设检修门，检修口，暗装在墙内的阀门手柄应留在墙外。

4.7 水泵、设备等基础螺栓孔位置，以到货的实际尺寸为准；水泵基础混凝土强度不小于C20。

4.8 所有穿混凝土楼板、墙、水池及安装在墙内的管道，施工时应与土建密切配合。

5　管道及设备保温

5.1 管道及设备保温应在水压试验合格，完成防腐处理后进行。

5.2 设在储藏层的管道及其他非采暖区域的给水管道均应做保温，吊顶内的给排水管均应做防结露保温。

5.3 保温材料采用超细玻璃棉：非采暖房间内的管道保温层厚度为50mm；防结露给水管保温厚度为10mm。

6　防腐及油漆

在涂刷油漆前必须清除表面的灰尘、污垢、锈斑、焊渣等物，涂刷油漆厚度均匀，不得有脱皮、起泡、流痕和漏涂现象，防腐及油漆做法：

(1) 管道支架均先刷防锈漆二道后，再刷灰色调和漆二道；

(2) 溢、泄水管先刷防锈漆二道，再在外壁刷蓝色调和漆二道；

(3) 暗装金属污水管，外刷石油沥青二道；

(4) 压力排水管外壁先刷防锈漆二道，再刷灰色调和漆二道。

7　管道试压

管道安装完毕后应按设计规定对管道系统进行强度、严密性试验，以检查管道系统及各连接部位的工程质量。

7.1 冷热水管工作压力为1.0MPa，生活热水管试验压力为1.5MPa，试压方法应按《建筑给水排水及采暖工程施工质量验收规范》GB 50242—2002的规定执行。

7.2 隐敷或埋地的排水管道在隐蔽前必须做灌水试验，其灌水高度应不低于底层卫生器具的上边缘或底层地面高度，检验方法：满水15min，水面下降后，再灌满观察5min，液面不降，管道及接口无渗漏为合格。排水立管及水平干管管道均应做通球试验，通球球径不小于排水管道管径的2/3，通球率必须达到100%。

7.3 管道的试验压力表应定位于系统或试验部分的最低部位。

8　管道冲洗和试射

8.1 给水和热水管道在系统运行前必须用冲洗，要求以系统最大设计流量或不小于1.5m／s的流速进行冲洗，直到出水口的水色和透明度与进水目测一致为合格。

8.2 雨水管和排水管冲洗以管道通畅为合格。

9　管道消毒

生活给水管道、生活热水管道，在管道冲洗工作完成后，再以浓度为20～30mg／L游离氯的水灌满整个管道，并在管中停留24h进行消毒，消毒结束后用生活饮用水冲洗，并经卫生监督部门取样检验，达到现行国家现行标准《生活饮用水卫生标准》

GB 5749—2006后，方可投入使用。

10　太阳能安装

10.1 户内均设置太阳能热水系统，采用整体式太阳能，设于屋面。每户集热面积为2m²，储水箱100L，集热器安装角度36°±10°。真空管管数15根，型号参照LPDHWS-100-2-Y。

10.2 太阳能热水系统的热性能应满足太阳能产品国家标准和使用要求。系统中集热器、储水箱、支架等主要部件正常使用寿命不应少于10年。

10.3 太阳能系统安全可靠，内置加热器部位必须带有保证使用安全的装置，产品应有过热保护、防冻、耐热冲击、安全泄压、防触漏、防雷、抗风、抗震等安全技术措施。

10.4 安装在建筑上或直接构成建筑维护结构的太阳能系统，应有防止热水渗漏的安全保障设施。

10.5 安装太阳能集热器的部位应有防止太阳能热水器损坏后坠落伤人的安全防护措施。

10.6 安装在建筑上或直接构成建筑维护结构的太阳能系统，应有防止热水渗漏的安全保障设施。

10.7 太阳能热水系统的设计须符合《民用建筑太阳能热水系统应用技术规范》（GB 50364—2005）、《太阳能热水系统建筑一体化设计与应用》（L07SJ906）及《太阳能热水器安装与建筑构造》（L05SJ904）的要求。

11　其他

11.1 图中所注尺寸除管长、标高以m计外，其余以mm计。

11.2 本图所示管道标高：给水、热水、消防、压力排水管等压力管指管中心；污水、废水、雨水、溢水、泄水管等重力流管道和无水流的通气管指管内底。

11.3 施工中应与土建公司和其他专业公司密切协作，合理安排施工进度，及时预留孔洞和预埋套管，以防碰撞和返工。

11.4 图纸未经图纸审查机构盖章，不得作为施工依据，仅可作为技术参考资料。该工程须经图纸审查后方可施工，如需变更，必须经过建设单位认可。

11.5 除本设计说明外，尚应遵守下列规范、规程：
《建筑给水排水及采暖工程施工及质量验收规范》GB 50242—2002
《给水排水构筑物施工及验收规范》GB 50141—2008

采用标准图集目录

序号	编号	标准图名称	页次	备注
1	L13S10	室内管道支架及吊架	全册	省标
2	L13S11	管道和设备保温、防结露及电伴热	全册	省标
3	L13S1	卫生设备安装	全册	省标
4	01SS105	常用小型仪表及特种阀门选用安装	全册	国标
5	04S301	建筑排水设备附件选用安装	全册	国标
6	11SS405-2	无规共聚聚丙烯(PP-R)给水管安装	59～92	国标

设计施工说明

14.4.2 建筑给排水施工图的作用和内容

（1）建筑给排水施工图的作用

建筑给排水施工图是建筑给排水施工的依据和必须遵守的文件。它主要用来说明给水和排水方式，所用材料及设备的型号、安装方式、安装要求，与建筑物其他设施的关系等一系列内容，是重要的施工技术文件。

（2）建筑给排水施工图的内容

建筑给水排水施工图主要由首页图、平面图、系统图（轴测图）、详图等组成。

① 首页图。首页图主要包括图纸目录、设计说明、图例、设备材料明细表等内容。

图纸目录显示设计人员绘制图纸的顺序，便于核对图纸数量和查阅图纸。

设计说明（图14.5）主要用来表达设计图纸上用途或符号表达不清楚的问题，或有些内容用文字能够简单明了说清楚的问题。设计说明的主要内容有：设计依据、设计范围、设计概况及技术指标，如给水方式、排水体制的选择等；施工说明，如图中尺寸采用的单位；采用的管材及连接方式；管道防腐、防结露的做法；保温材料的选用、保温层的厚度及做法等；卫生器具的类型及安装方式；施工注意事项；系统的水压试验要求；施工验收应达到的质量标准等。如有水泵、水箱等设备，还必须写明型号、规格及运行要点等。

设备材料明细表（图14.6）中列出图纸中用到的主要设备的型号、规格、数量及性能要求等，用于在施工备料时控制主要设备的性能。对于重要工程，为了使施工准备的材料和设备符合图纸的要求，并且便于备料，设计人员应编制一个主要设备材料明细表，主要包括设备材料的序号、名称、型号规格、单位、数量和备注等项目。此外，施工图中涉及的其他设备、管材、阀门和仪表等也应列入表中。对于一些不影响工程进度和质量的零星材料可不列入表中。

② 平面图（图14.7～图14.11）。平面图是给水排水施工图的基本图示部分。它主要表示建筑物各层的给水排水管道及用水设备的平面布置情况。平面图一般应分层按正投影法绘制。若各层管道、设备的布置相同时，可只绘制首层和标准层平面图。在通常情况下，若建筑物的给水系统、排水系统不是很复杂，可将给水和排水管道绘制在一张图纸上；若管线复杂，也可以分开绘制。图纸以能清楚表达设计意图而数量又最少为原则。

平面图所表达的主要内容有：建筑物内与给水排水有关的建筑物的平面形状、房间布置、定位轴线及各房间的主要尺寸等；用水设备、卫生器具、水箱、水泵等的平面布置、类型和安装方式；建筑物各层给排水干管、立管、支管的位置、管径及编号；水表、阀门、清扫口、地漏等管道附件的类型和位置。

③ 系统图（图14.12、图14.13）。系统图也称轴测图，一般按45°正面斜轴测图绘制。系统图表示给水排水系统空间位置及各层间、前后左右间的关系。给水系统图、排水系统图应分别绘制。当系统图立管、支管在轴测方向重复交叉影响识图时，可断开移到图面空白处绘制。

系统图所表达的主要内容有：给水系统图应标明给水设备、用水设备、各种控制阀门、配水龙头及附件等；排水系统图应标明通气帽、清扫口、检查口、存水弯及地漏等；系统图应标注所有管道的管径、标高及坡度；给水引入管、污水排出管和立管等的编号；其中，标高±0.000处应与建筑图一致，各立管的编号应与平面图一致。

④ 详图。当有些设备的构造或管道之间的连接情况在平面图或系统图上表示不清楚，又无法用文字说明时，可以将其局部放大比例绘制成详图。常用的卫生设备安装详图，通常套用标准图集中的图样，不必另行绘制，只要在设计施工说明或图纸目录中写明所套用的图集名称及其中的详号图即可。当没有标准图时，设计人员需自行绘制。

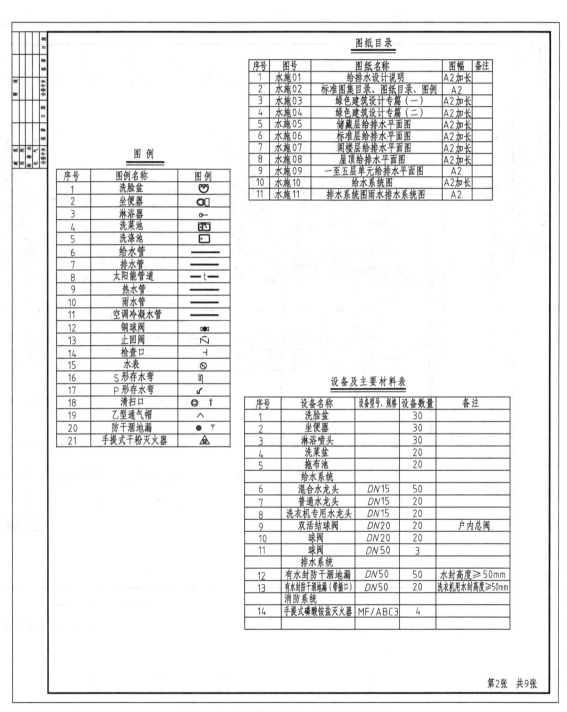

图纸目录

序号	图号	图纸名称	图幅	备注
1	水施01	给排水设计说明	A2加长	
2	水施02	标准图集目录、图纸目录、图例	A2	
3	水施03	绿色建筑设计专篇（一）	A2加长	
4	水施04	绿色建筑设计专篇（二）	A2加长	
5	水施05	储藏层给排水平面图	A2加长	
6	水施06	标准层给排水平面图	A2加长	
7	水施07	阁楼给排水平面图	A2加长	
8	水施08	屋顶给排水平面图	A2加长	
9	水施09	一至五层单元给排水平面图	A2	
10	水施10	给水系统图	A2加长	
11	水施11	排水系统图雨水排水系统图	A2	

图 例

序号	图例名称	图例
1	洗脸盆	
2	坐便器	
3	淋浴器	
4	洗菜池	
5	洗涤池	
6	给水管	
7	排水管	
8	太阳能管道	—t—
9	热水管	
10	雨水管	
11	空调冷凝水管	
12	铜球阀	
13	止回阀	
14	检查口	
15	水表	
16	S形存水弯	
17	P形存水弯	
18	清扫口	
19	乙型通气帽	
20	防干涸地漏	
21	手提式干粉灭火器	

设备及主要材料表

序号	设备名称	设备型号、规格	设备数量	备注
1	洗脸盆		30	
2	坐便器		30	
3	淋浴喷头		30	
4	洗菜盆		20	
5	拖布池		20	
	给水系统			
6	混合水龙头	DN15	50	
7	普通水龙头	DN15	20	
8	洗衣机专用水龙头	DN15	20	
9	双活结球阀	DN20	20	户内总阀
10	球阀	DN20	20	
11	球阀	DN50	3	
	排水系统			
12	有水封防干涸地漏	DN50	50	水封高度≥50mm
13	有水封防干涸地漏（带插口）	DN50	20	洗衣机用水封高度≥50mm
	消防系统			
14	手提式磷酸铵盐灭火器	MF/ABC3	4	

第2张　共9张

图 14.6　标准图集目录、图纸目录、图例

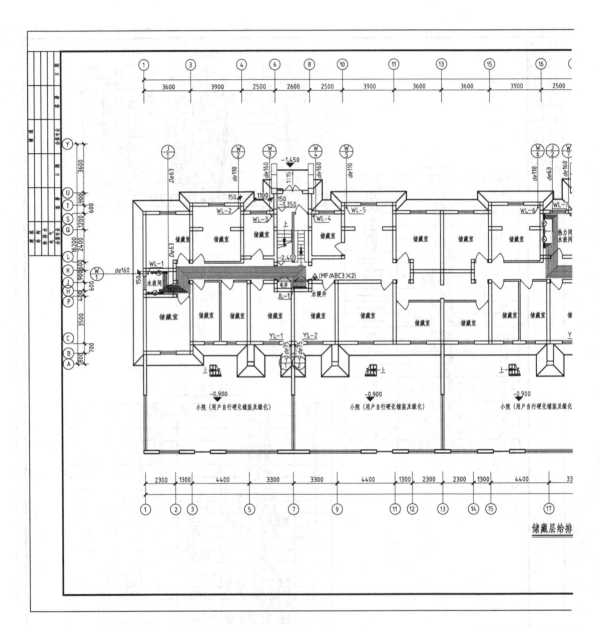

图 14.7 储藏室给

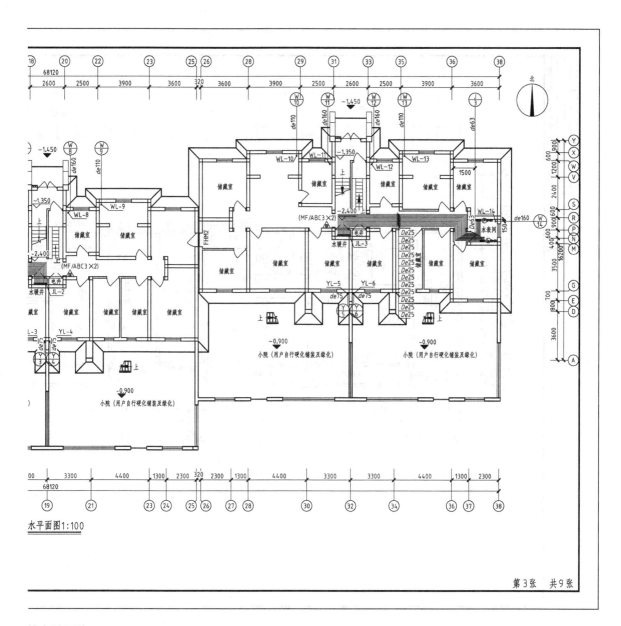

水平面图1:100

排水平面图

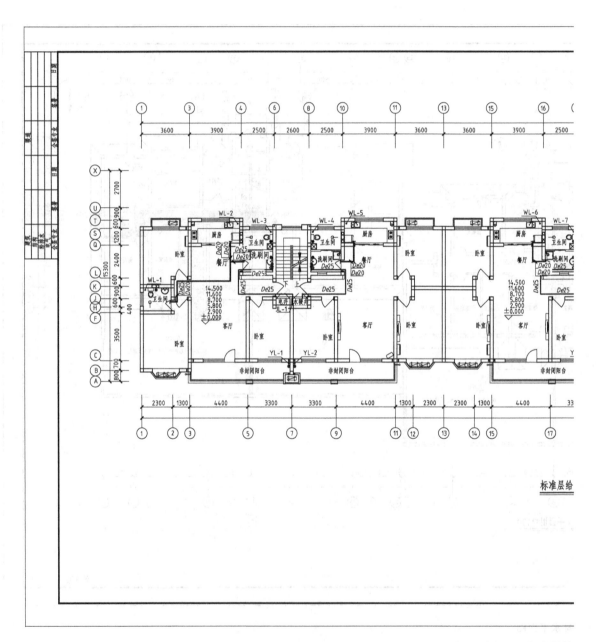

图 14.8 标准层给

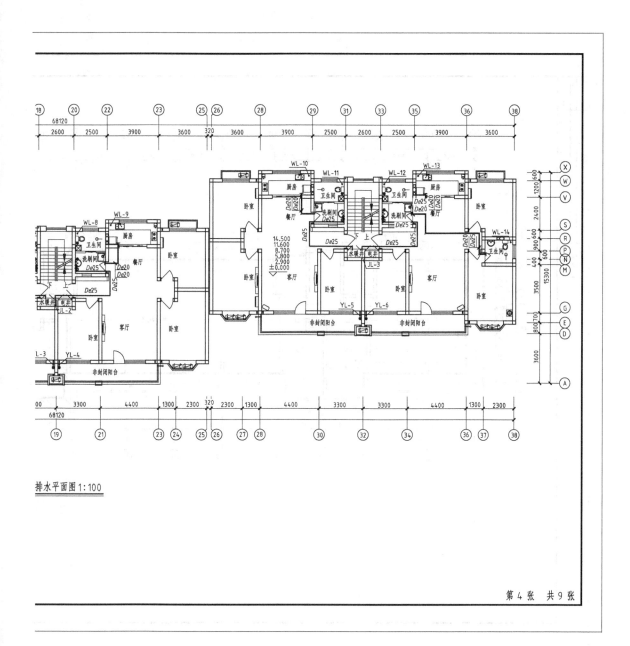

排水平面图1:100

排水平面图

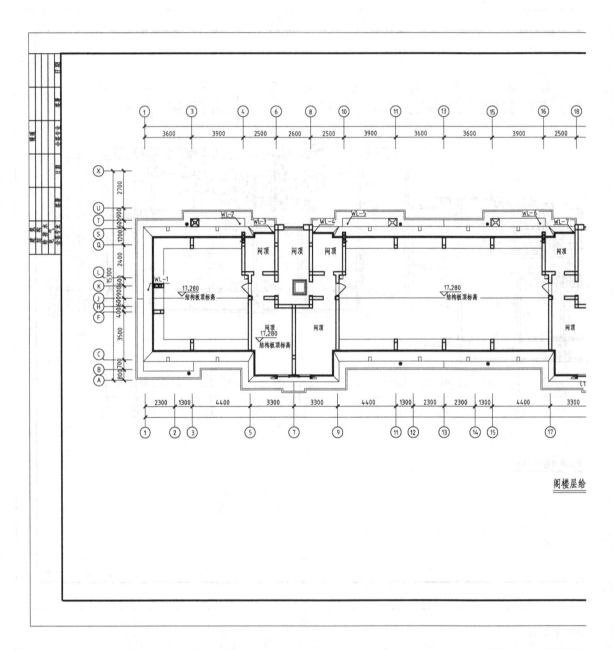

图 14.9　阁楼层给

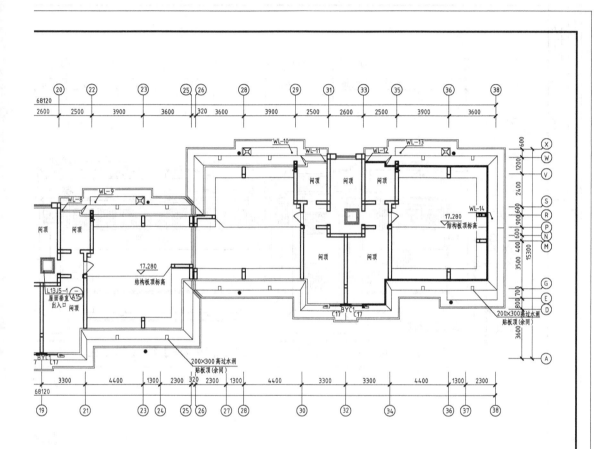

排水平面图1:100

排水平面图

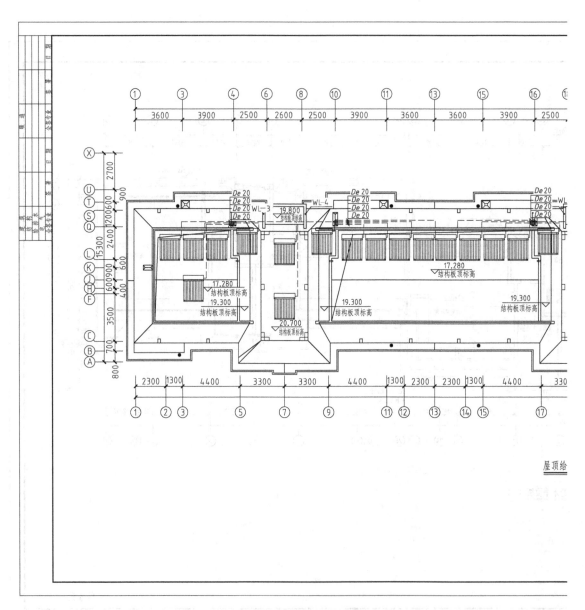

图 14.10　屋顶给

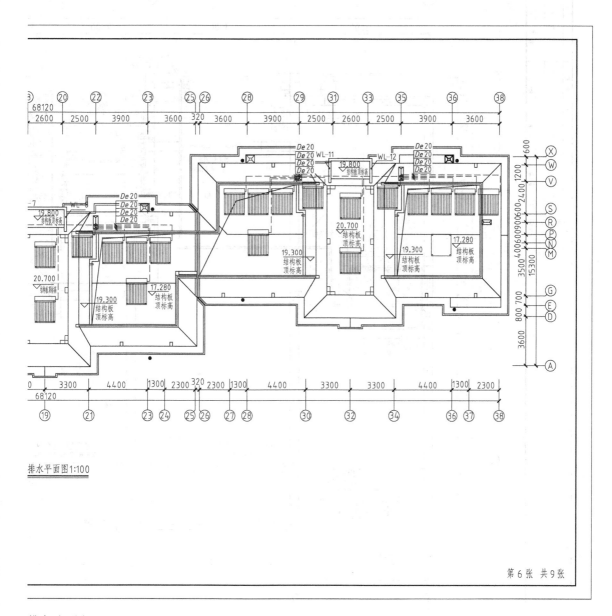

排水平面图1:100

排水平面图

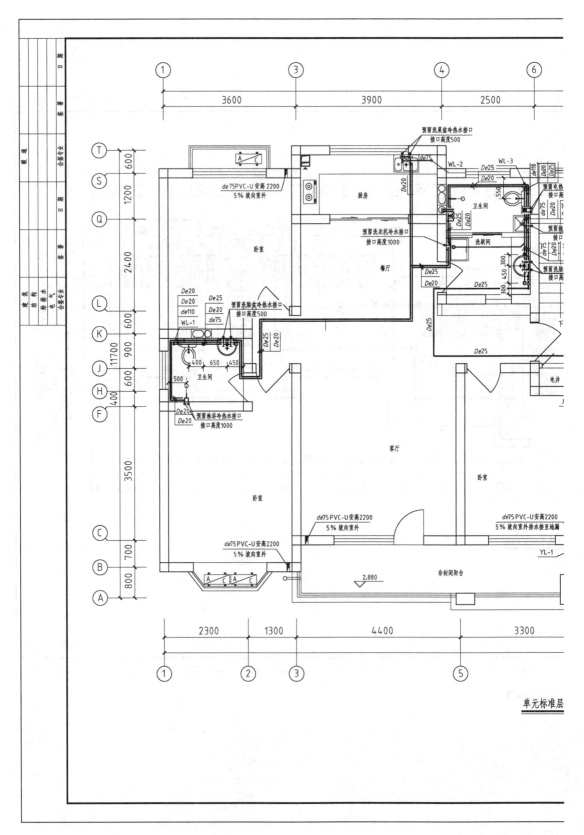

图 14.11 单元标准

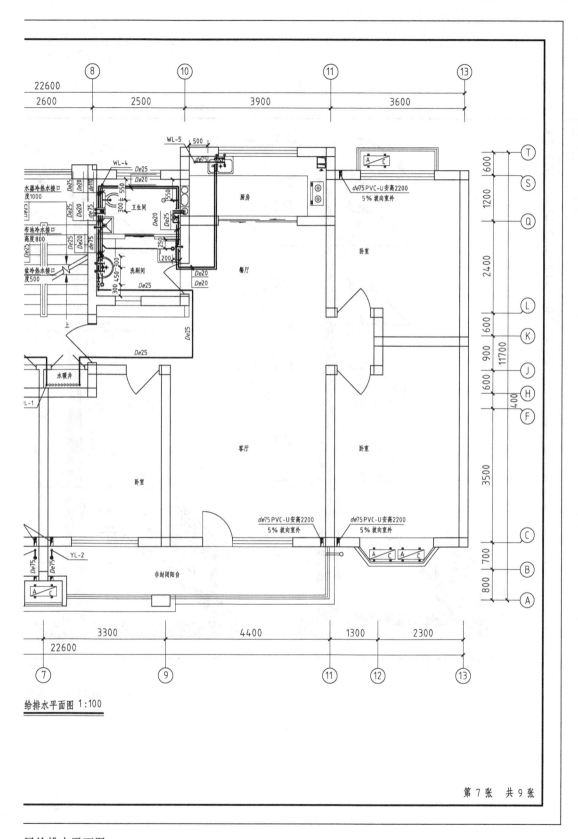

给排水平面图 1:100

第7张 共9张

层给排水平面图

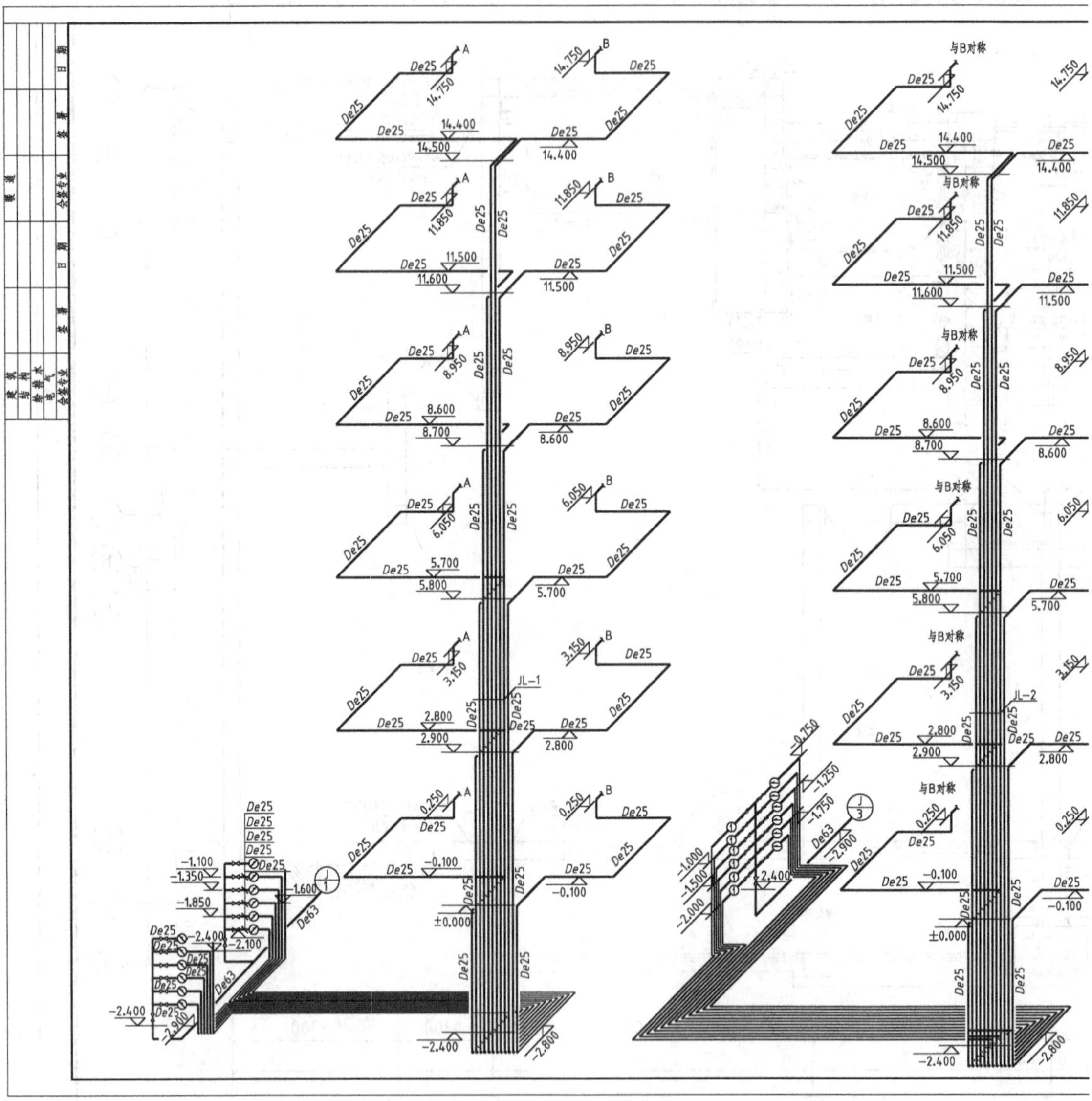

图 14.12　给水

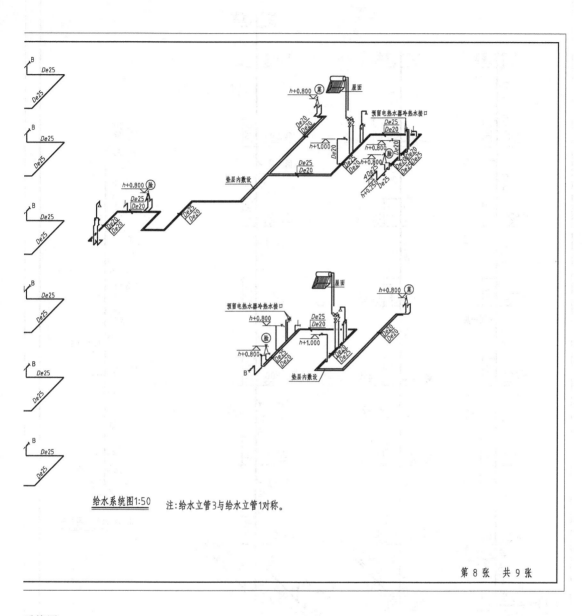

给水系统图1:50   注:给水立管3与给水立管1对称。

系统图

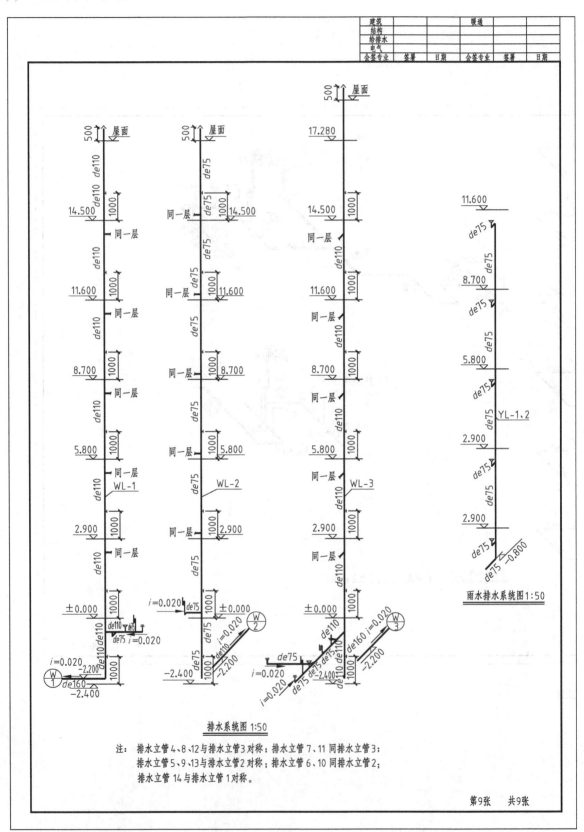

图 14.13　排水系统图、雨水排水系统图

14.4.3　建筑给排水施工图的识读

① 首先，能看懂建筑施工图，弄清图纸中的方向和该建筑在总平面图中的位置。

② 看图时，先看设计施工说明，明确设计要求，了解工程概况。设计施工说明一般放在施工图的首页，简单工程可与平面图或系统图放在一起。

③ 要将施工图按给水、消防、排水分别阅读，将平面图和系统图对照起来看。

④ 给水系统可以从引入管起顺着管道的水流方向，经干管、立管、支管到用水设备，将平面图和系统图对应起来，弄清管道的方向，分支位置，各段管道的管径、标高、坡度、坡向、管道上的阀门及配水龙头的位置和种类等。

⑤ 排水系统可从卫生器具开始，沿水流方向，经支管、横管、立管，一直查看到排出管、室外检查井。弄清管道的方向，管道汇合位置，各管段的管径、标高、坡度、坡向、检查口、清扫口和地漏的位置，风帽的形式等。

⑥ 最后结合平面图和系统图及设计施工说明看详图，搞清卫生器具的类型、安装形式，设备的型号规格和配管形式等，将整个给水排水系统的来龙去脉以及对施工安装的具体要求搞清楚。

第15章

暖通空调施工图

▶▶

建筑设备系统是构成建筑体系的重要环节，包括采暖系统、通风空调系统、建筑给排水系统、燃气系统、电气系统等部分。建筑设备制图也有明确的国家标准和行业标准的约束，本章将主要介绍采暖、通风空调系统的制图标准和制图方法。

15.1 暖通空调工程制图标准

暖通空调工程制图标准主要有国家标准《暖通空调制图标准》（GB/T 50114—2010）、行业标准《供热工程制图标准》（CJJ/T 78—2010）以及其他相关现行建筑制图标准。

15.1.1 图线

暖通空调工程制图采用的线型及含义，宜符合表 15.1 的规定。供热工程制图的线型，宜符合表 15.1 的规定。

表 15.1　暖通空调及供热工程制图线型及含义

名称		线型	线宽	一般用途
实线	粗		b	单线表示的供水管线
	中粗		$0.7b$	本专业设备轮廓、双线表示的管道轮廓
	中		$0.5b$	尺寸、标高、角度等标注线及引出线；建筑物轮廓
	细		$0.25b$	建筑布置的家具、绿化等；非本专业设备轮廓
虚线	粗		b	回水管线及单根表示的管道被遮挡的部分
	中粗		$0.7b$	本专业设备及双线表示的管道被遮挡的轮廓
	中		$0.5b$	地下管沟、改造前风管的轮廓线；示意性连线
	细		$0.25b$	非本专业虚线表示的设备轮廓等
波浪线	中		$0.5b$	单线表示的软管
	细		$0.25b$	断开界线
单点长画线	细		$0.25b$	轴线、中心线
双点长画线	细		$0.25b$	假想或工艺设备轮廓线
折断线	细		$0.25b$	断开界线

续表

名称		线型	线宽	一般用途
供热工程制图线型	实线 粗		b	1.单线表示的管道;2.设备平面图和剖面图中的设备轮廓;3.设备和零部件等的编号标志线;4.剖切位置线
	实线 中		$0.5b$	1.双线表示的管道;2.设备及管道平面图和设备及管道剖面图中的设备轮廓线尺寸起止符
	虚线 粗		b	1.被遮挡的单线表示的管道;2.设备平面图和剖面图中被遮挡设备的轮廓线
	虚线 中		$0.5b$	1.被遮挡的双线表示的管道;2.设备、管道平面图和剖面图中被遮挡设备的轮廓线拟建的设备和管道

15.1.2 比例

暖通空调工程总平面图、平面图的比例,宜与工程项目设计的主导专业一致,其余可按表15.2选用。供热工程的总平面图、单体平面图的比例,应符合表15.3的规定。

表15.2 暖通空调工程制图比例

图名	常用比例	可用比例
剖面图	1:50、1:100	1:150、1:200
局部放大图、管沟断面图	1:20、1:50、1:100	1:25、1:30 1:150、1:200
索引图、详图	1:1、1:2、1:5 1:10、1:20	1:3、1:4、1:15

表15.3 供热工程制图常用比例

图 名		比 例
锅炉房、热力站和中级泵站图		1:20、1:25、1:30、1:50、1:100、1:200
供热管网管线平面图 供热管网管线系统图	供热规划	1:5000、1:10000、1:20000
	可行性研究	1:2000、1:5000
	初步设计	1:1000、1:2000、1:5000
	施工图	1:500、1:1000
管线区断面图		铅垂方向1:50、1:100 水平方向1:500、1:1000
管线横剖面图		1:10、1:20、1:50、1:100
管线节点、检查室图		1:20、1:25、1:30、1:50
详图		1:1、1:2、1:5、1:10、1:20

当一张图幅内绘制平、剖面等多种图样时,宜按平面图、剖面图、安装详图,从上至下、从左至右的顺序排列;当一张图幅绘有多层平面图时,宜按建筑层次由低至高,由下而上的顺序排列。

15.1.3 代号及图例

暖通空调工程中的设备、阀门附件、管道种类繁多,需要统一绘图的代号及图例,便于设计、施工和运行管理。

（1）代号

暖通空调工程制图中的水、汽管道代号见表15.4。

表 15.4 暖通空调工程制图水、汽管道代号

序号	代号	管道名称	序号	代号	管道名称
1	RG	采暖热水供水管	22	Z2	二次蒸汽管
2	RH	采暖热水回水管	23	N	凝结水管
3	LG	空调冷水供水管	24	J	给水管
4	LH	空调冷水回水管	25	SR	软化水管
5	KRG	空调热水供水管	26	CY	除氧水管
6	KRH	空调冷水回水管	27	GG	锅炉进水管
7	LRG	空调冷、热水供水管	28	JY	加药管
8	LRH	空调冷、热水回水管	29	YS	盐溶液管
9	LQG	冷却水供水管	30	XI	连续排污管
10	LQH	冷却水回水管	31	XD	定期排污管
11	n	空调冷凝管	32	XS	凝水管
12	PZ	膨胀管	33	YS	溢水(油)管
13	BS	补水管	34	R_1G	一次热水供水管
14	X	循环管	35	R_1H	一次热水回水管
15	LM	冷媒管	36	F	放空管
16	YG	乙二醇供水管	37	FAQ	安全阀放空管
17	YH	乙二醇回水管	38	O1	柴油供油管
18	BG	冰水供水管	39	O2	柴油回油管
19	BH	冰水回水管	40	OZ_1	重油供油管
20	ZG	过热蒸汽管	41	OZ_2	重油回油管
21	ZB	饱和蒸汽管	42	OP	排油管

暖通空调工程制图中的风道代号宜按表 15.5 所示。

表 15.5 风道代号

序号	代号	管道名称	序号	代号	管道名称
1	SF	送风管	6	ZY	加压通风管
2	HF	回风管	7	P(Y)	排风排烟兼用管道
3	PF	排风管	8	XB	消防补风风管
4	HF	新风管	9	S(B)	透风兼消防补风风管
5	PY	消防排烟风管			

(2)暖通空调设备图例

暖通空调工程中的设备图例宜按表 15.6 选用。

表 15.6 暖通空调设备图例

序号	名 称	图 例	序号	名 称	图 例
1	散热器及手动放气阀	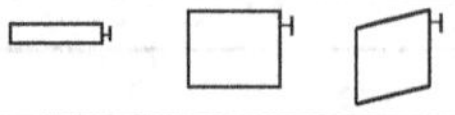	7	水泵	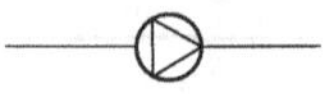
2	散热器及温控阀	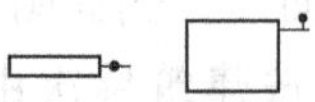	8	手摇泵	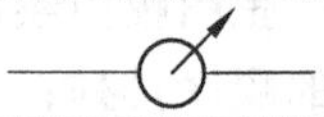
3	轴流风机	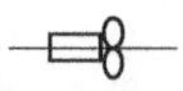	9	变风量末端	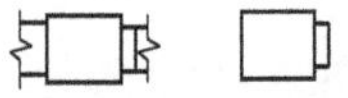
4	轴流式管道风机	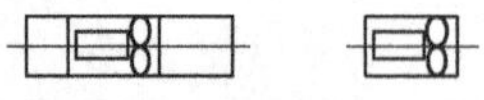	10	加热冷却盘管	
5	离心式管道风机	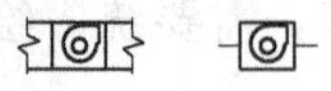	11	空气过滤器	
6	吊顶式排风扇		12	挡水板	

续表

序号	名 称	图 例	序号	名 称	图 例
13	加湿器	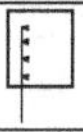	19	卧式暗装风机盘管	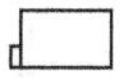
14	电加热器	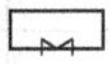	20	分体空调器	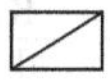
15	板式换热器	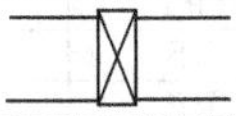	21	窗式空调器	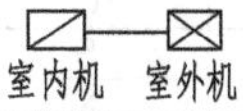 室内机 室外机
16	立式明装风机盘管		22	射流诱导风机	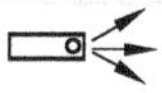
17	立式暗装风机盘管		23	减震器	
18	卧式明装风机盘管	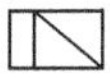			

（3）调控装置及仪表图例

暖通空调工程中的调控装置及仪表的图例宜按表15.7选用。

表 15.7 暖通空调调控装置及仪表图例

序号	名 称	图 例	序号	名 称	图 例
1	温度传感器	T	13	能量计	 E.M
2	湿度传感器	H	14	弹簧执行机构	
3	压力传感器	P	15	重力执行机构	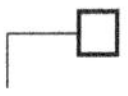
4	压差传感器	ΔP	16	记录仪	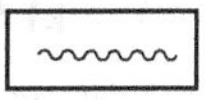
5	流量传感器	F	17	电磁执行机构	
6	烟感器	S	18	电动执行机构	
7	流量开关	FS	19	气动执行机构	
8	控制器	C	20	浮力执行机构	
9	吸顶温度传感器	 T	21	数字输入量	DI
10	温度计		22	数字输出量	DO
11	压力表		23	模拟输入量	AI
12	流量计	 F.M	24	模拟输出量	AO

注：各种执行机构可与风阀、水阀组合表示相应功能的控制阀门。

暖通空调工程中的其余管道、设备及附件的图例详见制图标准。

15.1.4 系统编号

一个工程设计中同时有供暖、通风、空调等两个及以上的不同系统时，应进行系统编号。暖通空调系统编号、入口编号，应由系统代号和顺序号组成。系统代号用大写拉丁字母表示，见表15.8。顺序号用阿拉伯数字表示，如图15.1（a）所示。当系统出现分支时，可采用图15.1（b）的画法。系统编号宜标注在系统总管处。

表 15.8　系统代号

序号	字母代号	系统名称	序号	字母代号	系统名称
1	N	(室内)供暖系统	9	H	回风系统
2	L	制冷系统	10	P	排风系统
3	R	热力系统	11	XP	新风换气系统
4	K	空调系统	12	JY	加压送风系统
5	J	净化系统	13	PY	排烟系统
6	C	除尘系统	14	P(PY)	排风兼排烟系统
7	S	送风系统	15	RS	人防送风系统
8	X	新风系统	16	RP	人防排风系统

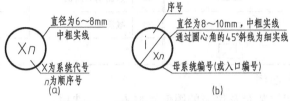

图 15.1　系统代号、编号的画法

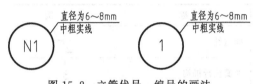

图 15.2　立管代号、编号的画法

竖向布置的垂直管道系统，应标注立管号，在不致引起误解时，可只标注序号，但应与建筑轴线编号有明显区别，如图 15.2 所示。

15.1.5　管道标注

管道标注主要包括管道管径、压力和标高的标注。

低压流体输送用焊接管道规格应标注公称通径或压力。公称通径应由"DN"后跟以 mm 为单位的数字组成，公称压力的代号应为"PN"。输送流体用无缝钢管、螺旋缝或直缝焊接钢管、铜管、不锈钢管，当需要注明外径和壁厚时，应以"D（或 ϕ）外径×壁厚"表示；在不需要注明时，也可采用公称通径表示，数值前加注"DN"。塑料管外径应用"de"表示。

圆形风管的截面定型尺寸应以直径"ϕ"表示。矩形风管的截面定型尺寸应以"A×B"表示，A 应为该视图投影中可见边长的尺寸，B 为另一边尺寸。管径的单位均为 mm，可省略不写。

水平管道的规格宜标注在管道上方，竖向管道的规格宜标注在管道的左侧，双线表示的管道，可标注在管道轮廓线内，如图 15.3（a）～（c）所示。当斜管道不在图 15.3（d）所示的 30°范围内时，管道规格应平行标注在管道的斜上方，若不同该种方法标注时，可用引出线标注。

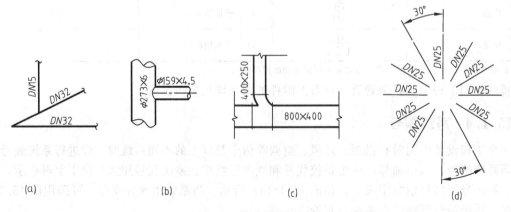

图 15.3　管道规格的标注

多条管道的规格标注方法见图 15.4。采用垂直于管道的细实线作为公共引出线，从公共引出线作若干条间隔相等的横线，在横线上方标注管道规格。管道规格的标注顺序应与图面上管道排列顺序一致。当标注位置不足时，公共引出线可采用折线。

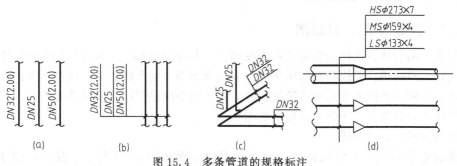

图 15.4 多条管道的规格标注

管道规格变化处应绘制异径管图形符号，并应在该图形符号前后标注管道规格。若有若干分支且不变径的管道，应在起止管段处标注管道规格；当不变径的管道过长或分支数多时，仍应在中间位置加注 1～2 处管道规格，如图 15.5 所示。

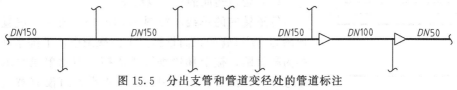

图 15.5 分出支管和管道变径处的管道标注

风口的表示方法见图 15.6。

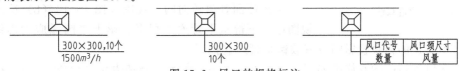

图 15.6 风口的规格标注

在无法标注垂直尺寸的图样中，应标注管道标高，标高的画法和要求与第 1 章所述方法一致。水、气管道所注标高未予说明时，应表示为管中心标高。若标注管外底或顶标高时，应在数字前加"底"或"顶"字样。矩形风管所注标高应表示管底标高，圆形风管应表示管中心标高。当不采用此方法标注时，应进行说明。平面图中无坡度要求的管道标高可标注在管道截面尺寸后的括号内。必要时，应在标高数字前加"底"或"顶"字样。

15.1.6 尺寸标注

暖通空调工程图样中的尺寸标注应符合第 1 章尺寸标注的有关规定。平面图、剖面图上如需标注连续排列的设备或管道的定位尺寸和标高时，应至少留有一个误差自由段，如图 15.7 所示。

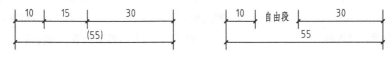

图 15.7 设备或管道定位尺寸标注

15.2 管道的表示方法

暖通空调系统管道的布置具有长度长、种类多、阀门附件繁杂的特点。在施工图设计中，要将管道的尺寸长度、介质类型、位置走向、排列关系、阀门附件设置等内容详细准确地表达出来，就要遵循一定的规范要求。本节根据各类管道共同的图示特点，按照多面正投影和轴测投影的原则，简单介绍管道的表达方法。

15.2.1 管道的单、双线图

用双线表示的管道投影称为管道的双线投影图，简称双线图。如图15.8所示为圆形截面和矩形截面的管道双线图。双线图有时用于详细表示管道细节的大样图中，风管的平剖面图也常用双线图表示。仅用一条线来表示管道的投影称为管道的单线投影图，简称单线图。风管的轴测图可以画成单线图，其他管道图样一般用单线图来表示。

(1) 直管段的单、双线图

根据多面正投影法，直管段的单、双线两面投影图如图15.9所示。其中，图15.9 (a)、(b) 为单线图，正面投影相同，水平投影均为管道截面的水平投影圆，但图15.9 (a) 圆心处显示有一圆点，表示流体的流动方向是从管道流出，图15.9 (b) 则是流体向管道内流入。图15.9 (c) 为双线图，水平投影与图15.9 (b) 相同，即流动方向相同。

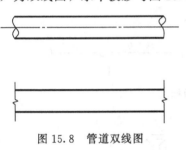

图15.8 管道双线图

(2) 管道转向的单、双线图

管道转向的单线图如图15.10 (a) 所示，放置于中间的视图为90°弯管的正面投影。A向视图中，下部水平管道的投影为积聚圆，被上部铅垂管道遮挡，因此单线表示的铅垂管道应延伸至圆心。B向视图中，水平管道没有被铅垂管道遮挡，单线表示的铅垂管道不应延伸至圆心。

圆形截面管道转向的双线图如图15.10 (b) 所示。A向视图中，下部水平管道的积聚投影上半圆弧应为虚线。B向视图中，水平管道的积聚投影圆没有被铅垂管道遮挡。

矩形截面风管转向的双线图如图15.10 (c)、(d) 所示，分别表示送风管、回风管的转向。区别在于水平管道截面的投影矩形中画两条对角线表示送风管，一条对角线表示回风管。在水平管道被遮挡时，对角线也应用虚线表示。

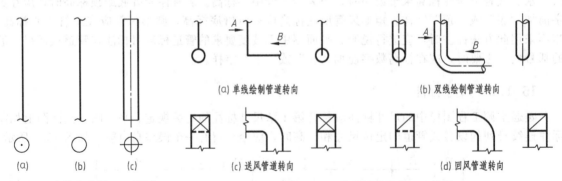

图15.9 直管段的单、双线图　　图15.10 管道转向的单、双线图

为减小各类管道转向时的局部阻力损失，工程中对弯管的弯曲半径有一定要求，应按此要求绘制管道转向。对于钢管，管内是常温流体时，曲率半径一般为 $1.0 \sim 1.5D$（D 为管道外径）；管内是热水时，曲率半径一般为 $2.5 \sim 3.5D$；管内是冷流体时，曲率半径为 $4D$。圆形截面风管管径小于500mm时曲率半径一般为 $1.5D$；大于等于500mm时为 $1.0D$。矩形截面风管的曲率半径不得小于 $0.5A$（A 为风管截面在该面投影中可见的尺寸）。

（3）三通的单、双线图

管道三通有等径、异径和正、斜三通之分。水管三通一般为正三通，等径、异径均有；除尘风管一般为圆形截面，三通一般为斜三通；通风空调系统的送回风管各类三通均有。图 15.11（a）为管道正三通的单线图，是否为等径三通由标注的各分支管径确定，图 15.11（b）为等径三通的双线图，图 15.11（c）为异径三通的双线图，图 15.11（d）为风管斜三通的双线图，分支与管段的连接应符合相贯线的作图方法。

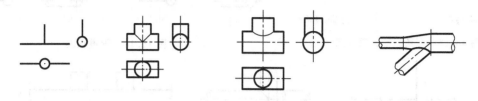

(a) 水管三通单线图　(b) 等径水管三通双线图　(c) 异径水管三通双线图　(d) 圆形风管斜三通双线图

图 15.11　三通的单、双线图

（4）四通的单、双线图

管道四通有等径、异径和正、斜四通之分。如图 15.12（a）所示为正四通的单线图，图 15.12（b）为等径正四通的双线图，分支之间的连接也应符合相贯线的作图方法。

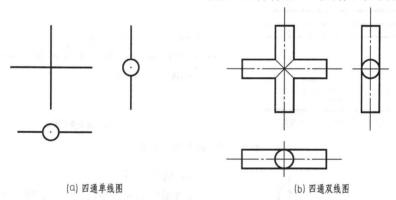

(a) 四通单线图　　　　　　　　(b) 四通双线图

图 15.12　四通的单、双线图

（5）变径的单、双线图

管道变径有同心和偏心变径之分。如图 15.13（a）所示为同心变径的单、双线图，图 15.13（b）为偏心变径的单、双线图。矩形截面风管变径管长度（单位：mm）可按式（15.1）计算确定：

$$L = (长边 - 短边) \times 1.5 + 100 \tag{15.1}$$

15.2.2　管道的积聚、重叠、交叉、分叉的表示方法

（1）管道积聚

管道在某向视图中形成积聚投影，直管积聚投影为圆，也应根据是否被其他管道遮挡，用虚线或实线表示。如图 15.14 所示为管道转向时，管道积聚投影单、双线的表达方法。

（2）管道重叠

管道重叠是指，多根管道位于同一平面内，形成的投影积聚成同一条线段。为了区分不同管道，可将上部管道断开，露出下部管道，如图 15.15 所示。如果重叠有多根管道，可将下部管道逐层断开，如图 15.16 所示。

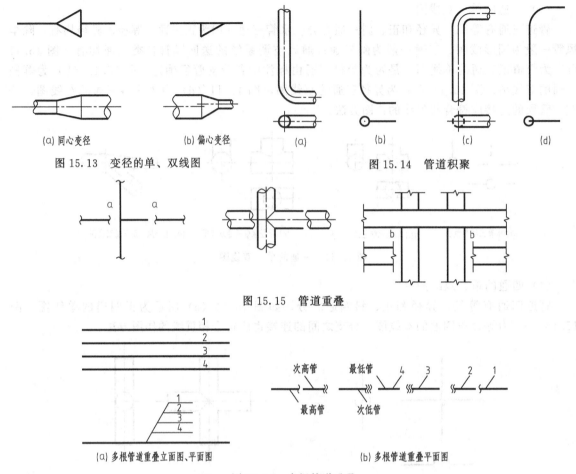

(a) 同心变径　　　　(b) 偏心变径

图 15.13　变径的单、双线图

(a)　　　(b)　　　(c)　　　(d)

图 15.14　管道积聚

图 15.15　管道重叠

(a) 多根管道重叠立面图、平面图

次高管　　最低管

最高管　　次低管

(b) 多根管道重叠平面图

图 15.16　多根管道重叠

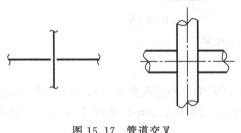

图 15.17　管道交叉

（3）管道交叉

当两根管道的某面投影交叉时，为了准确表达两根管道的相对位置，在单线图中，位于上层的管道投影要完整显示，被遮挡的下层管道应断开表示。双线图中，被遮挡的管道双线不必画出，或用虚线表示，如图 15.17 所示。

（4）管道分支

管道分支即为管道三通、四通，表达方法前文已述，也要遵循投影的基本规律。如图 15.18（a）～（c）所示为三个放置位置不同的正三通的单、双线图，图 15.18（d）为矩形截面风管正三通，其中分支与主管的连接方式目的是为了减小分支处的局部阻力损失。

15.2.3　管道剖面图

建筑设备实际工程中，管道、设备交错复杂，平面图不能准确反映管道、设备的相对位置，需要绘制管道与设备的剖面图。管道剖面图应在合适的位置选择剖切平面，并标注剖切符号和编号，相应剖面图也应标明剖面图编号。如图 15.19 所示为某管道的 1—1 和 2—2 剖面图，此处用双线图绘制。

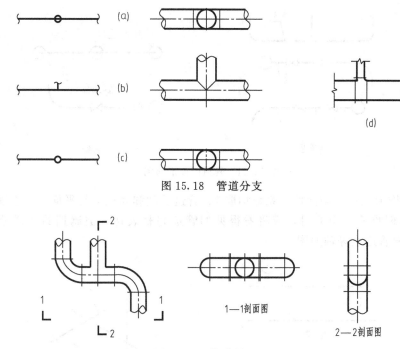

图 15.18　管道分支

图 15.19　管道剖面图

（1）管道间剖面图

多根管道如果存在重叠，也可通过管道间剖面图将被遮挡的管道表达清楚。图 15.20 为两根管道间的剖面图，其中管道 2 一部分被管道 1 遮挡，在两根管道之间选择一正平面作为剖切平面，移去管道 1，将管道 2 的投影绘制出来。

（2）管道断面剖面图

多根管道位于不同标高时，为清晰表达各段管道的相对位置，可以绘制管道断面剖面图。图 15.21 为一组管道的断面剖面图。所选的 1—1 剖切平面为正平面，垂直于管道 2、3 的部分分支，剖面图中应标注各水平管段标高。

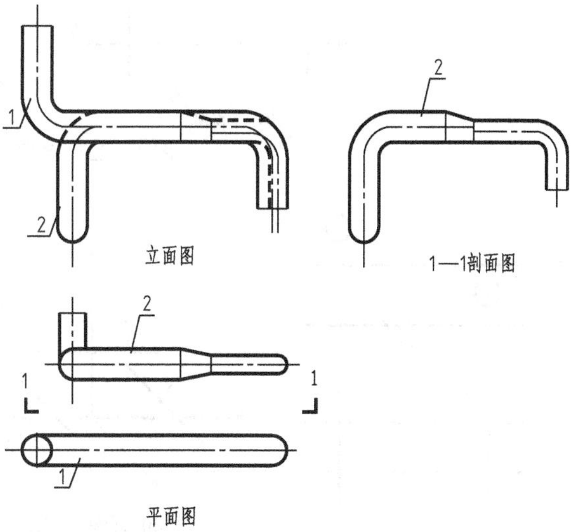

立面图

1—1剖面图

平面图

图 15.20　管道间剖面图

（3）管道转折剖面图

对于想表达的管道部位不在同一个剖切平面上时，可用两个或以上的剖切平面剖切管道，得到管道转折剖面图。

15.2.4　管道轴测图

管道轴测图能够形象地反映管道系统的位置走向、尺寸、标高等内容，是建筑设备工程中非常重要的图样。根据不同专业的习惯，管道轴测图一般常绘制正等轴测图或正面斜二轴测图。

（1）管道正等轴测图

管道正等轴测图的画法是：左右向管道向左倾斜，前后向管道向右倾斜，上下向管道保持不

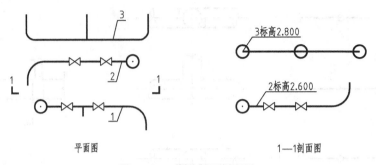

图 15.21 管道断面剖面图

变，轴测轴夹角均为 120°，轴向伸缩系数均取 1，管道长度和间距应与平面图、立面图相等。管道的轴测投影出现重叠、交叉时，应将看得见的管道完整表达，被遮挡的管段处断开。如图 15.22 所示为多根管道正等轴测图。

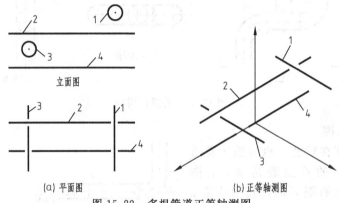

图 15.22 多根管道正等轴测图

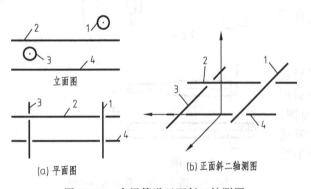

图 15.23 多根管道正面斜二轴测图

（2）管道斜二轴测图

管道斜等轴测图一般为正面斜二轴测图，左右向和上下向管道保持不变，前后向管道向左或右倾斜，x 轴、z 轴轴向伸缩系数均取 1，y 轴的轴向伸缩系数取 0.5。轴测投影出现重叠、交叉时，也应在被遮挡的管段处断开。如图 15.23 所示为多根管道正面斜二轴测图。

15.3 采暖工程制图的基本方法

15.3.1 锅炉房工艺图

（1）锅炉房流程图

流程图主要表示流程中各设备、管道和管路附件等的连接关系及过程进行的顺序。流程图应绘出流程中全部设备及相关的构筑物、管道和阀门等管路附件，各设备之间的相对位置关系、管道的连接方式及管道与设备的接口方位宜与实际布置相符，并应标注设备编号或设备名称，标注管道代号及规格，并宜注明介质流向，如图 15.24 所示。设备和构筑物等可采用图形符号或简化轮廓线表示。相同设备图形应相同，同类型设备图形应相似。绘制带控制点的流程图时，应符合自控专业的制图规定。当自控专业不单另出图时，应绘制设备和管道上的就地仪表。

管线应采用粗实线绘制，设备应采用中实线绘制。管线应采用水平方向或垂直方向的单线绘制，转折处应画成直角。管线不宜交叉，当有交叉时，主要管线应连通，次要管线应断开。管线不得穿越图形。流程图上的管道代号和图形符号应列出设备明细表。

（2）锅炉房设备布置图

锅炉房设备布置图应采用平面图和剖面图表示出各种设备与建筑物等的相互关系。平面图应分层绘制，并应在首层平面图上标注指北针，如图 15.25 所示。

设备布置图中应绘制相关的建筑物轮廓线及门、窗、梁、柱、平台等，且宜采用细实线绘制，并应标出建筑物定位轴线、轴线间尺寸和房间名称。在剖面图中应标注梁底、屋架下弦底标高及多层建筑的楼层标高。

设备布置图中采用中实线和中虚线分别绘制可见和不可见部分设备的轮廓线，并应标注设备安装的定位尺寸及相关标高，设备基础宜标注上表面标高，设备的操作平台应标注各层上表面标高。

设备布置图中应绘制相关的管沟和排水沟等，并宜标注沟的定位尺寸和断面尺寸等。

（3）热力系统管道布置图

热力系统管道布置图主要表示出管道以及与其相关的设备、管路附件、支架及建筑物等的相互关系。热力系统管道布置图中应以平面图为主视图，并辅以左视图或正视图。当表示不清楚时，还应绘制局部视图。

管道布置平面图应分层绘制，并应在首层平面图上标注指北针。相关的建筑物轮廓线及门、窗、梁、柱、平台等宜采用细实线绘制，并应标出建筑的定位轴线、轴线间尺寸和房间名称。在剖面图中应标注梁底、屋架下弦底标高及多层建筑的楼层标高。

单线表示的管道应采用粗线绘制，双线表示的管道应采用中线绘制。应标注管道代号、规格及主要定位尺寸和标高。应采用箭头表示管道中的介质流向。管路附件宜采用图形符号按比例绘制。当不单独绘制设备布置图时，设备的轮廓线应采用中线绘制，并应标注设备安装的定位尺寸及相关标高。

热力系统管道布置图中宜表示出阀门阀杆的安装方向，并应按比例绘制阀门手轮直径和全开时的阀杆位置。也应绘制管道支架，并应注明其安装位置，管道支架宜进行编号。支架一览表应表示出支架型式、承受的荷载及其支吊管道的规格。

15.3.2 供热管网图

当将供热管网管道系统图的内容并入供热管网管线平面图时，可不另绘制供热管网管道系统图。标注室外管线或管道的长度时应以 m 为单位。

（1）供热管网平面图

供热管网平面图应在地形图或道路设计图的基础上绘制。地形图或道路设计图应表达下列内容。

① 反映现状地形、地貌、海拔标高等，并绘制指北针。

② 反映街区、有关的建筑物、构筑物、道路、铁路及河流，反映道路中心线、道路红线和建筑红线，并标注道路、铁路、河流及主要建筑物、构筑物名称。

③ 反映相关的地下管线，并注明地下管线的名称、规格及位置。

④ 对于无街区、道路等参照物的区域标注坐标，当采用测量坐标网时，绘制指北针。

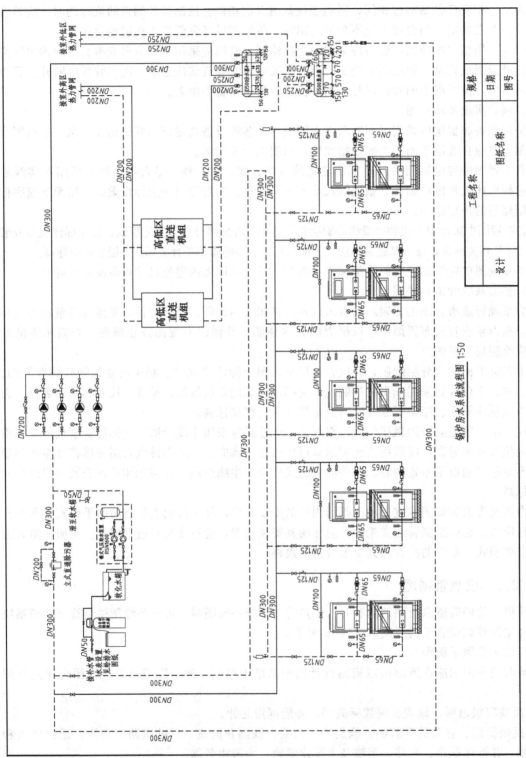

钢炉房水系统流程图 1:5 0

图 15.24 钢炉房水系统流程图

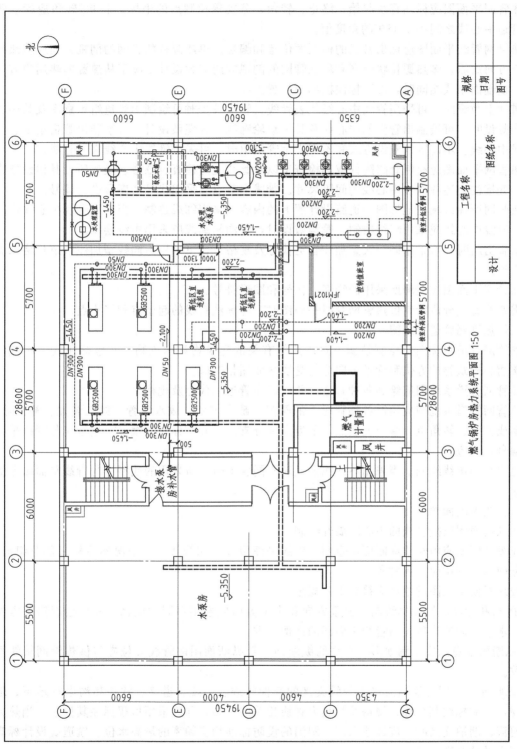

燃气锅炉房热力系统平面图 1:50

图 15.25　锅炉房设备布置图

供热管网平面图应标注管道中心线与道路中心线、建筑物或建筑红线的定位尺寸，并应标注与设计管线交叉或邻近的其他管线的名称、规格。

供热管网平面图应标注管线起始、终止、转角、分支等控制点的坐标。非90°转角应标注转角前后管道中心线之间小于180°的角度值。

供热管网管线平面图应标出管线的横剖面位置和编号。单热源枝状管网的剖视方向应从热源向热用户方向观看；多热源枝状管网和环状管网的剖视方向应为设计工况下从热源向热用户方向观看。当横剖面型式相同时，可不标注横剖面位置。

管道地上敷设时，可采用管线中心线代表管线，管道较少时可绘制出管道组示意图及其中心线；管沟敷设时，可绘制出管沟的中心线及其示意轮廓线；直埋敷设时，可绘制出管道组示意图及其管线中心线。不需区别敷设方式和不需表示管道组时，可采用管线中心线表示管线。

供热管网平面图应绘制管路附件或其检查室以及管线上为检查、维修、操作所设其他设施或构筑物，并标注上述各部位中心线的间隔尺寸。管线上节点宜采用代号加序号进行编号。

供热管网所在区域的地形图和道路设计图上的内容应采用细线绘制。当采用管线中心线代表管线时，管线中心线应采用粗线绘制。管沟敷设时，管沟轮廓线应采用中线绘制。

表示管道组时，可采用同一线型加注管道代号及规格，也可采用不同线型加注管道规格来表示各种管道。

供热管网平面图应注释所采用的线型、代号和图形符号。

当需要按管线分段绘制供热管网管线平面图时，应标注管线的起始点和终止点。

（2）供热管网管道系统图

供热管网管道系统图应绘制热源、热用户等有关的建筑物和构筑物，并应标注其名称或编号。建筑物和构筑物的方位和管道走向应与管线平面图相对应。

供热管网管道系统图应绘制各种管道，并应标注管道的代号及规格。

供热管网管道系统图应绘制各种管道上的阀门、疏水装置、放水装置、放气装置、补偿器、固定支架或支座、转角点、管道上返点、下返点和分支点，并宜标注其编号，编号应与管线平面图上的编号相对应。

管道应采用单线绘制。当采用不同线型代表不同管道时，所采用的线型应与管线平面图上的线型相对应。

（3）管线纵断面图

管线纵断面图应按管线的中心线展开绘制。

管线纵断面图应由管线纵断面示意图、管线平面展开图和管线敷设情况标注栏三部分组成，但三部分的相应部位应上下对齐。

管线纵断面示意图的绘制应符合下列规定。

① 距离和标高应按比例绘制，铅垂方向和水平方向应选用不同的比例，并应绘制铅垂方向的标尺。水平方向的比例应与管线平面图的比例一致。

② 纵断面示意图应绘制地形、管线的纵断面，且纵断面图的管线方位应与供热管网管线平面图一致。

③ 纵断面示意图应绘制与热力管线交叉的其他管线、电缆、道路、铁路和沟渠等地下、地上构筑物，且应标注其名称、规格及与热力管线相关的标高，并应采用里程标注其位置。当热力管线与河流、湖泊交叉时，应标注河流、湖泊的设防标准相应频率的最高水位、航道底设计标高或稳定河底设计标高。

④ 各节点和地形变化较大处除应标注地面标高外，直埋敷设的管道还应标注管底标高，管沟敷设的管道还应标注沟底标高，架空敷设的管道还应标注管架顶面标高。

⑤ 直埋敷设时应按比例绘制管道敷设位置，管沟敷设时宜按比例绘制管沟的内轮廓，架空敷设时应按比例绘制管道的高度，以及支架和操作平台的位置。

管线纵断面图上的节点位置应与供热管网管线平面图一致。在管线平面展开图上的各转角点应表示出展开前的管线转角方向。非 90°角时应标注小于 180°的角度值，如图 15.26 所示。

设计地面应采用细实线绘制，自然地面应采用细虚线绘制，地下水位线应采用双点画线绘制，其余图线应与供热管网管线平面图采用的图线对应。

各点的标高数值应标注在图中管线敷设情况标注栏内该点对应竖线的左侧，标高数值书写方向与竖线平行。一个点的前、后标高不同时，应在该点竖线左、右两侧标注其标高数值。

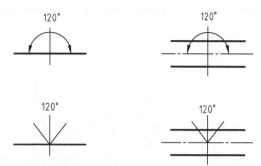

图 15.26　管线纵断面图上管线转角角度的标注

各管段的标高值和坡度数值至少应计算到小数点后第 3 位。

（4）管线横剖面图

① 管线横剖面图的剖面编号应与供热管网管线平面图上的编号一致。

② 管线横剖面图上宜绘制管线中心线。

③ 管线横剖面图上应绘制管道和保温结构外轮廓。管沟敷设时应绘制管沟内轮廓，直埋敷设时应绘制开槽轮廓。管沟及架空敷设时应绘制管架的简化外形轮廓。

④ 管线横剖面图上应标注各管道中心线的间距，管道中心线与沟（槽）、管道支座或支架的相关尺寸和管沟、沟（槽）、管道支座或支架的轮廓尺寸，并应注明支架、支座的图号和型号。

⑤ 管线横剖面图上应标明管道的代号和规格。当采用顶管或套管敷设时，应注明套管的材质和规格、套管的内底标高、供热管道在套管中的安装尺寸。

15.3.3　室内采暖图

室内采暖系统图经过多年的工程制图习惯和原有《采暖通风与空气调节制图标准》（GBJ 114—1988）的规定，已经形成了成熟的制图方法。现行的《暖通空调制图标准》（GB/T 50114—2010）并未对室内采暖图有明确的规定，但对暖通空调工程的图样画法有统一的要求。因而在绘制室内采暖图时，既要符合现有制图标准的要求，又要尊重原有标准和制图习惯。

（1）室内采暖平面图

室内采暖平面图（如图 15.27 所示）应以正投影法绘制，按假想除去上层板后俯视的规则绘制，应用细实线绘出建筑轮廓线和与采暖系统有关的门、窗、梁、柱、平台等建筑构配件，并标明相应定位轴线编号、房间名称、平面标高。当建筑平面图采用分区绘制时，采暖平面图也可分区绘制，但分区部位应与建筑平面图一致，并应绘制分区组合示意图。

室内采暖平面图中的管道系统宜用单线绘制。平面图上应标注设备、管道定位线与建筑定位线间的关系。采暖入口的定位尺寸，应为管中心至所临墙面或轴线的距离。

散热器宜按图 15.28 的画法绘制。

各种形式的散热器的规格及数量，应按下列规定标注：

① 柱式散热器应只注数量；

② 圆翼形散热器应注根数、排数；

如　　　　　　　3×2
　　　　　每排根数┘ └排数

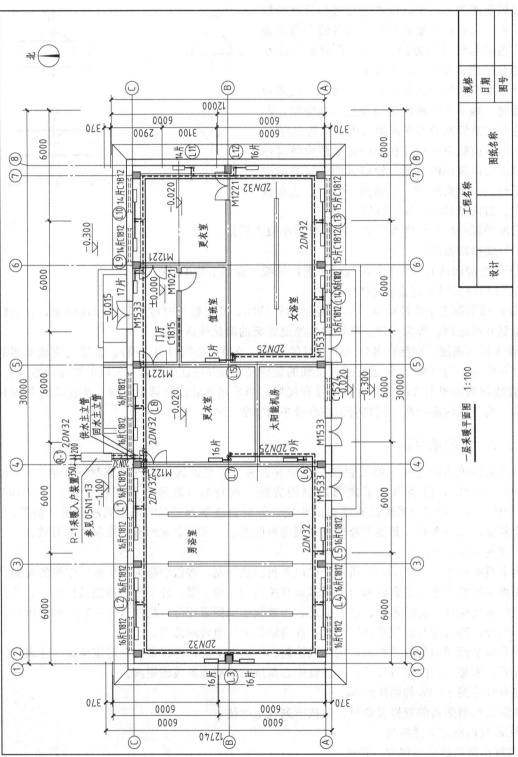

一层采暖平面图　1:100

图 15.27　采暖平面图

③ 光管散热器应注管径、长度、排数；

如　　　　　　　　如：D108×3000　×　4

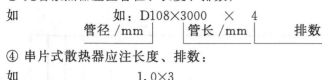

| 管径/mm | 管长/mm | 排数 |

④ 串片式散热器应注长度、排数：

如　　　　　　　　1.0×3

| 长度/m | 排数 |

其他类型散热器，如板式散热器应注明宽度和厚度。

平面图中散热器的供水（汽）管道、回水管道，宜按图15.29绘制。

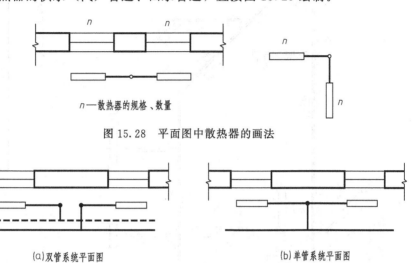

n—散热器的规格、数量

图15.28　平面图中散热器的画法

(a)双管系统平面图　　　　　　　(b)单管系统平面图

图15.29　平面图中管道画法

当平面图的局部需另绘详图时，应在平面图上标注索引符号，如图15.30所示。

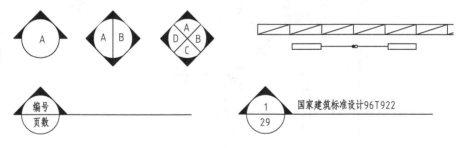

编号	国家建筑标准设计96T922
页数	1
	29

图15.30　索引符号画法

（2）室内采暖系统轴测图

室内采暖系统图宜用轴测投影法绘制，与相应的平面图比例一致，按正等轴测图或正面斜二轴测图的投影规则绘制，基本要素应与平面图相对应，如图15.31所示。

室内采暖系统图宜用单线绘制。

散热器宜按图的画法绘制，其规格、数量应按下列规定标注：

① 柱式、圆翼形式散热器的数量应注在散热器内，见图15.32（a）；

② 光管式、串片式散热器的规格、数量应注在散热器的上方，见图15.32（b）。

系统图中的重叠、密集处可断开引出绘制，相应的断开处宜用相同的小写拉丁字母注明，也可用细虚线连接，如图15.32所示。

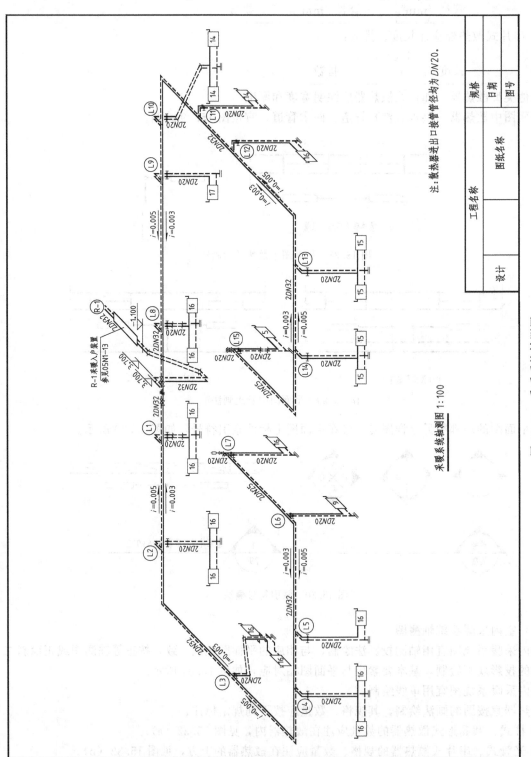

采暖系统轴测图 1:100

注：散热器进出口接管管径均为 DN20。

图 15.31 采暖系统轴测图

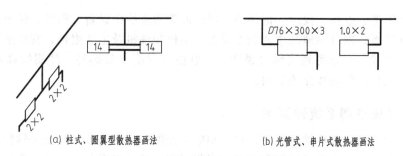

(a) 柱式、圆翼型散热器画法　　　　　　　(b) 光管式、串片式散热器画法

图 15.32　系统轴测图中的散热器画法

15.4 通风空调工程制图的基本方法

通风工程和空调工程在基本功能、组成和类型上有相似之处，制图内容和画法也有共性，因而《暖通空调制图标准》（GB/T 50114—2010）对各项工程图样画法的要求没有明确的区分，原有《采暖通风空气调节制图标准》（GBJ 114—1988）也是同时规定了通风和空调工程的图样画法。本节统一介绍通风和空调工程的图样画法及要求。

通风和空调工程图样画法的一般规定主要有：

① 通风和空调工程的施工图应满足相应的设计深度要求。

② 不同专业的设计图纸编号应独立。

③ 同一套工程设计图纸中，图样线宽组、图例、符号等应一致。

在工程设计中，宜依次表示图纸目录、选用图集（纸）目录、设计施工说明、图例、设备及主要材料表、总图、工艺图、系统图、平面图、剖面图、详图等，如单独成图时，其图纸编号应按所述顺序排列。

图样需用的文字说明，宜以"注："、"附注："、"说明："的形式在图纸右下方、标题栏的上方书写，并应用"1、2、3、……"进行编号。

施工图设计的设备表应至少包括序号（或编号）、设备名称、技术要求、数量、备注栏；材料表应至少包括序号（或编号）、材料名称、规格或物理性能、数量、单位、备注栏。如图 15.33 所示。

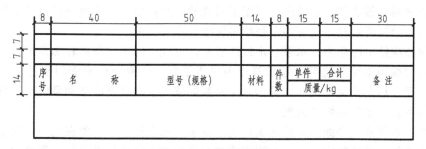

图 15.33　明细栏示例

15.4.1 通风空调原理图

通风空调原理图主要表达水管系统、风管系统及机房的工作原理和工艺流程，也称流程图。当空调的供冷、供热水管采用竖向输送时，也可绘制立管图来表达水管系统的流程。

原理图、立管图可不按比例和投影规则绘制，基本要素应与平面图、剖面图及系统轴测图相对应。空调原理图应标出空调房间的设计参数、冷热源、空气处理、输送方式、控制系统之间的相互关系，以及管道、设备、仪表、部件等。制冷原理图应绘出设备、附件、仪表、部件和各种管道之间的相互关系。制冷原理图中的制冷设备、主机和辅机及主要附件，宜以示意图画出立面形状，并注明产品代号，亦可列表编号说明。立管图应标明立管编号，注明标高及空调器的型号。各种管道均应标注管径和介质流向。

15.4.2　通风空调系统轴测图

通风空调管道系统图采用轴测图时，宜与相应平面图的比例一致，按正等轴测或正面斜二轴测的投影规则绘制。其基本要素应与平、剖面图相对应，表示出设备、部件、管道及配件等完整的内容，并注明管径、标高、主要设备及部件的编号，可按系统编号分别绘制。

水、气管道及风管均可用单线绘制。管线重叠、密集处，可采用断开画法。断开处宜以相同的小写拉丁字母表示，也可用细虚线连接。

15.4.3　通风空调工程平面图

通风空调工程平面图通常包括冷热源机房平面图、空调机房平面图、风管系统平面图和水管系统平面图，其中冷热源机房平面图和空调机房平面图又包含设备基础平面图和设备管道平面图。

平面图应以正投影法绘制，按假想除去上层楼板后俯视的规则绘制。应用细实线绘出建筑轮廓线和有关的门、窗、梁、柱等建筑构配件，并标明相应定位轴线编号、房间名称、平面标高。底层空调平面图上应绘出指北针。

建筑平面图采用分区绘制时，通风空调平面图也可分区绘制，但分区部位应与建筑平面图一致，并应绘制分区组合示意图。

平面图上应标注设备、管道定位线与建筑定位线的关系。管道定位线一般为管道中心线，有时也可以外轮廓线作为管道定位基准。建筑定位线一般为轴线、墙边、柱边或柱中。平面图中各设备、部件等宜标注编号。

（1）冷热源机房、空调机房平面图

冷热源机房平面图和空调机房平面图包含设备基础平面图和设备管道平面图。机房平面图可不与主导专业的比例一致，应根据需要增大比例，通常采用比例为1∶50。设备基础平面图主要反映机房设备的基础做法和定位情况，是施工安装的重要依据。机房设备管道平面图若能将设备定位和基础尺寸绘制清楚时，也可不单独绘制设备基础平面图。

机房平面图应绘出冷热源、水泵、水处理装置、空气处理等设备的轮廓及编号，应注明定位尺寸。设备轮廓线用中粗线绘制，连接管道用粗线绘制。管道应标明阀门附件位置、走向、介质、代号、管径、标高及定位尺寸。图15.34为某区域集中供热供冷空调系统冷源机房平面图。

（2）风管系统、水管系统平面图

风管系统、水管系统平面图应按建筑层次由低至高依次排列，若能在同一张图中表示清楚该层风管、水管系统，可绘制在一起，否则应将风管系统和水管系统平面图分别绘制。

平面图中的水、气管道可用单线绘制，风管不宜用单线绘制。多根风管在平面图中重叠时，根据视图需要，可将上面（下面）的风管用折断线断开，但断开处必须用文字说明。两根风管交叉时，可不断开绘制，交叉部分的不可见轮廓线可不绘出。风管尺寸标注见本章第2节管道的表达方法。图15.35为某栋建筑空调水系统一层平面图。

15.4.4　通风空调工程剖面图

通风空调工程剖面图一般包括冷热源机房剖面图、通风空调机房剖面图、风管水管系统局部

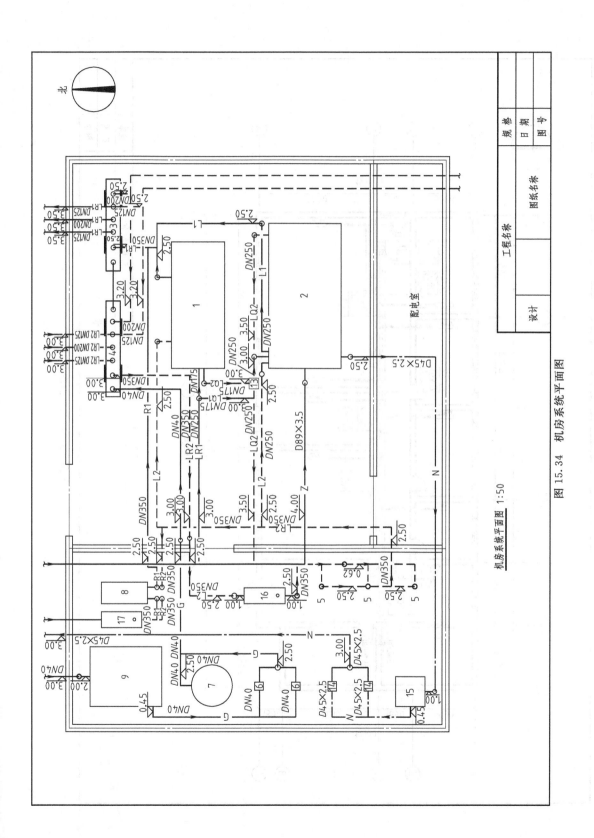

图 15.34 机房系统平面图

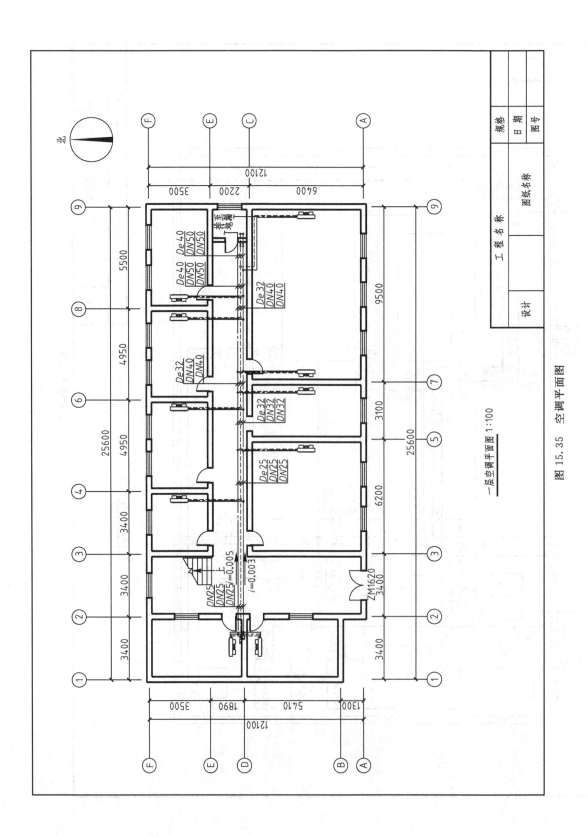

一层空调平面图 1:100

图 15.35 空调平面图

剖面图等，主要表达在其他图样不能清楚显示的复杂管道，在平面图上选择反映系统全貌的部位垂直剖切后，采用正投影法绘制。剖面图应用细实线绘出建筑轮廓线和有关的门、窗、梁、柱等建筑构配件，并标明相应定位轴线编号、房间名称、平面标高。剖面图中的水、气管道可用单线绘制，风管不宜用单线绘制，并应标注设备、管道标高，必要时还应标注距该层楼板的距离。

剖视的剖切符号应由剖切位置线、投射方向线及编号组成，剖切位置线和投射方向线均应以粗实线绘制。剖切位置线的长度宜为 6～10mm；投射方向线长度应短于剖切位置线，宜为 4～6mm；剖切位置线和投射方向线不应与其他图线相接触；编号宜用阿拉伯数字，并宜标在投射方向线的端部；转折剖切位置线，宜在转角的外顶角处加注相应编号。当剖切的投射方向为向下和向右，且不致引起误解时，可省略剖切方向线。

断面的剖切符号应由剖切位置线及编号组成，剖切位置线为 6～10mm 长的粗实线，编号可用阿拉伯数字、罗马数字或小写拉丁字母，标在剖切位置线的一侧，并应表示投射方向。

15.4.5　通风空调工程详图

通风空调工程详图应与平面图、剖面图中的局部相对应，在平面图中标注索引符号。被索引部分只需标注设备、管道的定位尺寸，详细尺寸在详图中注明。设备安装图应由平面图、剖面图、局部详图等组成，图中各细部尺寸应清楚，设备、部件均应注明编号。

第16章

水利工程图

在水利工程中工程制图的用处较多，本章将介绍水利工程图的简介、水利工程图的表达方法、水利工程图的尺寸标注和水利工程图的阅读等内容。

16.1 水利工程图简介

为了兴利除害和充分利用水资源，需要在河流上修建一系列的建筑物来控制水流和泥砂，这些与水有密切关系的建筑物称为水工建筑物，表达水工建筑物的工程图样称为水利工程图，简称水工图。由于水工建筑物的种类繁多，而且水利工程涉及的专业面较广，因此初学者需要对水工建筑物及其结构特点有所了解，本节对此作简要介绍。

16.1.1 水工建筑物

以利用或调节水资源为目的而修建的工程设施称为水工建筑物。从综合利用水资源的角度出发，集中修建的互相协调使用的若干个水工建筑物的综合体，称为水利枢纽。如图16.1所示，一个水利枢纽一般由以下5部分组成。

图16.1　葛洲坝水利工程

① 挡水建筑物——用以拦截河流，抬高上游水位，形成水库和水位落差，如图中1拦河坝。

② 发电建筑物——利用上、下游水位差和水流流量进行发电的建筑物，如图中2水电站厂房。

③ 通航建筑物——用以克服水位差产生的船舶通航障碍的建筑物，如图中3船闸。

④ 输水建筑物——用以排放上游水流，进行水位和流量调节的建筑物，如图中4泄水闸。

⑤ 其他建筑物——用以排放水库泥沙的建筑物，如图中5冲沙闸。

16.1.2 水工建筑物中常见结构及其作用

水闸是一种低水头水工建筑物，具有挡水和过水双重作用，在水利水电工程中应用很广，各种过水建筑物（如涵洞、船闸、溢洪道等）的结构组成与水闸有许多相似之处，图16.2是一种较常见的水闸结构沿纵轴线剖开后的轴测图，它反映了一般过水建筑物的结构特点。

水闸由闸室段、上游连接段和下游连接段三大部分组成，如图16.2所示，围绕水闸，水工建筑物常见的结构有以下几种。

（1）上、下游翼墙

翼墙是过水建筑物的进出口处两侧的导水墙，是一种常见的连接建筑物。上游翼墙位于上游连接段，其主要作用是引导水流平顺进入闸孔，保护闸前河岸不受冲刷，并侧向防渗。下游翼墙位于下游连接段，用于引导水流平顺扩散，兼有挡土防冲的作用。

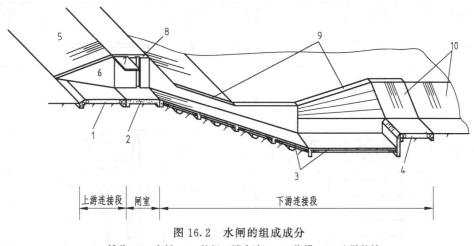

图16.2 水闸的组成成分

1—铺盖；2—底板；3—护坦（消力池）；4—海漫；5—上游护坡；
6—上游翼墙；7—交通桥；8—闸门槽；9—下游翼墙；10—下游护坡

（2）铺盖

如图16.2所示，铺盖是铺设在透水地基、坝的上游，以增加渗流的渗径长度、减小渗透坡降、防止地基渗透变形并减少渗透流量的防渗设施。

（3）闸室

如图16.2所示，闸室是水闸的主体部分，起着挡水和调节水流的作用。闸室包括底板、闸墩、边墩、岸墙、闸门、工作桥及交通桥等。闸门和胸墙用以挡水，同时还设置有工作桥用以安装和操作闸门启闭设备和交通桥用以连接两岸交通。

（4）消力池

如图16.2所示，水闸过水时水流往往具有较大的动能，会对下游河床造成一定冲刷，为了消能防冲，往往需要水流在限定位置产生水跃，消耗水流能量。消力池就是形成水跃，消杀能量的地方。消力池的底板称为护坦，上设排水孔，用以排出闸、坝基础的渗透水，降低底板所承受的渗透压力。

（5）海漫及防冲槽（或防冲齿坎）

　　水流在护坦内消除了大部分能量后进入海漫，此时水流还有一定剩余能量，海漫的作用就是消除水流余能，调整流速分布，使出池水流与天然河道中的水流流速接近，以免河床遭受冲刷，如图16.2所示。海漫末端常设有干砌块石防冲槽或防冲齿坎，以防止海漫与河床交接处的冲刷破坏。

16.1.3　水工图的分类

　　水利工程的设计一般需要经过勘测、规划、设计、施工、竣工验收几个阶段。各研究和设计阶段的要求和重点不同，因此各阶段图样表达的详尽程度和重点不尽相同。根据图样表达的侧重点和内容的区别，水工图一般可分为：工程位置图（包括灌溉区规划图）、枢纽布置图（或总体布置图）、建筑物结构图、施工图和竣工图等。

　　（1）工程位置图

　　工程位置图主要表示水利枢纽所在的地理位置、朝向，与枢纽有关的河流、公路、铁路的走向，重要建筑物和居民点的分布情况等。其特点是：①图示的范围大，绘图比例小，一般比例为1：5000～1：10000，甚至更小；②建筑物采用图例表示，如表16.1。

表 16.1　水工建筑物平面图例常用图例

序号	名称	图例	备注	序号	名称	图例	备注
1	水流方向			10	堤	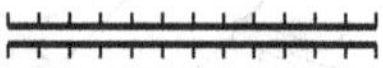	
2	指北针			11	挡土墙		
3	水电站	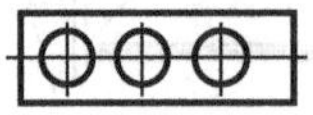	圆的数量为水轮机台数	12	散货对场		
4	船闸			13	公路桥		
5	码头	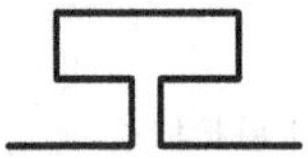		14	平板闸门	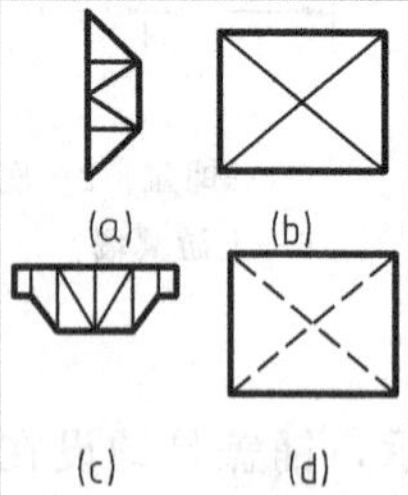 (a) (b) (c) (d)	(a)下游立面图 (b)平面图 (c)侧面图 (d)上游立面图
6	水闸						
7	土石坝	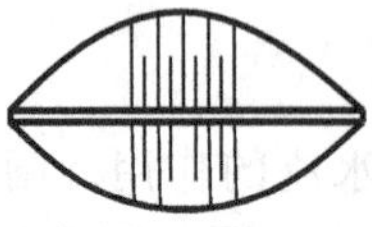		15	弧形闸门	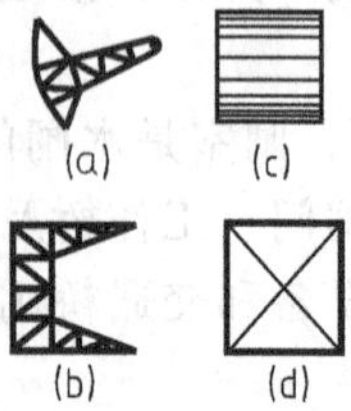 (a) (c) (b) (d)	(a)侧面图 (b)平面图 (c)上游立面图 (d)下游立面图
8	溢洪道						
9	涵洞（管）	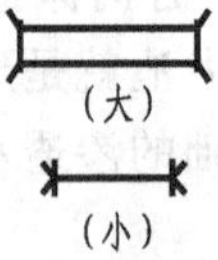 （大）（小）		16	桥式吊车	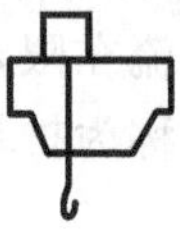	

　　注：1. 序号1～13的图例主要使用在绘图比例较小的平面布置图中。
　　2. 序号14～16的图例主要使用在结构图中。

图 16.3 是某河流域规划图。该流域分为六级开发，拟建六个电站，第一级电站上游有四条小河，第一级、第二级电站建成后有水库形成。

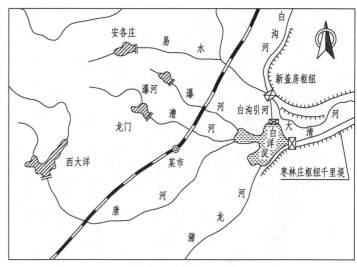

图 16.3 流域规划图

（2）枢纽布置图

在水利工程中，由几个水工建筑物相互协同工作的综合体称为水利枢纽。每个水利枢纽以其主要任务称呼。将水利枢纽中各主要建筑物的平面形状和位置画在地形图上，这样的工程图样称为枢纽布置图（如图 16.4）。水利水电工程枢纽布置图应包括平面图、上游或下游立面图、典型剖视（断面）图等。图形比例一般采用 1∶200～1∶5000。枢纽布置图的主要任务是作为各建筑物定位、施工放线、土石方施工以及工程施工总平面布置的主要依据，主要表示整个水利枢纽在平面和立面的布置情况。枢纽布置图一般包括以下的内容。

① 水利枢纽所在地区的地形、河流及水流方向（用箭头表示）、地理方位（用指北针表示）和主要建筑物的控制点（即基准点）的测量坐标等。

② 各建筑物的平面形状及相互位置关系。

③ 建筑物与地面的交线、填挖方边坡线。

④ 铁路、公路、居民点及有关的重要建筑物。

⑤ 建筑物的主要高程、定位点（轴线）和主要轮廓尺寸。

枢纽布置图有以下特点。

① 枢纽平面布置图必须画在地形图上。在一般情况下，枢纽平面布置图画在立面图的下方，有时也可以画在立面图的上方或单独画在一张图纸上。应包括地形等高线、测量坐标网、地质符号及其名称、河流名称和流向、指北针、各建筑物及其名称、建筑物轴线、沿轴线桩号、建筑物主要尺寸和高程、地基开挖开口线、对外交通及绘图比例或比例尺等。

② 为了突出建筑物主体，一般只画出建筑物的主要结构轮廓线，而次要轮廓线和细部构造省略不画或用示意图表示这些构造的位置、种类和作用。

③ 图中一般只标注建筑物的外形轮廓尺寸及定位尺寸、主要部位的高程、填挖方坡度等。

（3）建筑物结构图

表达水利枢纽或渠道系建筑中某一建筑物的形状、大小、结构和材料等内容的图样称为建筑物结构图，一般包括结构布置图、分部和细部构造图以及钢筋混凝土结构（或钢结构）图等，这类图通常数量较多。表达的内容如下：

① 建筑物的整体和各组成部分的形状、尺寸、构造及材料；

② 建筑物基础的工程地质情况，地基处理方案及建筑物与地基的连接方式；

③ 建筑物的工作情况，如上、下游各种设计水位、泄流段水面曲线等；

④ 该建筑物与相邻建筑物之间的连接方式；

⑤ 建筑物的细部构造及附属设备的位置。

建筑物结构图的特点是：清楚表达建筑物的结构形状、尺寸的大小、建筑材料以及与相邻结构的连接方式等，比例一般采用 1∶5～1∶200（在表达清楚的前提下，应尽量选用比较小的比

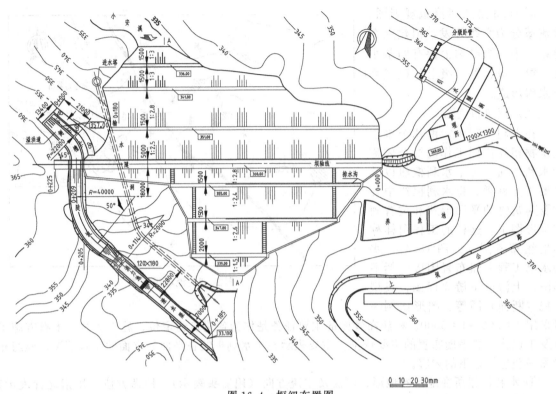

图 16.4　枢纽布置图

例，以减小图纸幅面），可用详图表达一些细部构造。

（4）施工图

施工图是按照设计要求用于指导水利工程施工组织和施工方法等的图样，如图 16.5 所示，它主要表达施工组织、施工方法和施工程序等情况。例如：反映施工导流方法的施工导流布置图；反映建筑物基础开挖和料场开挖的开挖图；反映混凝土分期分块的浇筑图；反映建筑物施工方法和流程的施工进程图；反映施工场地布置的施工总平面布置图，可以绘制施工场地、料场、堆渣场、施工工厂设施、仓库、油库、炸药库、场内外交通、风水电线路布置等生产、生活设施，并标注名称、占地面积、场地高程。水工建筑物的平面布置应用细实线或虚线绘制，施工总平面图应标注河流名称、流向、指北针和必要的比例。

（5）竣工图

竣工图是指工程验收时根据建筑物建成后的实际情况所绘制的建筑物图样。水利工程在兴建过程中，由于受气候、地理、水文、地质、国家政策等各种因素影响较大，原设计图纸随着施工的进展要调整和修改，竣工图应详细记载建筑物在施工过程中对设计图纸修改的情况，以供存档查阅和工程管理之用。

16.1.4　水工图的特点

水工图的绘制，除遵循制图的基本原理外，还根据水工建筑物的特点制定了一系列的表达方法，主要有以下四种。

① 水工图允许一个图样中纵横方向比例不一致。由于水工建筑物形体庞大，有时水平方向和铅垂方向相差较大，水工图允许一个图样中纵横方向比例不一致。

② 水工图中应适当采用图例、符号等特殊表达方法及文字说明。由于水工图整体布局与局部结构尺寸相差大，所以在水工图的图样中可以采用图例、符号等特殊表达方法及文字说明。

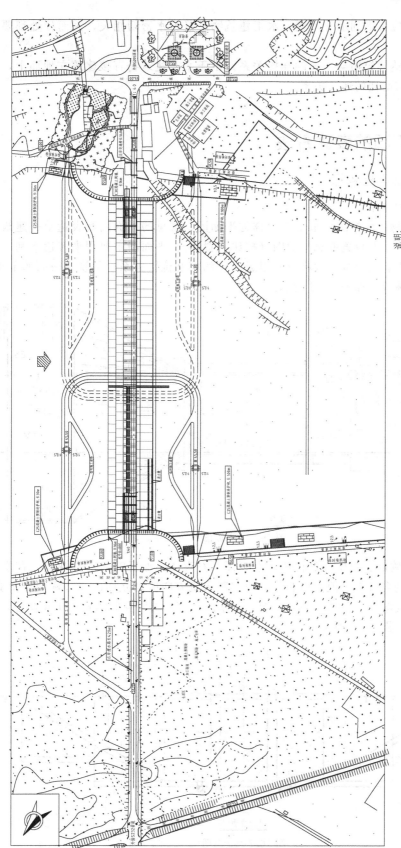

说明:
1. 图中尺寸以mm计,高程以m计,采用85国家高程基准。
2. 施工期流量按50m³/s控制。

图16.5 某水闸现场施工图

③ 水工图的绘制应考虑到水的问题。水工建筑物总是与水密切相关,因而处处都要考虑到水的问题。

④ 水工图中应表达建筑物与地面的连接关系。由于水工建筑物直接建筑在地面上,因而水工图必须表达建筑物与地面的连接关系。

16.2 水工图的表达方法

16.2.1 视图配置及名称

(1) 视图的名称和作用

① 平面图。建筑物的俯视图在水工图中称为平面图。常见的平面图有表达单一建筑物的平面图和表达一组建筑物相互位置的总平面图(枢纽布置图)。平面图主要用来表达水利工程的平面位置,建筑物水平投影的形状、大小及各组成部分的相互位置关系,剖视、断面的剖切位置、投影方向和剖切面名称等,如图 16.6 所示。

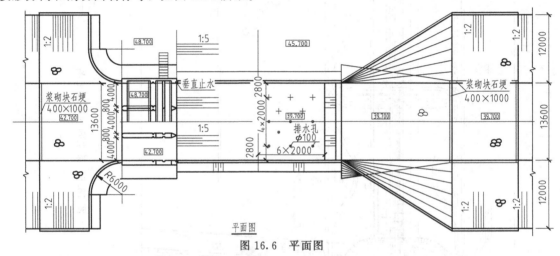

图 16.6 平面图

② 立面图。建筑物的正视图、后视图、左视图、右视图,即反映高度的视图,在水工图中称为立面图,立面图的名称与水流方向有关,视向顺水流方向所得立面图,可称为上游立面图;反之,视向逆水流方向时,可称为下游立面图。就水闸而言,上游立面图相当于左视图,下游立面图相当于右视图,如图 16.7 所示。

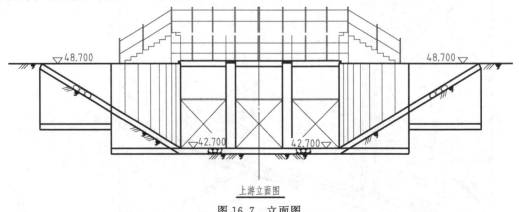

图 16.7 立面图

③ 剖视图。在水利工程图中，当剖切面平行于建筑物轴线或顺河流流向时，称为纵剖视图（图16.8）；当剖切面垂直于建筑物轴线或河流流向时，称为横剖视图。剖视图表达建筑物内部结构形状及位置关系，表达建筑物的高度尺寸及特征水位，表达地形地质情况及建筑材料。

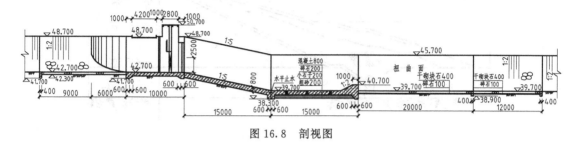

图16.8　剖视图

在绘制平面图及剖视图时，图样中一般应使水流方向为自上而下（适用于挡水建筑物如挡水坝等）或从左向右（适用于过水建筑物如水闸等）。

对于河流，规定视向顺水流方向时，左边叫左岸，右边叫右岸。

④ 断面图。断面图的主要作用是表达建筑物某一组成部分的断面形状、尺寸、构造及其所采用的材料，如图16.9所示。

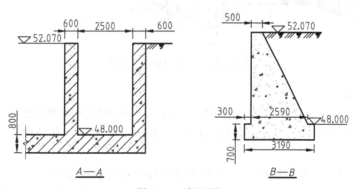

图16.9　断面图

⑤ 详图。当建筑物的局部结构由于图形太小而表达不清楚时，可将物体的部分结构用大于原图所采用的比例画出，这种图形称为详图。详图主要用来表达建筑物的某些细部结构形状、大小及所用材料。详图可以根据需要画成视图、剖视图或断面图，它与放大部分的表达方式无关。详图一般应标注图名代号，其标注的形式为：把被放大的部分在原图上用细实线小圆圈圈住，并标注字母，在相应的详图上方用相同字母标注图名、比例，如图16.10所示。

（2）视图的配置

水工图的配置应满足下列三个原则。

① 水工图应尽量按投影关系将同一建筑物的各视图配置在一张纸上。为了合理地利用图纸，也允许将某些视图配置在图幅适当位置。对较大或较复杂的建筑物，因受图幅限制，可将同一建筑物的各视图分别画在单独的图纸上。

② 在水工图中，由于平面图反映了建筑物的平面布置和建筑物与地面的相交等情况，所以平面图是比较重要的视图。平面图应按投影关系配置在正视图的下方，必要时可以布置在正视图的上方。

③ 水工图的配置还应考虑水流方向。对于过水建筑物，如进水闸、溢洪道、输水隧洞、渡槽等，应使水流方向在平面图中呈现自左向右；对于挡水建筑物，如挡水坝、水电站等，应使水

流方向在平面图中呈现自上而下，且用箭头表示水流方向，以便区分河流左岸、右岸。

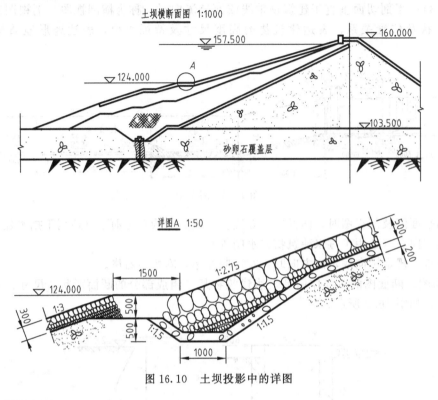

图 16.10 土坝投影中的详图

（3）视图的标注

① 视图名称和比例的标注。在水工图中，为了明确各视图之间的关系，各视图都要标注名称，其名称一律注在图形的正上方，并在名称的下面绘以粗实线，其长度应以图名所占长度为标准。

② 水流方向的标注。水工图中一般采用水流方向符号表示水流方向。

③ 地理方位的标注。在水工规划图和枢纽布置图中应用指北针符号表明建筑物的地理方位。

16.2.2 其他表达方式

（1）合成视图

两个视向相反的视图（或剖视图、剖面图），如果是基本对称的图形，可采用各画一半，用点画线为界限，合成一个图形，在对称线上加注对称符号，并分别注写相应的图名。其优点是减少图纸幅面、节省绘图工作量，如图 16.11 所示。

（2）展开视图

当构件或建筑物的轴线（或中心线）为曲线时，可以将曲线展开成直线后，绘制成视图（或剖视、剖面）。这时，应在图名后注写"展开"二字，或写成"展视图"。

如图 16.12 所示，在码头平面图中，码头右侧前沿线与正立面倾斜，为了在正立面图上反映出这部分结构的真实形状，可以假想将倾斜部分展开到与正立面平行之后再作投射，画出视图。

（3）分层画法

当建筑物的结构变化具有层次时，为了比较简洁地表达出各层的结构，可以采用分层画法，即在同一视图上按其结构层次分段绘制，相邻层用波浪线分界，并且可用文字注写各层结构名称，如图 16.13 所示。

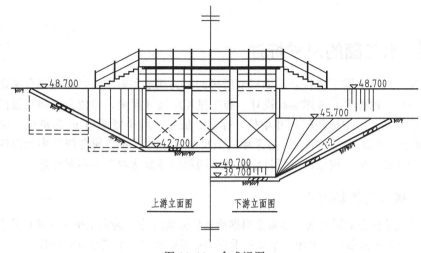

图 16.11 合成视图

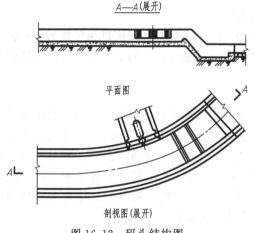

图 16.12 码头结构图

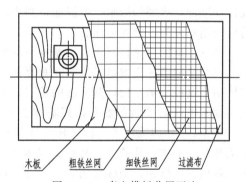

图 16.13 真空模板分层画法

（4）拆卸画法

当视图、剖视图所要表达的结构被次要结构或填土遮挡时，可假想将其拆去，把其余部分作投射，这种画法称为拆卸画法，如图16.14所示，水闸前后对称，平面图中闸室前半部分采用拆卸画法，将工作桥和公路桥拆去，闸室岸墙的门槽成为可见。

岸墙背面、一字墙、下游翼墙背面被土层覆盖，为了清楚表达这部分结构，可以假想将覆盖层掀开再作投射，使得这部分结构可见，这种画法也称为掀开画法。

平面图中对称线下半部分桥面板及胸墙是假想被拆卸，填土再假想被掀开，所以可见弧形闸门的投影，岸墙下部虚线变成实线。

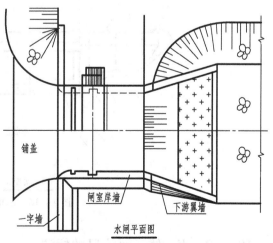

图 16.14 拆卸画法示意图

另外，水利工程图中常用到省略画法、连接画法、断开画法等简化画法，具体参见本书第1章。

16.3 水工图的尺寸标注

水工图的尺寸标注，除了应符合前面章节所述的相关规定和要求外，还应充分考虑水工建筑物的本身形体构造特征的需要；考虑实际设计、施工过程对尺寸度量、定位方法和测量精度的要求。

一般规定：①水工图中标注的尺寸单位，标高、桩号、总布置图以 m 为单位，流域规划图以 km 为单位，其余尺寸以 mm 为单位，若采用其他尺寸单位时，则必须在图纸中加以说明；②水工图中尺寸标注的详细程度，应根据各设计阶段的不同和图样表达内容的不同而定。

16.3.1 基准面和基准点

水工建筑物是建造在地面上的，通常是根据测量坐标系所建立的施工坐标系来确定各个建筑物在地面上的位置。施工坐标系一般是由三个互相垂直的平面构成的一个三维空间坐标体系。

第一个坐标面是水准零点的水平面，称为高程基准面，它由国家测量标准规定为黄海零点，图上不需说明。若沿用历史上各地区水准零点，如吴淞零点、废黄河零点、塘沽零点、珠江零点、青海零点等时。图样中应说明所采用的水准零点名称。

第二个坐标面是垂直于水平面的平面，称为设计基准面。大坝一般以通过坝轴线的铅垂面为设计基准面，水闸和船闸一般以通过闸中心线的铅垂面为设计基准面，码头工程一般以通过码头前沿的铅垂面为设计基准面。

第三个坐标面是垂直于设计基准面的铅垂面。

三个坐标面的交线是三条相互垂直的直线，构成单个建筑物的定位坐标系。在图样中通常只需用两个基准点确定设计基准面的位置，其余两个基准面即隐含在其中。如图 16.15 所示为水库大坝及水电站的平面布置图，其基准点 $M(x=253252.48,\ y=68085.95)$、$N(x=253328.06,\ y=68126.70)$ 即确定了坝轴线和设计基准面的位置。x、y 坐标值由测量坐标系测定，一般以 m 为单位。有时也用施工坐标标识基准点，施工坐标系是为方便施工测量，经测量坐标换算后的工程区域坐标系，坐标值用 A、B 标识，见表 16.2 中点的标注。

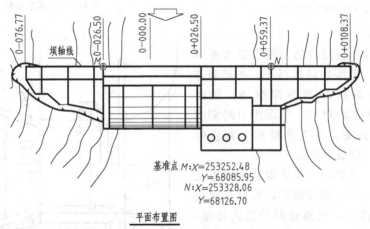

基准点 $M:X=253252.48$
$Y=68085.95$
$N:X=253328.06$
$Y=68126.70$

平面布置图

图 16.15　水电站平面布置图

16.3.2 点、线、面的尺寸标注

工程图样中不仅需要标注形体的尺寸，而且还需要对点、线、面进行尺寸标注，如在平面布置图中对基准点、斜桩、开挖坡面的尺寸标注等，其标注方法见表 16.2。

表 16.2 常见点线面的尺寸标注

几何元素	举例	图示及尺寸标注	说 明
点	基准点	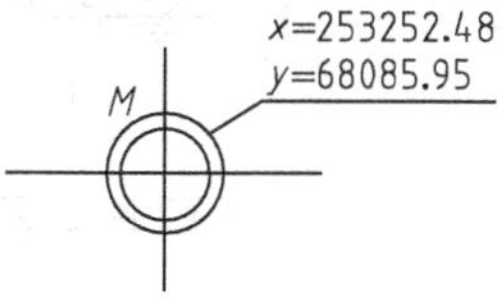 $x=253252.48$ $y=68085.95$ M	x、y 值为测量坐标值，单位为 m
		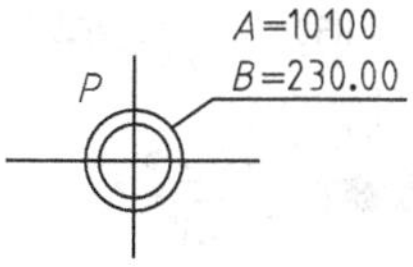 $A=10100$ $B=230.00$ P	A、B 值为施工坐标值，单位为 m
		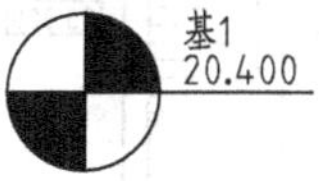 基1 20.400	高程基准点： 基 1——基准点编号 20.400——基准点高程
直线	斜桩	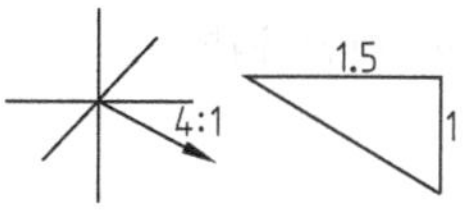 1.5 4:1 1	表示斜桩的方位及坡度，桩顶点定位尺寸另注
平面	开挖坡面	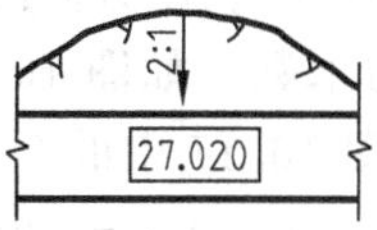 2:1 27.020	斜面用一条轮廓线及坡度线确定

16.3.3 高度尺寸的注法

水工建筑物在施工过程中，其主要表面的高度是通过水准测量得到的，因此在水工图中对其应通过标注高程来表示，次要表面的高度则通过标注相对高程来确定。

(1) 标高的注法

标高由标高符号及标高数字两部分组成，如图 16.16（a）所示。

在平面图中，标高符号是用细实线绘制的矩形线框，标高数字注写在其中，如图 16.16（b）所示。当图形较小时，可将符号引出绘制，如图 16.16（f）所示。标高数字一般注写到小数点后第三位。在总布置图中，可注写到小数点后第二位。其中水面标高的注法与立面图中标高相类似，区别在于需在水面线下画三条渐短的细实线，如图 16.16（c）、（d）中的标高尺寸"25.760"。特征水位应在标注水位的基础上加注特征水位名称，如图 16.16（d）中"正常蓄水位"。

(2) 高度的标注

对建筑物的次要表面，仍采用标注高度的方法，即标注它与重要表面的高差。

16.3.4 平面尺寸的标注

标注平面尺寸的关键是选好长、宽尺寸的基准。当建筑物在长度或者宽度方向上对称时，应以对称轴线为基准。当建筑物的某一方向无对称轴线时，则以建筑物主要结构的端面为基准。

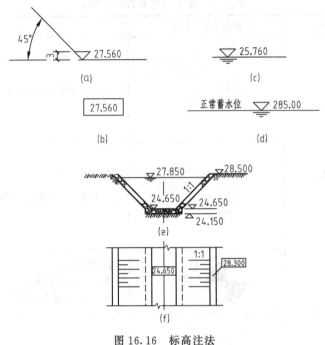

图 16.16 标高注法

16.3.5 长度尺寸的标注

对于河道、隧洞、渠道等建筑物的轴线、中心线长度方向的定位尺寸，可采用桩号的方法进行标注。标注形式为 $k+m$，k 为千米数，m 为米数，如图 16.17 所示。起点桩号注成 $0+000$，起点桩号之后，k、m 为正值，注成 $k+m$，如图 16.17 中的 $0+060.000$，表示该桩号在起点之前 60m；起点桩号之前，k、m 为负值，注成 $k-m$，如 $0-030$，表示该桩号在起点之前 30m。

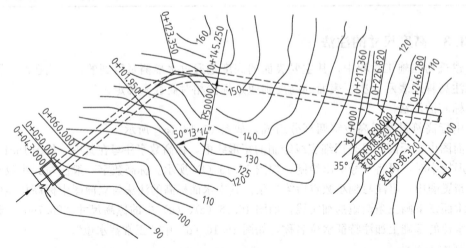

图 16.17 桩号的注法

桩号数字一般沿垂直于定位线或轴线方向注写，且标注在同一侧。当轴线为折线时，转折处的桩号数字应重复标注；当平面轴线为曲线时，可在桩号数字前加注文字以示区别，如图 16.17 中的"支 $0+018.320$"，表示支管上该桩号距支管起点 18.32m，且为曲线弧长。当同一图中几种建筑物采用"桩号"标注时，可在桩号数字之前加注文字以示区别，如坝 $0+021.000$、洞 $0+018.300$ 等。

16.3.6 规则变化图形的尺寸标注

为使水流平顺或结构受力状态合理，水工结构物常做成规则变化的形体。对这种形体的尺寸一般采用特殊的标注方法，使得图示简练，表达清晰，便于施工放样。常用的有下面几种。

（1）列表法

图16.18为一梯形坝的典型坝段的尺寸注法，该坝段不同高程的水平断面尺寸呈规则变化。这里采用了两个有代表性的断面图表示坝段的形状，坝体标准断面图表达沿高度方向的控制高程，断面图 $A-A$ 表达大坝沿高度方向的水平向尺寸变化，尺寸中呈规则变化者用字母 T、a、c、B_1、B_2、B_3 表示，用列表法列出不同高程时的尺寸大小。

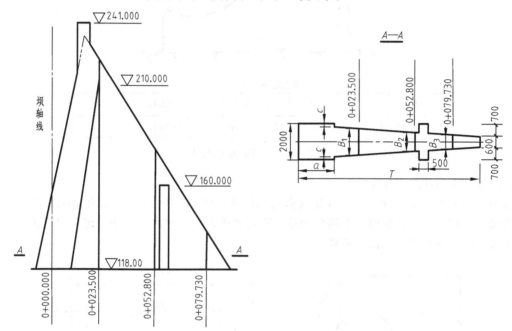

$A-A$ 断面尺寸表　　　　　　　　　　　　　　单位：cm

高程	T	a	c	B_1	B_2	B_3
200	3520	1148	326	1221	682	656
190	4400	1228	311	1250	790	733
180	5280	1308	296	1278	875	801
170	6160	1388	281	1305	944	814
160	7040	1468	266	1331	1004	
150	7920	1548	251	1357	1056	
140	8800	1628	236	1383	1105	
130	9680	1708	221	1409	1114	
120	10560	1788	206	1435		
118	10736	1804	203	1440		

图16.18 列表法标注尺寸

（2）数学表达式与列表结合标注曲线尺寸

水工建筑物的过水表面常做成柱面，柱面的横断面轮廓一般呈曲线型，如溢流坝的坝面、隧洞的进口表面等。标注这类曲线的尺寸时，一般采用数学表达式描述，曲线上的控制点用列表形式标注尺寸，如图 16.19 所示。

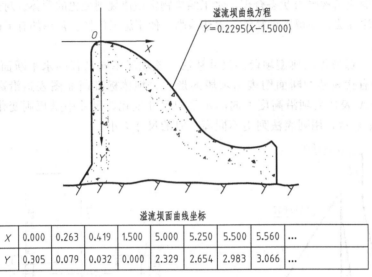

溢流坝曲线方程
$$Y=0.2295(X-1.5000)$$

溢流坝面曲线坐标

X	0.000	0.263	0.419	1.500	5.000	5.250	5.500	5.560	...
Y	0.305	0.079	0.032	0.000	2.329	2.654	2.983	3.066	...

图 16.19　列表法标注尺寸

（3）坐标法标注曲线尺寸

图 16.20（a）为用极坐标法标注蜗壳曲线的尺寸；图 16.20（b）为用直角坐标法标注一般曲线的尺寸。这是两种常见的运用坐标标注曲线尺寸的方法。这两种注法可避免引出大量的尺寸界线和尺寸线，而使图形简洁、清晰。

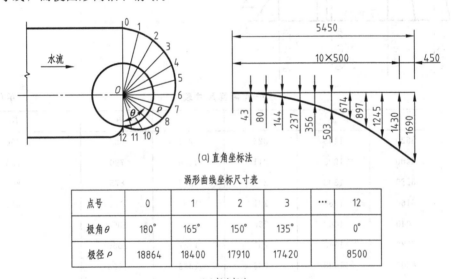

(a)直角坐标法

涡形曲线坐标尺寸表

点号	0	1	2	3	...	12
极角 θ	180°	165°	150°	135°		0°
极径 ρ	18864	18400	17910	17420		8500

(b)极坐标法

图 16.20　坐标法标注尺寸

16.4　水工图的阅读

熟练地阅读工程图样是学习工程设计、画好工程图样的基础，是从事工程设计施工管理工作的基础。通过阅读工程图样，可以学习水工建筑物的常用图示方法；熟悉水工建筑物的结构形式和组成；了解水工建筑物的地理位置，工作、施工环境，材料构成，设施布置等内容。

16.4.1　阅读水工图的要求

① 通过看枢纽布置图了解：枢纽的地理位置，该处的地形和河流状况，各建筑物的位置和主要尺寸，建筑物之间的相互关系。

② 通过看结构图了解：各建筑物的名称、功能、工作条件、结构特点，建筑物各组成部分的结构形状、大小、作用、材料和相互位置，附属设备的位置和作用等。

③ 进行归纳总结，以便对水利枢纽（或水工建筑物）有一个完整的、全面的了解。

16.4.2　阅读水工图的方法和步骤

由于水工图内容广泛，大到水利枢纽的平面布置，小到结构细部的构造都需要表达；视图数量多且视图之间常不能按投影关系布置；图样所采用的比例多样且变化幅度大（如从1∶500到1∶5）；专业性强且涉及《水利水电工程制图标准》或《港口工程制图标准》的内容多，阅读水工图一般宜采用以下的方法和步骤。

（1）概括了解

看有关专业介绍、设计说明书。按图纸目录，依次或有选择地对图纸进行粗略阅读。分析水工建筑物总体和分部采用了哪些表达方法；找出有关视图和剖视图之间的投影关系；明确各视图所表达的内容。

（2）深入阅读

概括了解之后，还需要进一步仔细阅读，其顺序一般是由总体到分部、由主要结构到其他结构、由大轮廓到小局部，逐步深入。读水工图时，除了要运用形体分析法和线面分析法外，还需知道建筑物的功能和结构常识，运用对照的方法，如平面图、剖视图、立面图对照阅读，整体和细部对照阅读，图形、尺寸、文字对照阅读等等。

（3）归纳总结

最后通过归纳总结，对枢纽（或建筑物）的组成、大小、形状、位置、功能、结构特点、材料构成等有一个完整和清晰的了解。

16.4.3　读图举例

【例16.1】　阅读图16.21。

（1）水闸的功能及组成

首先要了解水闸的组成和作用：为了农田灌溉或其他水利事业的需要，常在河道、护坡的岸边过灌溉渠道内设置水闸。按照水闸在水利工程中担负的任务不同，水闸可分为进水闸、分洪闸、泄水闸等。水闸设有启闭闸门，具有挡水和泄水的双重作用。水闸一般由上游连接段、闸室段、下游连接段组成。上游连接段位于河流与闸门之间，其作用是引导河水平顺进入闸室、并保护上游河床及河岸不受水流冲刷。一般包括上游防冲槽、铺盖、上游翼墙及两岸护坡。闸室段是水闸起控制水位、调节流量作用的主要成分。它由底板、边墩、中墩、闸门、交通桥、排架及工作桥等组成。下游连接段的作用是均匀扩散水流，消除水流能量减少流速，防止冲刷河岸及河床。它包括消力池、海漫、下游防冲槽、下游翼墙及两岸护坡。

进一步分析视图的表达方法，该水闸采用了水闸平面布置图、纵剖面图、上下游立面图和两个断面图来表达该水闸的设计。其中平面布置图表达了水闸各组成部分的平面位置、形状、大小，水闸左右对称，采用了局部视图的对称画法。上游包括一部分渠道、铺盖和进水口的两侧边

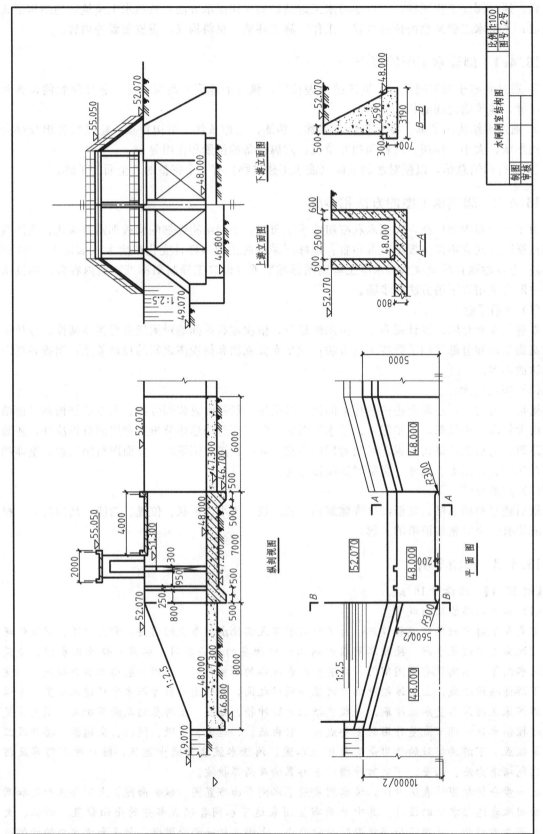

图 16.21 水闸闸室结构图

坡形状；闸室段表示出了工作闸门和检修闸门的边墩和中墩形状和孔口宽度；下游段给出了扩散段的扭面形状和渐变尺寸。各个位置处的高程也进行了表示。

剖视图的剖切平面沿水闸的长度方向，由上游侧向下游方向将渠道边坡、铺盖、闸室底板及其上部结构、消力池（扩散段）等部分的剖面形状、连接方式及各段长度表达出来，门槽位置、排架形状及上下游部分特征水位和各部分高程均可在图中看到。其中铺盖、底板和扩散段底板的材料进行了表示。上下游立面图则给出了闸室的宽度，基础上下游渠道地板、闸门顶部、交通桥和工作桥的高程，以及上下游挡土墙的基本形状。其中闸室段的基本尺寸和材料、上游闸墩和边坡连接处挡土墙断面形状和材料通过 $A—A$ 和 $B—B$ 断面详图进行了说明。

（2）视图表达

沿水闸的纵向轴线可分为上游段、闸室段、下游段三部分，分别找出各部分的相关视图，对照起来阅读，了解建筑物各部分的尺寸、材料、细部构造。

上游段铺盖长度为8m，底部是原状土，其上覆盖混凝土底板，铺盖顶端设置齿墙，铺盖两侧为倾斜式挡土墙与岸坡相连，防止两岸土体坍塌，保护河岸免受水流冲刷。

水闸的闸室为钢筋混凝土整体结构，由底板、岸墙（边墩）、闸门、中墩、交通桥、排架以及工作桥等组成。闸室全长7m，共2孔，每孔净宽2.5m，总净宽5m。闸顶高程为51.3，闸底板面高程48.0，闸室混凝土底板厚0.8m。首末两端设有齿墙，防止水闸滑动。闸顶设工作桥，总宽2m，闸门下游侧设交通桥，宽4m。

在闸室的下游连接着一段消力池，其两侧为混凝土挡土墙。消力池的局部长度为6.0m，用混凝土材料制成。消力池扩散段采用倾斜式挡土墙与岸坡相连，同时保证水流顺畅进入下游渠道

（3）综合想象整体

经过对图纸的仔细阅读分析，想想水闸空间整体结构形状。

【例 16.2】 阅读图 16.22 和图 16.23。

（1）概括了解

① 枢纽的工程及组成。枢纽主体工程由拦河重力坝和引水发电系统两部分组成。拦河坝包括非溢流坝段、溢流表孔坝段、冲砂孔底孔坝段，非溢流坝段用于拦截上游来水、蓄水、抬高上游水位；溢流表孔坝段在堰顶高程883.00m以上设置弧形闸门，用于上游发生洪水时开启闸门泄流；冲砂孔低孔坝段在堰顶高程868.50m以上设置弧形闸门，用于排泄上游水库积累的泥砂。引水发电系统是利用上下游水位差和流量，通过水轮机组进行发电的专用工程，包括取水口段、引水管、蜗壳、水电站厂房及尾水管等组成。

② 视图表达。本工程的主体结构由枢纽平面布置图、下游立面图、剖视图表达其总体布置。图中较多采用示意、简化、省略的表示方法，其中：枢纽平面布置图表达了地形、地貌、河流、指北针、坝轴线位置及水工建筑物平面布置；上游立面图表达了河谷断面、非溢流坝段、溢流坝段、水电站厂房的立面布置、连接关系和主要高程；剖视图分别表达了表面溢流坝段、冲砂孔底孔坝段、非溢流坝段和电站厂房四个典型坝段的断面形状和结构布置，以及引水发电系统和电站厂房的结构布置。

（2）深入阅读

① 非溢流坝段。从枢纽平面布置图和上游立面图看出，编号1～2号坝段、7～8号坝段、9～11号坝段为非溢流坝，各坝段之间设横缝，从 $A—A$ 断面图可以看出坝体的断面形状、尺寸大小和结构布置。从 $A—A$ 断面图可以看出，坝内设一条基础灌浆廊道，高程为862.00m，在距上游面3.8m处沿纵向设一排多孔混凝土管，用于坝身排水；渗透水集中于基础灌浆廊道，然后抽排到下游河道中。图 16.24 是其结构布置的立体示意图。

② 溢流坝段。溢流坝段设在编号3～5号溢流表孔坝段，6号冲砂底孔坝段，溢流表孔坝段

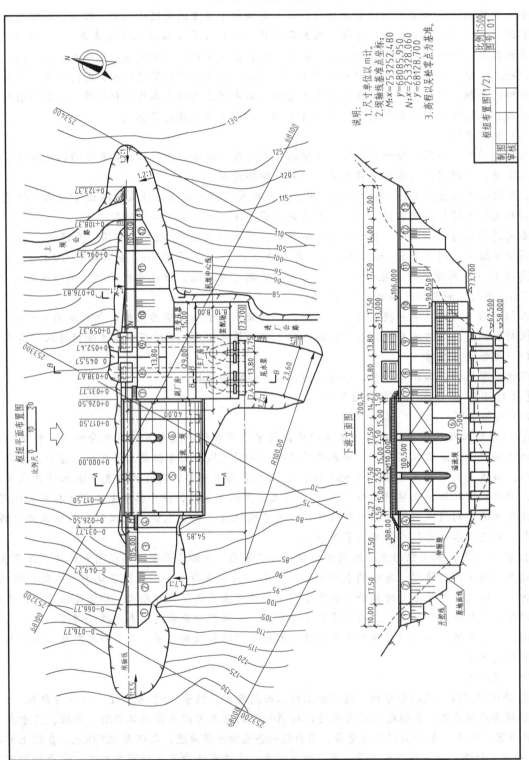

图 16.22 枢纽布置图

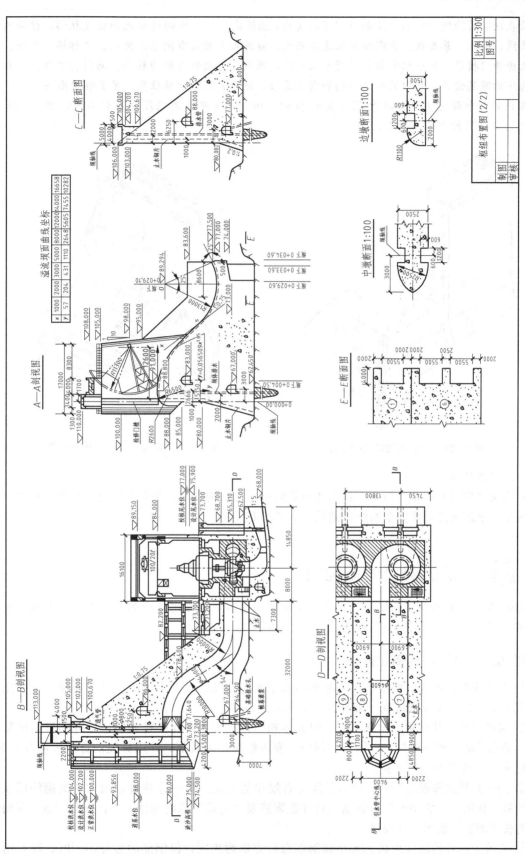

图 16.23　水电站坝段结构图

分缝设在闸孔的两侧。从 $B—B$ 剖视图可以看出，溢流表孔坝段坝的过水表面做成柱形，柱面的导线由直线、圆弧、幂曲线、直线和圆弧连接而成。溢流坝上面设有闸墩、闸门、工作桥、牛腿、导水墙及检修门槽等。从枢纽平面布置图可以看出，闸墩上游侧的头部为柱面。闸门、工作桥、启闭机等为坝的附属设备，图中采用了图例和省略画法，闸门的极限运动位置采用了假想画法。

坝内的两个廊道高程分别为 852.00m 和 845.00m，与非溢流坝段的高程不同。图16.25是溢流坝结构布置的立体示意图。

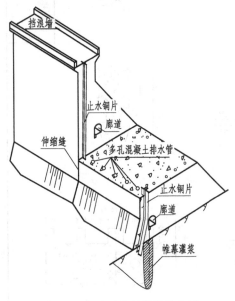

图 16.24　非溢流坝段结构布置

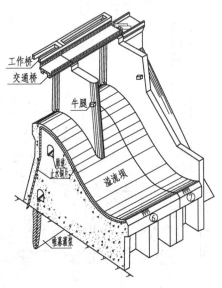

图 16.25　溢流坝段结构的布置图

（3）归纳总结

最后根据枢纽平面布置图所表达的建筑物的相互关系构想出整个枢纽的立体形像，根据上游立面图和三个剖视图理清整个系统的结构形状和相互关系。

16.5　钢筋混凝土结构图

前面第13章结构施工图已经详细介绍了钢筋的基本知识和钢筋图的表示方法。下面主要介绍水利工程中常见钢筋图的简化画法。

16.5.1　钢筋图的简化画法

① 对于规格、型式、长度、间距都相同的钢筋，可以只画出第一根和最末一根，用标注的方法表明其根数、规格和间距，如图16.26所示。

② 两组钢筋，其规格、长度不同，但间距相同，且为相互间隔排列时，可分别只画出每组的第一根和最末一根的全长，再画出相邻的一根短粗线表示间距，并用标注的方法表明其根数、规格和间距，如图16.27所示。

③ 钢筋的型式和规格相同，而其长度呈有规律的变化，为一等差数 a 时，这组钢筋可以只编一个号，如图16.28中的①号钢筋，可并在钢筋表"型式"栏内加注："$\Delta=a$"。"Δ"即相邻钢筋的长度增量，表示变化规律。

④ 当若干构件的断面形状、大小和钢筋布置方法均相同，仅钢筋的编号不同时，可采用如

图 16.29 所示的简化画法,并在钢筋表中注明各不同编号的钢筋型式、规格和长度。

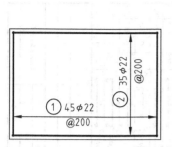

图 16.26 相同钢筋的简化画法

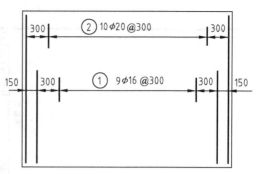

图 16.27 简化画法

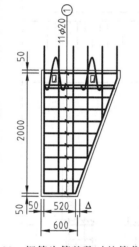

图 16.28 钢筋为等差数时的简化编号

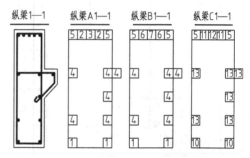

图 16.29 仅钢筋的编号不同时的简化画法

16.5.2 配筋图的阅读

识读配筋图的目的是为了弄清结构内部钢筋的布置情况,以便进行钢筋的断料、加工和绑扎成型。看图时须注意图上的标题栏、有关说明,先弄清楚结构的外形,然后按钢筋的编号次序,逐根看懂钢筋的位置、形状、种类、直径、数量和长度。要把视图、断面图、钢筋编号和钢筋表配合起来看。现以图 16.30 某水闸下游陡坡消力池底板配筋图为例,说明配筋图的阅读方法。

看标题栏。从标题栏可知,本图是某水闸下游陡坡消力池底板配筋图,比例 1∶100。

分析视图、概括了解。平面图采用了多个局部剖视图,既表示了消力池的外形尺寸,又表示了底板内部钢筋的平面配置情况。陡坡消力池纵剖视图是沿着水流方向剖开的剖视图,表示了消力池的纵向配筋情况。

结合各个视图,按照钢筋编号,参阅钢筋表,了解各种钢筋的规格、形状和数量,分析各种钢筋的配置情况和各种钢筋间的相对位置,看懂整个钢筋骨架的构造。在本图中,从钢筋表中可知,消力池底板钢筋共有 11 种,由型式一栏可看出各种钢筋的形状。由平面图结合纵剖视图可知,①号受力钢筋有 36 根,每个消力墩垂直排列 4 根,位于墩的迎水面;又如③号钢筋,主要起固定、架立各受力筋的作用,每墩配置 4 根,因构造上的需要,每根长度都不一样,相邻钢筋各相差一个等差值(见钢筋表),故采用配筋图的简化画法表示,36 根钢筋只编一个号。依照上述分析方法,将各种类型钢筋的配置情况和相对位置搞清楚后,即可看懂整个钢筋骨架的构造。

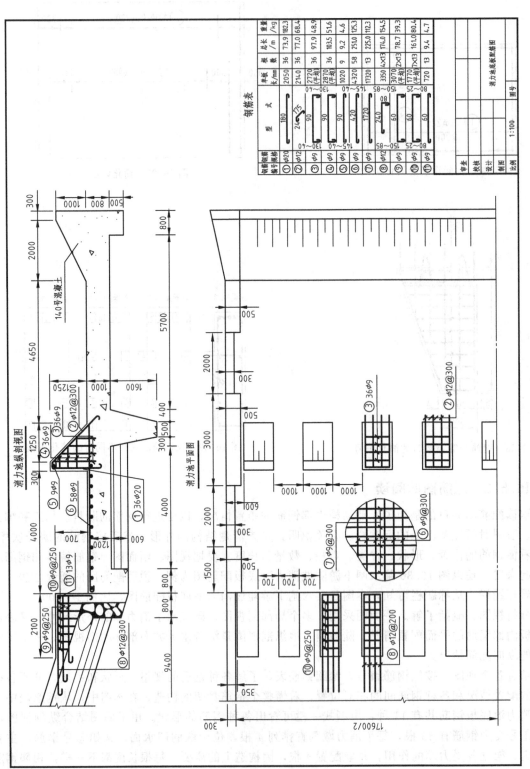

图 16.30 某水闸下游陡坡消力池底板配筋

第17章

道路工程图

▶▶

　　道路是一种供车辆行驶和行人步行的带状结构物,其基本组成包括路基、路面、桥梁、涵洞、通道、隧道、防护工程、排水工程和沿线设施等。道路根据其不同的组成和功能特点,可分为公路和城市道路两种,位于城市郊区和城市以外的道路称为公路,位于城市范围以内的道路称为城市道路。

　　道路路线是指道路沿长度方向的行车道中心线。路线的线型,由于受地形、地物和地质条件的限制,这就使得道路路线在平面上蜿蜒曲折,在竖向高低起伏,所以从整体来看道路路线是一条空间曲线。

　　根据以上特点,道路路线工程图以绘有道路中心线的地形图作为平面图、以纵向展开断面图(纵断面图)作为立面图、以横断面图作为侧面图,而且这三种图样大都各自画在单独的图纸上。利用这三种图样,就可以完整地表达道路的空间位置、线型和尺寸。因此道路路线工程图由路线平面图、路线纵断面图和路基横断面图组成。

　　本章主要介绍道路路线工程的图示方法、内容及画法,绘制道路工程图时,应遵守《道路工程制图标准》(GB 50162—1992)中的有关规定。

17.1　公路路线工程图

　　公路路线工程图,主要表达公路路线的空间位置、线型和尺寸,包括路线平面图、路线纵断面图和路基横断面图。

17.1.1　路线平面图

　　路线平面图是从上向下投影所得到的水平投影,也就是用标高投影法所绘制的道路沿线周围区域的地形图。主要表达路线的方向、平面线型(直线和左、右弯道)以及沿线两侧一定范围内的地形、地物情况。其内容主要包括地形和路线两部分。

　　如图 17.1,图 17.2 所示,为某公路从 K0+000 至 K1+400 段的路线平面图。

　　(1)地形部分

　　① 比例。道路路线平面图所用比例应根据地形的变化情况采用不同的比例,一般在城镇区为 1∶500 或 1∶1000,山岭区为 1∶2000,丘陵区和平原区为 1∶5000 或 1∶10000。

　　② 指北针或坐标网。在路线平面图上应画出指北针或测量坐标网,以指明道路在该地区的方位与走向。指北针箭头所指为正北方向,指北针宜采用细实线绘制;坐标网的 X 轴为南北方向,坐标值增加的方向为正北方向;Y 轴为东西方向,坐标值增加的方向为正东方向。坐标值的

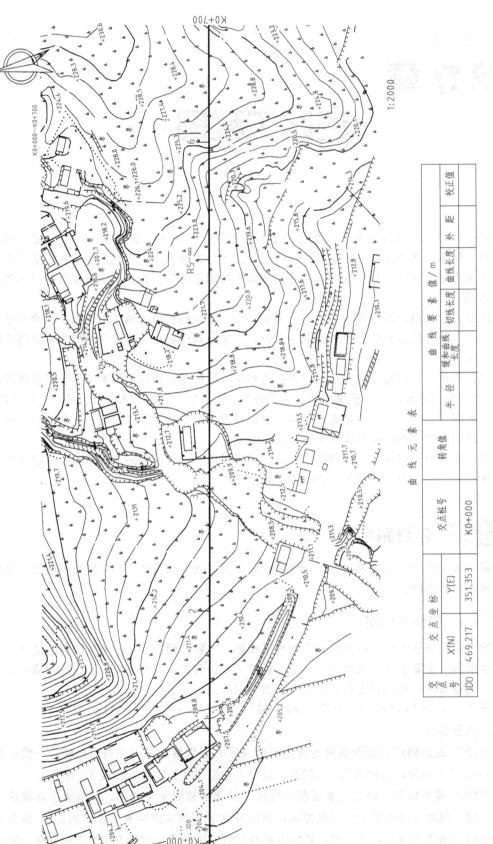

曲 线 元 素 表

交点号	坐 标		转角值	曲 线 要 素 值／m				
	X(N)	Y(E)	交点桩号	半径	切线长度	缓和曲线长度	曲线长度	外距	校正值
JD0	469.217	351.353	K0+000						

图 17.1 路线平面图（一）

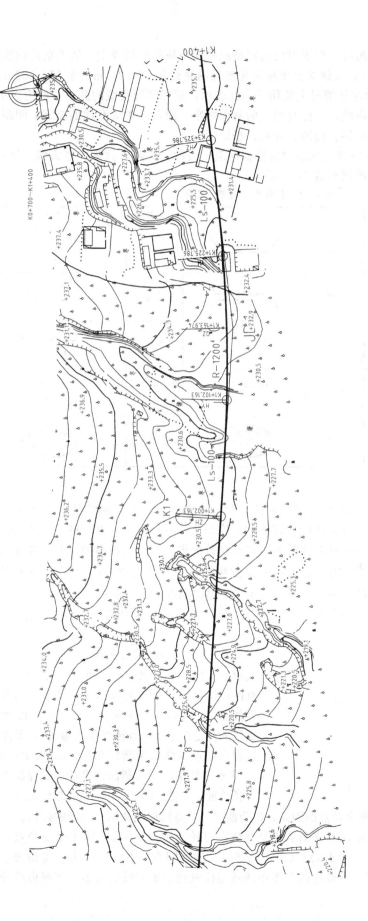

曲 线 元 素 表

交点号	交点坐标		转角值	交点桩号	曲线要素值/m						
	X(N)	Y(E)			半径	缓和曲线长度	切线长度	曲线长度	外距	校正值
JD1	253.495	1495.522	10°4'0'38"(Z)	K1+164.329	1200	100	162.166	323.623	5.577	0.709

1:2000

图 17.2 路线平面图 (二)

标注应靠近被标注点，书写方向应平行于对应的网格或在网格线的延长线上，数值前应标注坐标轴线代号。如图 17.1 中的 JD0 表示该交点坐标为距坐标网原点北 469.217m、东 351.353m。

③ 地形。平面图中地形的起伏情况主要用等高线表示，相邻两等高线的高差一般为 2m，每隔四条等高线画出一条粗的计曲线，并标有相应的高程数字。通过图中等高线的疏密、间距，可以了解地形上的山峰、山脊、山谷、河流、丘陵、平原等。

④ 地貌地物。在平面图中地面上的地貌地物如河流、房屋、道路、桥梁、电力线、植被等，都是按规定图例绘制的，常见图例如表 17.1 所示。

表 17.1 路线平面图常用图例

名称	图例	名称	图例	名称	图例
房屋		涵洞		水稻田	
大车路		桥梁		草地	
小路		菜地		树林	
堤坝		旱地		高压电力线 低压电力线	
河流		沙滩		水池或鱼塘	

（2）路线部分

① 设计路线。由于公路的宽度相对于长度来说尺寸小得多，因此，通常是沿道路中心线画出一条加粗的粗实线来表示新设计的路线。路线的长度用里程桩号表示。里程桩号应从路线的起点至终点，按从小到大，从左到右的顺序排列。里程桩分公里桩和百米桩两种，公里桩宜注在路线前进方向的左侧，用符号"♈"表示桩位；公里数注写在符号的上方，如"K1"表示离起点 1km。百米桩宜标注在路线前进方向的右侧，用垂直于路线的细短线表示桩位，用注写在短线端部、字头向上的阿拉伯数字表示百米数，例如在 K1 公里桩的前方注写的"4"，表示桩号为 K1 ＋400，说明该点距路线起点为 1400m。

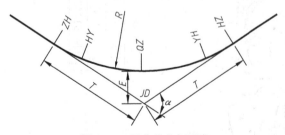

图 17.3 平曲线几何要素

② 线型。公路路线在平面上是由直线段和曲线段组成的，在路线的转折处应设平曲线。最常见的较简单的平曲线为圆曲线，其基本的几何要素如图 17.3 所示。JD 为交角点，是路线的两直线段的理论交点；α 为转折角（偏角），是路线前进方向向左或向右偏转的角度，α_z 表示左偏角，α_y 表示右偏角；R 为圆曲线半径，是连接圆弧的半径长度；T 为切线长，是切点与交角点之间的长度；E 为外距，是曲线中点到交角点的距离；L 为曲线长，是圆曲线两切点之间的弧长。

在路线平面图中，转折处应注写交角点代号并依次编号，如 JD1，表示第 1 个交角点；还要注出曲线段的起点 ZY（直圆）、中点 QZ（曲中）、终点 YZ（圆直）的位置；为了将路线上各段平曲线的几何要素值表示清楚，一般还应在图中的适当位置列出平曲线要素表。如果曲线设置缓和曲线，则需标出 ZH（直缓点）、HY（缓圆点）、YH（圆缓点）和 HZ（缓直点）的位置。

通过读图 17.1、图 17.2 可以知道，新设计的这段公路是从 K0+000 处开始，在交角点 JD1 处向左转折 $10°40'38''$，转弯半径 $R=1200m$，终点里程为 K1+400，总长度为 1400m，路线总体走向为由西向东。在 JD1 处设置一缓和曲线，缓和曲线的曲线要素、主点桩号都可以在图中读出。

③ 水准点。沿线附近每隔一定的距离应设置控制标高的水准点。这些水准点的位置应绘制在路线平面图上，并加注水准点的编号与高程。水准点用"◐"符号标记，如

该水准点是路线的第 2 个水准点，高程为 53.712m。

（3）绘制路线平面图应注意的几个问题

① 先画地形图，后画路线中心线。

② 地形等高线按先粗后细步骤徒手画出，要求线条顺滑，同类型等高线粗细均匀。

③ 路线平面图应从左向右绘制，桩号为左小右大。

④ 路中心线按先曲线后直线的顺序画出，一般要求以两倍于曲线的粗度画出。

⑤ 平面图的植物图例，应朝上或向北绘制；每张图纸的右上角应有角标，注明本张图纸的序号及总张数。

⑥ 路线平面图在标题栏内应注明路线名称、单位、设计、复核、审核和比例等基本情况。

17.1.2　路线纵断面图

路线纵断面图是用一个假想的由平面和曲面组成的铅垂面，沿公路中心线纵向剖切并展到同一平面上而形成的剖面图。路线纵断面图主要表达路线沿中心线的纵向坡度、地面沿纵向高低起伏变化情况以及沿线的地质情况和构造物设置情况。路线纵断面图包括路线图样和资料表两部分。

（1）图样部分

① 比例。路线纵断面图的水平方向表示路线的长度，竖直方向表示设计线和地面的高程。由于地形和设计线的高程变化比路线的长度要小得多，为了在路线纵断面图上能够清晰地表示出高程及纵坡变化，绘制时一般竖向比例要比水平比例放大 10 倍。为了便于画图和读图，一般还在纵断面图的左侧按竖向比例画出高程标尺。

② 地面线。在图上用一系列不规则的细折线表示设计中心线处的纵向地面线。它表示设计中心线处地面在纵向高低起伏变化的情况。

③ 设计线。在图上由直线和曲线构成的粗实线就是道路的设计线。设计线上各点的标高通常是指路基边缘的设计高程。由设计线与地面线相应的高程之差，就可确定各中心桩处的填挖高度。

④ 竖曲线。在设计线的纵坡变化处（变坡点），为了便于车辆行驶，均应设置圆弧竖曲线。根据纵坡变化情况，竖曲线分为凸形和凹形两种，在图中分别用符号表示。符号中部的竖线应对准变坡点位置，竖线左侧标注变坡点的里程桩号，竖线右侧标注变坡点的高程，符号的水平线两端应对准竖曲线的起点和终点，并将竖曲线的半径 R、切线长 T、外矢距 E 等要素的数值标注在水平线上方。如图 17.4、图 17.5 所示，在变坡点 K0+650 处设有 $R=12000m$ 的凸形竖曲线，$T=108.96m$、$E=0.49m$；在变坡点 K0+234 处设有 R 为 25000m 的凸形竖曲线，$T=108.05m$、$E=0.23m$。

⑤ 工程构造物。当路线上设有桥涵、通道、立交等人工构造物时，应在设计线的上方或下方用竖直引出线标注，竖直引出线应对准构造物的中心位置，并注出构造物的名称、种类、大小和中心里程桩号。例如图 17.4 中，在 K0+350 处设有一道直径为 1.5m 的单孔圆管涵。

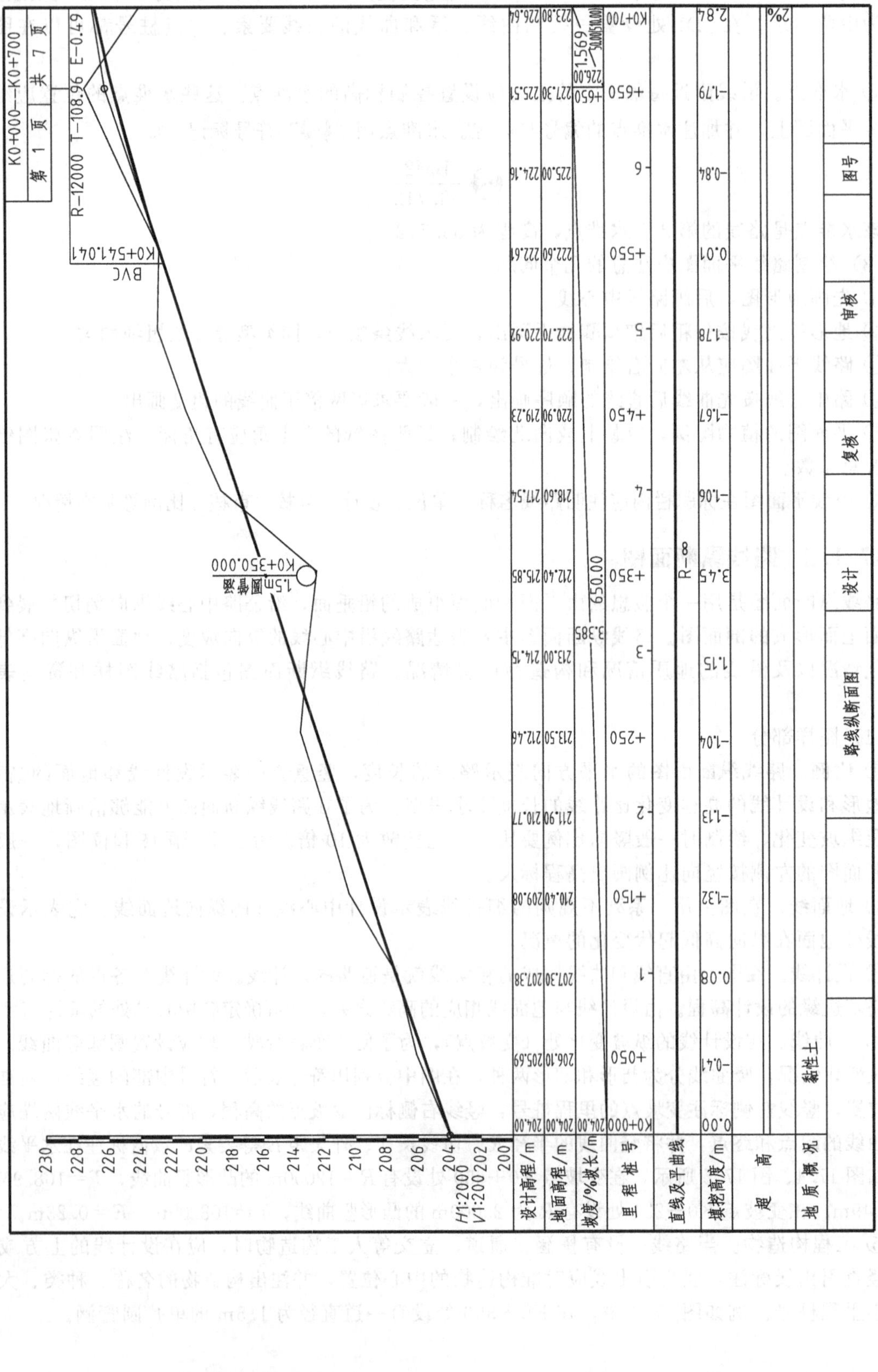

里程桩号/m	K0+000	+050	1	+150	2	+250	+350	3	+450	5	+550	6	+650	K0+700
地面高程/m	204.00	205.69	207.38	209.08	210.77	212.46	214.15	215.85	217.54	219.23	220.92	222.61	224.30	226.00
设计高程/m	204.00	206.10	207.30	210.40	211.90	213.50	213.00	212.40	218.60	220.90	222.70	222.60	225.00	227.30	223.80
坡度/%坡长/m	0.00	−0.41	0.08	−1.32	−1.13	−1.04	1.15	3.45	−1.06	1.67	1.78	0.01	−0.84	−1.79	2.84

图 17.4　某路段路线纵断面图（一）

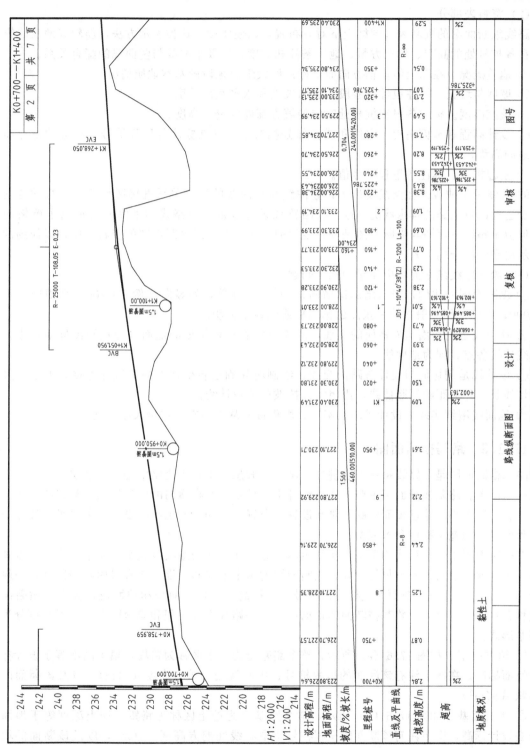

图17.5 某路段路线纵断面图（二）

⑥ 水准点。在路线纵断面图中，对沿线设置的水准点也应进行标注，竖直引出线对准水准点，左侧注写里程桩号，右侧写明其位置，水平线上方注写水准点编号和高程。

(2) 资料表部分

路线纵断面图的资料表与图样上下对齐布置，以便阅读。这种表示方法，能较好地反映纵向设计在各桩号处的高程、填挖方量、地质条件和坡度，以及平曲线与竖曲线的配合关系。

① 地质概况。在图上沿里程方向简要标注路线经过地段的基本地质情况。

② 坡度与坡长。标注设计线各段的纵向坡度和水平距离长度。

③ 填挖高度。标注各里程桩号处对应的填方高度和挖方高度。

④ 设计高程和地面高程。它们和图样部分相对应，分别标注各里程桩号处对应的设计高程和原地面高程。

⑤ 里程桩号。标注各里程桩号值。

⑥ 直线及平曲线。在路线设计中，竖曲线与平曲线的配合关系直接影响着汽车行驶的安全性、舒适性以及道路的排水状况。故《公路路线设计规范》对路线的平纵配合提出了严格的要求。但由于路线平面图与纵断面图是分别表示的，所以在路线纵断面图的资料表中，以简约的方式表示出平纵配合的关系。

(3) 绘制路线纵断面图应注意的几个问题

① 纵断面图的比例，竖向比例比横向比例扩大 10 倍，如竖向比例 1：200，则横向比例为 1：2000，纵横比例一般在第一张图的标题栏或注释中说明。

② 地面线是剖切面与原地面的交线，点绘时将各里程桩处的地面高程点到图样坐标中，用细折线连接各点，即为地面线。

③ 设计线是剖切面与设计道路的交线，绘制时先确定各变坡点的位置并连接，再根据竖曲线的切线长、外矢距绘制竖曲线，用粗实线拉坡即为设计线。

④ 地面线用细实线，设计线用粗实线，里程桩号从左向右按桩号大小排列。

17.1.3　路基横断面图

路基横断面图是在路线每一中心桩处，用一个假想的垂直于道路中心线的剖切平面进行剖切得到的断面图。路基横断面图主要表达路线各中心桩处地面在横向的变化情况、路基的形式、路基宽度和边坡大小、路基顶面标高及排水设施的布置情况和防护工程的设计；主要用来计算土石方工程数量，为施工提供参考依据。

在横断面图中，设计线均采用粗实线表示，原有地面线用细实线表示，路中心线用细点画线表示。为了便于进行土石方量的计算，横断面图的水平方向和高度方向宜采用相同比例，一般为 1：200 或 1：100。每个断面均应标注出桩号、填挖高度、填挖面积和顶面设计标高。横断面图按里程自下向上排列。路基横断面图根据中心桩处路线设计高程和原地面高程的不同可分为三种基本形式：

① 填方路基。如图 17.6 (a) 所示，整个路基全为填土区称为路堤，填土高度等于设计标高减去地面标高。在图下注有该断面的里程桩号、中心线处的填方高度 $h_T(\text{m})$，以及该断面的填方面积 $A_T(\text{m}^2)$。

② 挖方路基。如图 17.6 (b) 所示，整个路基全为挖土区称为路堑，挖土深度等于地面标高减去设计标高，图下注有该断面的里程桩号、中心线处挖方高度 $h_w(\text{m})$，以及该断面的填方面积 $A_w(\text{m}^2)$。

③ 半填半挖路基。如图 17.6 (c) 所示，前两种路基的综合，在图下仍注有该断面的里程桩号、中心线处填方高度 $h_T(\text{m})$ [或挖方高度 $h_w(\text{m})$] 以及该断面的填方面积 A_T (或挖方面积 A_w)。

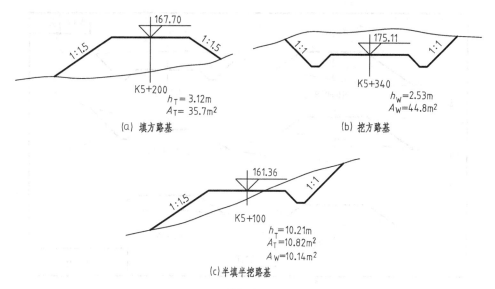

图 17.6 路基横断面的形式

图 17.7 所示为某路段路基半填半挖标准横断面图。

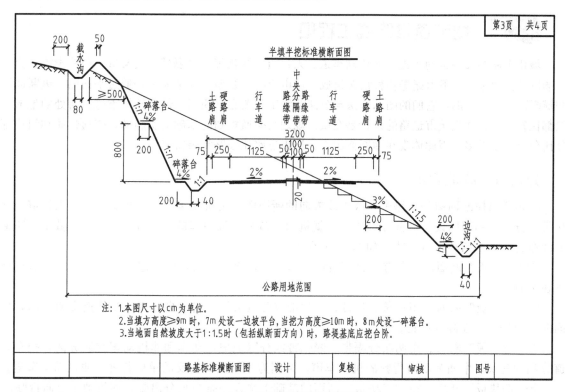

图 17.7 某路段路基横断面图

绘制路基横断面应注意的几个问题。

① 路基横断面一般是在透明的方格纸上绘制。方格纸纵横向均以 1mm 单位规格，每隔 5mm 印成粗线。

② 路基横断面应按里程桩号顺序的大小由下而上，自左向右排列，如图 17.8 所示。

③ 在每张路基横断面图的右上角应有角标，注明图纸序号及总张数。

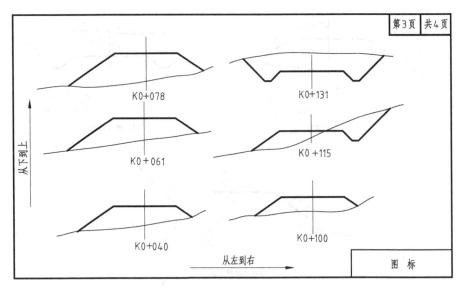

图 17.8 路基横断面的绘制

17.2 城市道路路线工程图

城市道路主要由机动车道、非机动车道、人行道、绿化带、分隔带、交叉口、照明设施、交通广场以及高架桥、地下道路等各种设施组成。城市道路的线型设计结果也是通过平面图、纵断面图和横断面图来表达的，它们的图示方法与公路路线工程图完全相同。但由于城市道路所处的地形一般都比较平坦，并且城市道路的设计是在城市规划与交通规划的基础上实施的，交通性质和组成部分比公路复杂得多，因此体现在横断面图上，城市道路比公路复杂得多。

17.2.1 横断面图

城市道路横断面图是道路中心线法线方向的断面图。由机动车道、非机动车道、人行道、绿化带、分隔带和照明设施等部分组成。根据机动车道和非机动车道的布置形式不同，城市道路横断面布置有以下四种基本形式，如图 17.9 所示。

①"一块板"断面。把所有车辆都组织在同一车行道上行驶，但规定机动车在中间，非机动车在两侧。

②"两块板"断面。用一条分隔带、绿化带或分隔墩从道路中央分开，使往返交通分离，但同向交通仍在一起混合行驶。

③"三块板"断面。用两条分隔带、绿化带或分隔墩把机动车和非机动车交通分离，把车行道分隔为三块，中间为双向行驶的机动车道，两侧为方向彼此相反的单向行驶的非机动车车道。

④"四块板"断面。在"三块板"断面的基础上增设一条中央分离带，使机动车分向行驶。

横断面设计的最后成果用标准横断面设计图表示。图中要表示出横断面各组成部分及其相互关系。如图 17.10 所示某路横断面图采用了"三块板"断面形式，中间机动车道，两侧为人行道，有隔离带。本图比例 1：200。图中还表示了各组成部分的宽度以及结构设计要求。

17.2.2 平面图

城市道路平面图与公路路线平面图相似，它用来表示城市道路的方向、平面线型和车行道、

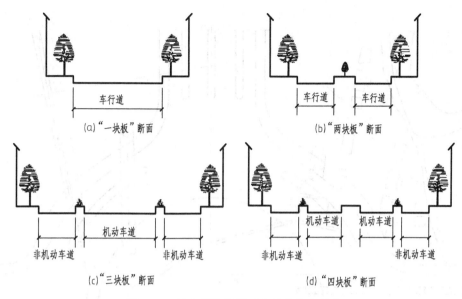

图 17.9　城市道路横断面布置的基本形式

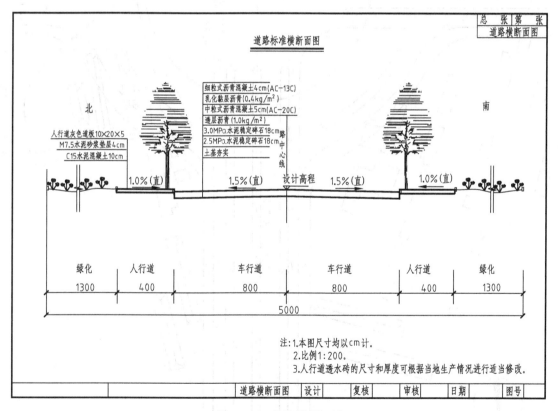

图 17.10　某路横断面图

人行道、绿化带、分隔带、平面交叉口和交通广场以及沿路两侧一定范围内的地形和地物情况。由于城市道路所在地区的地势一般比较平坦，地形除用等高线表示外，还用大量的地形点表示高程。城市道路平面图所采用的绘图比例较公路路线平面图大，因此车行道、人行道的分布和宽度可按比例画出。如图 17.11 所示为卫星路平面图。

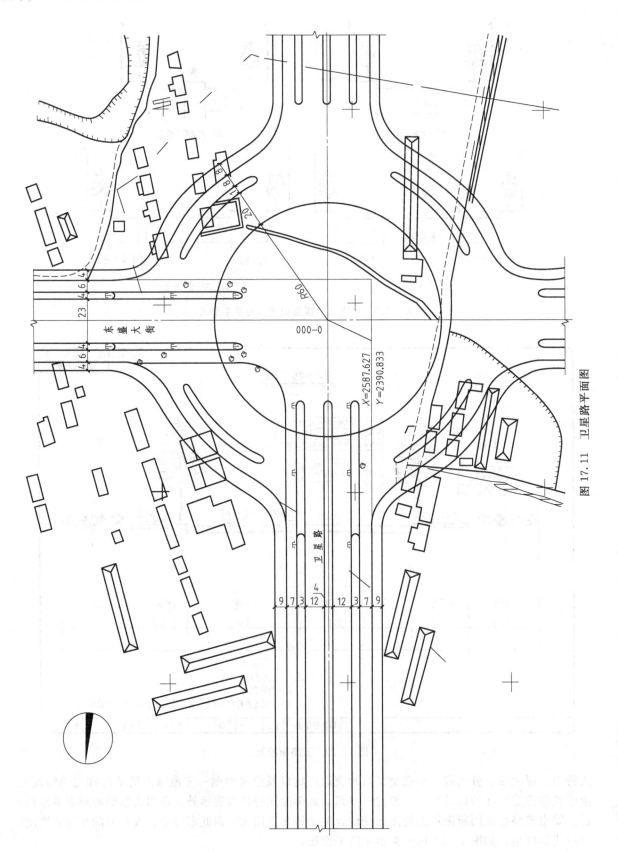

图 17.11 卫星路平面图

（1）道路情况

① 道路中心线。用点画线表示，路面宽度及路面断面布置形式用粗实线表示。为了表示道路的长度，在道路中心线上设有里程标记，其起点为东西与南北道路中心线的交点。道路的走向用指北针来确定的（也可坐标网来确定）。

② 规划红线。道路红线是道路用地与城市其他用地的分界线，红线之间的宽度也就是道路的总宽度，所以当道路的中心线画出后，应按城市道路的规划宽度画出道路红线。

③ 车道线。车道线是城市道路平面设计图的重要内容。在道路宽度内，有机动车道、非机动车道等。各种车道线的位置、宽度要一一画在平面图上。车道的曲线部分应按设计的圆曲线半径、缓和曲线长度绘制。各车道之间的分隔带、路缘带等也应绘出。

④ 从本图中可以了解到南北路段为"四块板"断面布置形式，东西路段为"三块板"断面布置形式。卫星路南北段路面宽度：机动车道为 12m，中间设有 4m 宽的分隔带，非机动车道为 7m，与机动车之间的分隔带为 3m，人行道为 9m。

⑤ 十字交叉口中央是半径为 60m 的环岛，岛外围为"两块板"断面布置形式，机动车道为 20m，非机动车道为 8m，人行道为 8m，分隔带宽度为 1m。中心点坐标 $X = -2587.672$，$Y = 2390.833$，表示距离坐标网原点南 2587.672m、东 2390.833m。

⑥ 路口转弯处设有圆曲线，可以保证车辆平顺地改变行车方向，从一段直路转到另一段直路上去。

（2）地形、地物情况

城市道路所在地区的地势一般比较平坦。环岛内偏西南角有一堤坝需拆除，附近的许多建筑物也要拆除。图中的其他图例可查阅表 17.1。

17.2.3 纵断面图

城市道路纵断面图也是沿道路中心线剖切并展开的断面图，与公路路线纵断面图相同，其内容也由图样和资料表两部分组成。主要表示道路设计中心线和原地面线的纵向布置情况，有时城市道路的纵向排水系统既可在纵断面图上表示，也可单独设计。

第18章

桥梁工程图

▶▶

　　道路路线在跨越河流湖泊、山川以及路线（如道路、铁路）等时，或与其交叉时，为了保持道路的畅通，就需要修筑桥梁。它一方面可以保证桥上的交通运行，又可以保证桥下水流的流动、船只的通航或公路、铁路的运行。另外，在山岭地区修筑道路时，为了减少土石方数量，保证车辆平德行驶和缩短里程要求，可考虑修建公路隧道。本章介绍桥梁工程图。

　　桥梁由上部结构、下部结构、支座及附属设施四部分组成。

　　上部结构，又称桥跨结构，主要包括承重结构（主梁或主拱圈）、桥面系，是路线遇到障碍中断时跨越障碍的建筑物，它的作用是承受车辆荷载，并通过支座传给墩台。

　　下部结构是支承桥跨结构并将永久荷载和车辆等荷载传至地基的结构物。主要包括桥台、桥墩和基础。桥台设在桥梁两端，除支承桥跨结构外还承受路基填土的水平推力；桥墩则在两桥台之间，主要支承桥跨结构；桥墩和桥台底部的部分称为基础，承担从桥墩和桥台传来的全部荷载。

　　支座是设在桥墩和桥台顶面，用来支承上部结构的传力装置。

　　附属设施主要包括栏杆、灯柱、伸缩缝、护岸、导流结构物等。

　　桥梁的种类很多：按结构形式分为梁式桥、拱式桥、刚架桥、桁架桥、悬索桥、斜拉桥等；按上部结构所用的建筑材料分为钢桥、钢筋混凝土桥、预应力混凝土桥、石桥、木桥等；按用途分为公路桥、铁路桥、公路铁路两用桥、人行桥、运水桥（渡槽）等；按跨越障碍的性质可分为跨河桥、跨线桥（立体交叉桥）、高架桥和栈桥；按桥梁全长和跨径的不同分为：特大桥、大桥、中桥和小桥；按上部结构的行车道位置分为上承式桥、下承式桥和中承式桥。桥面布置在主要承重结构之上者称为上承式桥，布置在主要承重结构之下者称为下承式桥，布置在主要承重结构中间的称为中承式桥。

　　虽然各种桥梁的结构形式和建筑材料不同，但图示方法基本上是相同的。表示桥梁工程的图样一般可分为桥位平面图、桥位地质纵断面图、桥梁总体布置图、构件图、详图等。这一节我们以钢筋混凝土梁桥为例运用前面所学的理论和方法，结合桥梁专业图的图示特点来阅读和绘制桥梁工程图。

18.1　桥位平面图

　　桥位平面图主要用于表示桥梁所在的位置、桥梁与路线的连接情况以及周围的地形、地物。

是在地形图的基础上绘制，一般采用的比例较小，如 1：500、1：1000、1：2000 等。通过地形测量绘出桥位处的道路、河流、水准点、钻孔及附近的地形和地物，作为设计桥梁、施工定位的依据。如图 18.1 所示为排上大桥的桥位平面图。

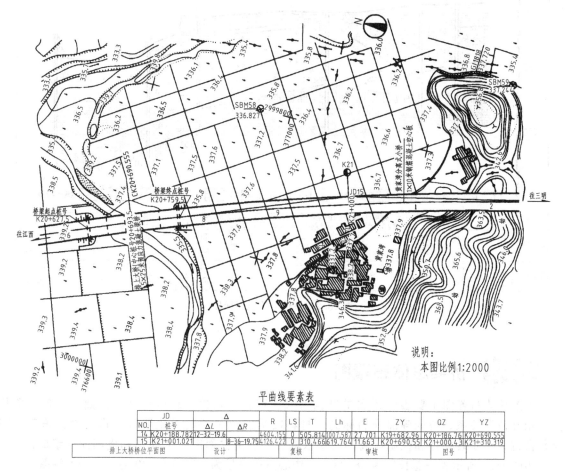

平曲线要素表

NO.	JD 桩号	Δ ΔL	ΔR	R	LS	T	Lh	E	ZY	QZ	YZ
14	K20+188.782	12-32-19.6		4604.155	0	505.814	1007.587	27.701	K19+682.96	K20+186.76	K20+690.555
15	K21+001.021		8-36-19.75	4126.422	0	310.466	619.764	11.663	K20+690.55	K21+000.43	K21+310.319
排上大桥桥位平面图		设计			复核			审核			图号

图 18.1　桥位平面图

18.2 桥位地质断面图

桥位地质纵断面图是根据水文调查和地质钻探所得的资料绘制的河床所在位置的地质断面图，表示桥梁所在位置的地质水文情况，包括河床断面线、最高水位线、常水位线、最低水位线、河床深度变化及地质变化情况、钻孔位置及孔口标高、钻孔深度和间距，作为桥梁设计的依据。小型桥梁可不绘制桥位地质纵断面图，但应写出地质情况说明。为了在图纸上清晰地表达出地质和河床深度变化情况，绘图时高度（标高）的比例较水平方向比例放大数倍画出。

如图 18.2 所示为某大桥的地质纵断面图。从图上可知，沿桥位纵断面图分别在 K0＋489.86、K0＋548.08、K0＋699.62、K0＋909.80、K0＋989.84、K1＋139.86 的钻孔编号为 ZK1、ZK2、ZK3、ZK4、ZK5、ZK6。以 ZK1 为例，孔口高程为 769.76m，孔底高程为 750.16m，钻孔深度 19.60m，钻孔穿过粉砂土层、粗砂层、卵石层，最终到达砂岩层。整个河床的地质状况可从图上的表中了解。

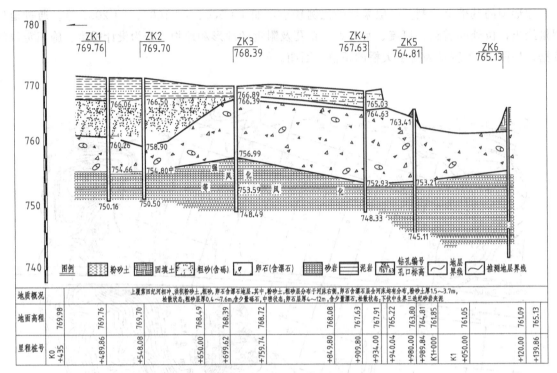

图 18.2　桥位地质纵断面图

18.3　桥梁总体布置图

桥梁总体布置图主要表示桥梁的结构型式、跨径、孔数、总体尺寸、桥面系、各主要构件的相互位置关系、桥梁各部分的标高、材料数量以及总的技术说明等，作为设计施工时确定墩台位置、安装构件和控制标高的主要依据。一般由立面图、平面图和横剖面图组成。

如图 18.3 所示为一总长度为 58.08m，中心里程桩号为 K3+877.00 的三孔钢筋混凝土空心板简支梁桥总体布置图。绘图比例采用 1∶200。

（1）立面图

桥梁一般是左右对称的，所以立面图常常采用半立面图和半纵剖面图合成表示，或采用全剖面图表示。半立面图主要表示桥台、桥墩、板梁、人行道栏杆等主要部分的外形图。半纵剖面图或全剖面图是沿桥梁中心线纵向剖开而得到的，主要的桥墩、桥台、板梁和桥面一般按剖开绘制。

立面图主要表示桥梁的结构形式、跨径、孔数、长度和高度主要方向尺寸、各主要构件的相互位置关系，桥梁各部分的标高等，以及上部结构、下部结构和防护工程等的基本形式和尺寸。

由半立面可以反映出该桥梁的特征和桥型。共有三孔，总宽度 7.6m，中孔跨径 22m，两边孔跨径 18m。桥梁总长度为 58.08m。上部结构为简支梁桥，立面图梁底至桥面之间画了三条线，表示梁高和桥中心线处的桥面厚度；下部结构两端为轻型桥台，由台身、台帽、承台和桩基共同组成；河床中间有两个柱式桥墩，由盖梁、立柱、承台和桩基共同组成。桥台和桥墩上面安装相应规格的支座。

总体布置图还反映了河床地质断面及水文情况，为了保护桥台承台下土体不流失，台前做挡土墙加以保护。根据标高尺寸可以知道墩柱、桥台的承台和桩基的埋置深度、梁底的标高尺寸。混凝土桩基采用折断画法。图的上方还把桥梁两端和桥墩的里程桩号标注出来，以便读图和施工放样之用。

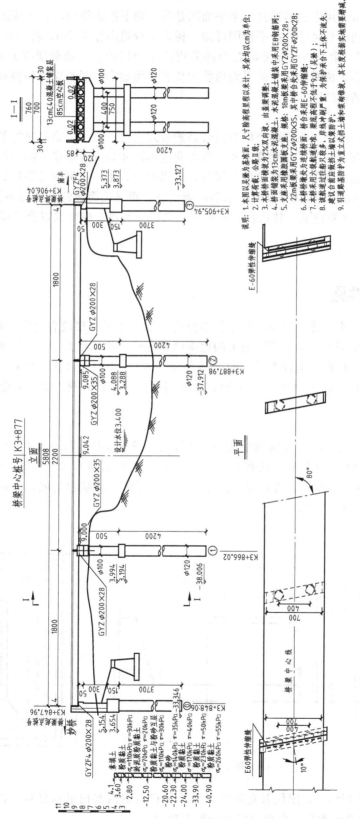

图 18.3 桥梁总体布置图

说明：1. 本图以米为基准值，尺寸除高程图以米计，其余均以cm为单位；
2. 计算荷载：公路Ⅱ级，由室内墙；
3. 本桥面横坡为2%双向坡，水泥混凝土铺装；
4. 桥面铺装为13cm水泥混凝土板，沥青玛蹄脂；果格：18mm板及用GYZϕ200×28，其中桥合处未用GYZF4ϕ200×28；
5. 支座采用橡胶圆板式支座，规格：22m板采用GYZϕ200×35，其中桥台未用GYZF4ϕ200×28；
6. 本桥桥墩次为连接桥墩面，桥台采用E-60伸缩缝；
7. 本桥采用六级船载通航标准，梁底高程不低于9.0（黄基）；
8. 该航道过往船只数多，桥位处冲刷严重，岸线冲刷严重，为保护台下土体不流失，建设合前应做好板土墙和浆砌块增墙，其长度根据实地查勘而需增减。
9. 引道基础应护护为直立式挡土墙和浆砌块增墙，其长度根据实地查勘而需增减。

（2）平面图

桥梁的平面图也常采用半剖的形式。半平面图是从上向下投影得到的，主要表示车行道、人行道、栏杆、立柱等的布置尺寸。由平面图可知，桥面车行道净宽为 7m，桥台采用 E60 弹性伸缩缝。桥的夹角为 80°。梁中心线与桥墩右半部采用的是剖切画法（或分层揭开画法），假想把上部结构移去后，画出了桥墩和桥台的平面形状和位置。桥墩中的圆是立柱和桩基的投影，桥台中的虚线圆是下面桩的投影。

（3）横剖面图

横剖面图一般采用全剖面图或两个剖面图合并的形式表达。表示桥梁横向的基本布置，主要包括桥梁上下结构及布置情况、桥梁宽度和高度方向基本尺寸如反映桥梁的结构形式、桥宽、人行道宽、栏杆等。根据立面图中所标注的剖切位置可以看出，Ⅰ—Ⅰ 剖面是在边跨位置剖切得到的。桥面总宽度为 7.6m，是由 7 块 85cm 钢筋混凝土空心板拼接而成的，桥面铺装 13cm 厚 C40 混凝土，桥面横坡为 2% 双向坡。柱式桥墩由盖梁、立柱、承台、桩组成以及各部分之间相应的位置及尺寸。

18.4 构件图

在总体布置图中，由于比例较小，桥梁各部分构件形状和尺寸都没有完整清晰地表示清楚。为了实际施工和制作的需要，还必须用较大的比例画出各构件的形状大小和钢筋构造，这种图称为构件结构图，简称构件图。构件图常用的比例为 （1:10）～（1:1000），当某一局部尺寸较小时还可采用更大的比例，如 （1:2）～（1:5），这种图称为局部放大图。下面介绍桥梁中几种常见的构件图。

（1）桥台图

桥台是桥梁的下部结构，位于桥梁的两端，主要是支承上部的主梁或拱圈，同时承受桥头路堤填土的水平压力。常见的有重力式桥台、轻型桥台、框架式桥台和组合桥台等型式。如图 18.4 所示，为常见的 U 形桥台，由台帽、台身、侧墙（翼墙）和基础组成，这种桥台的胸墙和两道侧墙垂直相连成"U"字形。

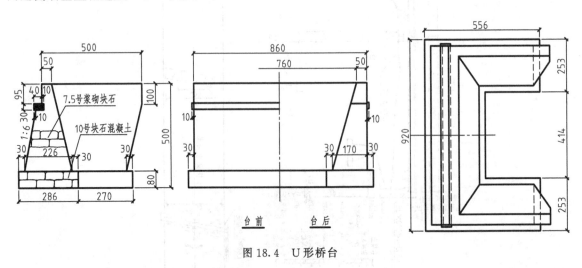

图 18.4 U 形桥台

① 纵剖面图。采用纵剖面图代替立面图，显示了桥台的内部构造和材料。该桥台的台身和侧墙均用 C30 混凝土浇筑而成，台帽材料为钢筋混凝土。

② 平面图。采用掀开画法，假想主梁尚未安装，台后也未填土，这样就能清楚地表示出桥台的水平投影。

③ 侧面图。由1/2台前和1/2台后两个图合成，所谓台前，是指人站在河流的一边顺着路线观看桥台前面所得的投影；所谓台后，是指人站在堤岸一边观看桥台背后所得的投影。

图18.5所示为轻型桥台构造图，由台身、承台和桩基组成。

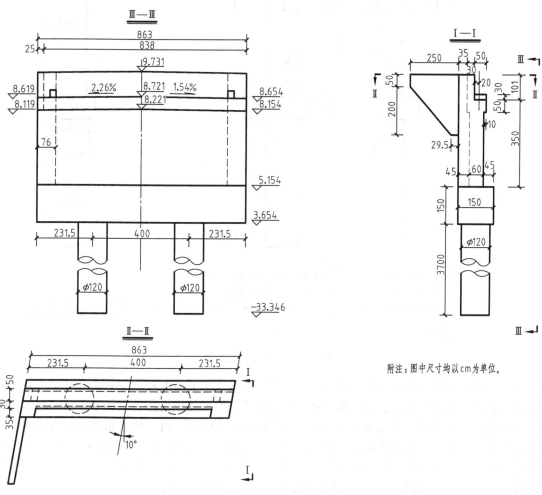

图18.5 桥台一般构造图

① 立面图。表示桥台形状、长度与高度方向的位置、尺寸和标高。

② 平面图。表示桥台各部分相对位置、形状、长度与宽度方向的尺寸，也采用掀开画法。

③ 侧面图。表示桥台各部分相对位置、形状、高度与宽度方向的尺寸。

（2）桥墩图

桥墩是多跨桥梁在跨中部分的下部结构，支承上部的主梁或拱圈。常见的有重力式桥墩、空心式桥墩、桩（柱）式桥墩和柔性桥墩等型式。

图18.6为柱式桥墩构造图，由盖梁、立柱、承台和基桩四部分组成。这里绘制了桥墩的立面图、Ⅰ—Ⅰ视图和Ⅱ—Ⅱ视图，主要表达桥墩各部分的形状和尺寸。图18.7为盖梁钢筋构造图、图18.8为柱桩钢筋构造图、图18.9为包心系梁钢筋构造图。

（3）主梁图

主梁是桥梁的上部结构，主梁的结构类型有很多，图18.10所示是钢筋混凝土预制空心板

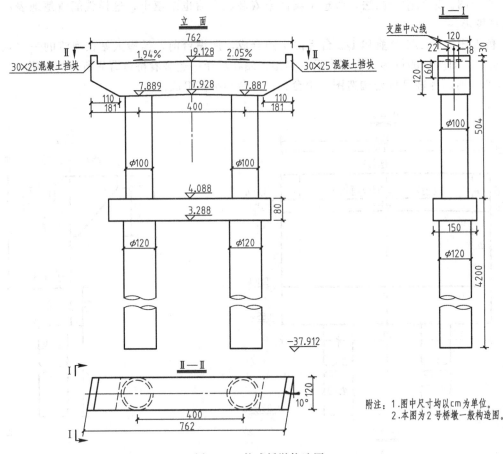

图 18.6　柱式桥墩构造图

梁。该图为桥梁中跨的边板和中板构造图，由半立面图、半平面图和Ⅰ—Ⅰ视图组成，主要表达空心板的形状、构造和尺寸。整个桥宽由 7 块板拼成，按不同位置分为中板 5 块、边板两边各 1 块。两种板的厚度相同，均为 85cm，故只画出了边板立面图。由于两种板的宽度和构造不同，故分别绘制了中板和边板的平面图，中板宽 99cm，边板宽 129.5cm，纵向是对称的，所以立面图和平面图均只画出了一半，中跨板长名义尺寸为 22m，但减去板接头缝后实际上板长为 2196cm。从Ⅰ—Ⅰ视图可以看出它们不同的断面形状和详细尺寸。

每种钢筋混凝土板都必须绘制钢筋布置图，现以中板为例予以介绍，图 18.11 为 22m 板中板的配筋。立面图是用Ⅱ—Ⅱ纵剖面表示的，侧面图用Ⅰ—Ⅰ断面表示，剖切位于板的跨端。为了更清楚地表示钢筋的布置情况，平面图用Ⅲ—Ⅲ剖面画出了板的顶层钢筋和Ⅳ—Ⅳ剖面画出了底层钢筋。整块板共有 14 种钢筋，每种钢筋都绘出了钢筋详图。这样几种图互相配合，对照阅读，再结合列出的钢筋明细表，结合说明，就可以清楚地了解该板中所有钢筋的位置、形状、尺寸、规格、直径、数量等内容，以及几种弯筋、斜筋与整个钢筋骨架的焊接位置和长度。

（4）桥面系结构图

桥面系是桥梁上部结构中直接承受车辆、人群等荷载并将其传递至主要承重构件的桥面构造系统，包括桥面铺装、防水和排水设施、伸缩装置、人行道（或防撞墙）、缘石、栏杆和灯柱等。如图 18.12 所示桥面铺装施工图，表达方法与前面钢筋混凝土结构图的内容和要求相同，请自行阅读。

桥梁工程图还有其他一些工程图，如伸缩缝工程图、支座工程图、防护工程图、管线工程图等，在此不再详叙。

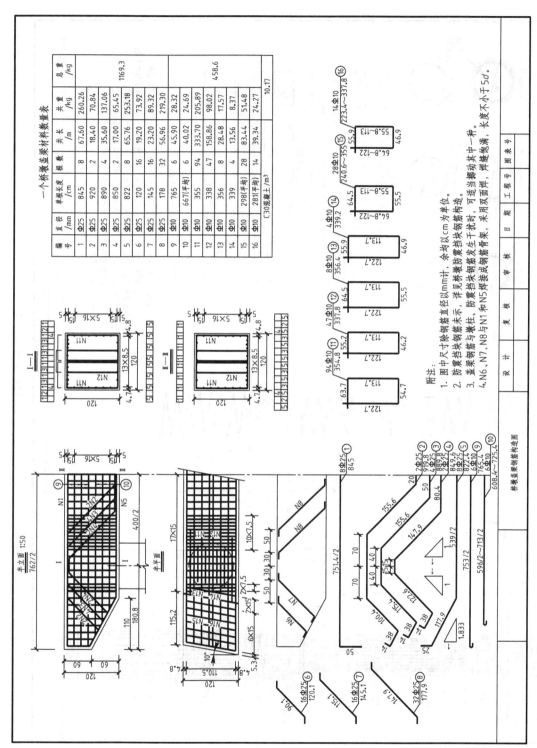

图18.7 盖梁钢筋构造图

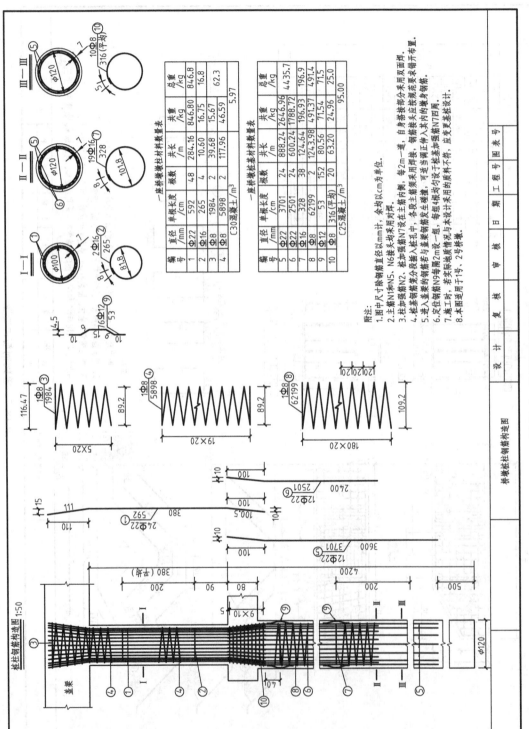

图 18.8 柱桩钢筋构造图

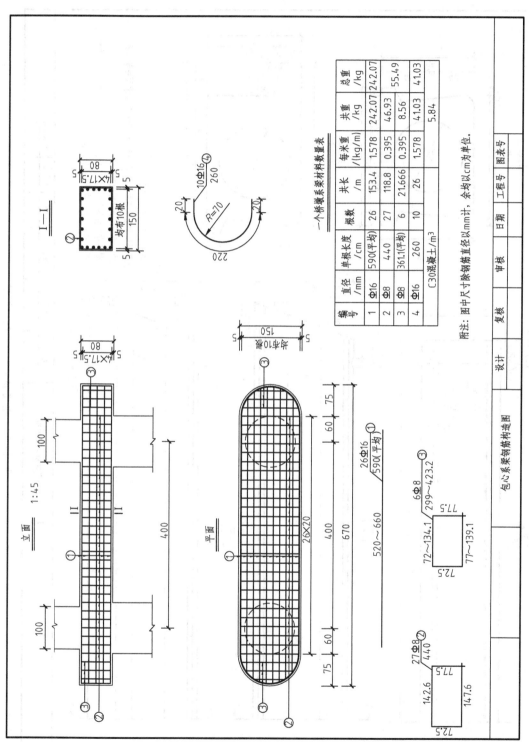

图 18.9 包心系梁钢筋构造图

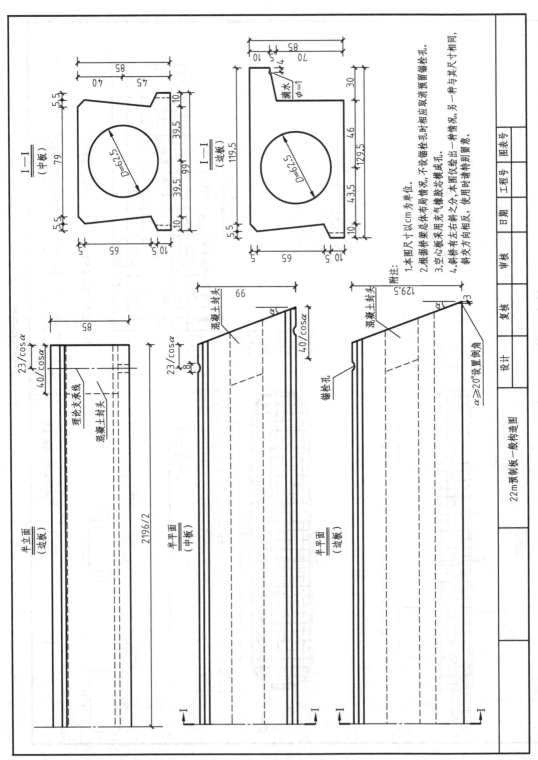

图 18.10　钢筋混凝土预制空心板梁

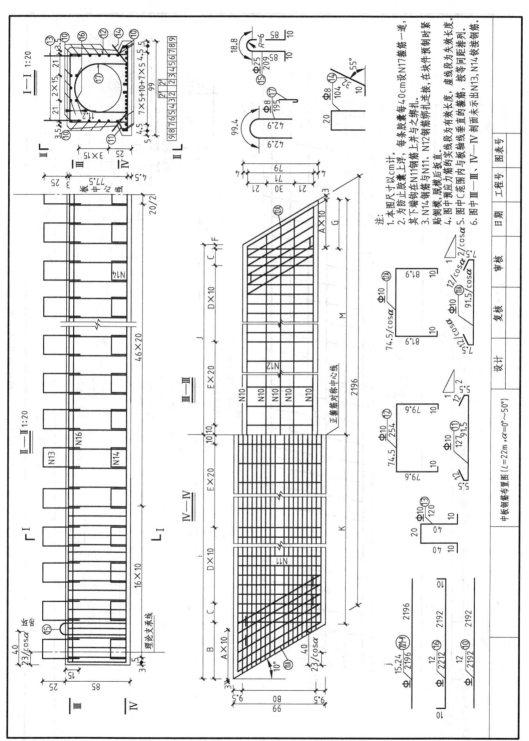

图18.11 中板的配筋图

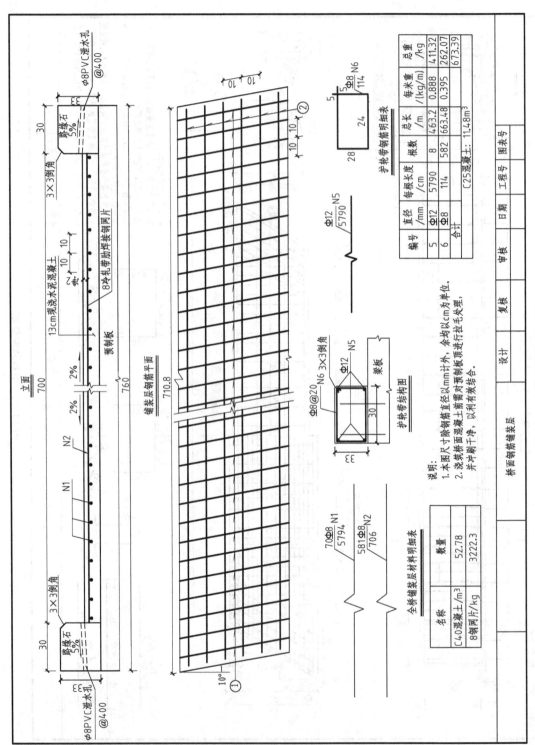

图 18.12 桥面铺装施工图

参 考 文 献

[1] 杨玉艳. 画法几何及水利工程制图. 北京：中国农业出版社，2007.
[2] 张英. 土木工程制图. 北京：人民交通出版社，2007.
[3] 卢传贤. 土木工程制图. 北京：中国建筑工业出版社，2012.
[4] 张英，郭树荣. 建筑工程制图. 北京：中国建筑工业出版社，2012.
[5] 朱育万，卢传贤. 画法几何及土木工程制图. 北京：高等教育出版社，2015.
[6] 黄炜. 建筑设备工程制图与CAD. 重庆：重庆大学出版社，2006.
[7] 张会平. 土木工程制图. 北京：北京大学出版社，2014.
[8] 戴立玲，杨世平. 工程制图. 北京：北京大学出版社，2006.
[9] 殷佩生. 画法几何及水利工程制图. 北京：高等教育出版社，2014.
[10] 王增长. 建筑给水排水工程. 北京：中国建筑工业出版社，2010.
[11] 夏怡. 建筑设备. 武汉：华中科技大学出版社，2016.
[12] 常蕾. 建筑设备安装与识图. 北京：中国电力出版社，2013.
[13] 靳慧征，李斌. 建筑设备基础知识与识图. 北京：北京大学出版社，2010.
[14] 谭翠萍. 建筑设备安装工艺与识图. 哈尔滨：哈尔滨工业大学出版社，2013.
[15] GB/T 50106—2010 建筑给水排水制图标准.
[16] GB/T 50114—2010 暖通空调制图标准.
[17] CJJ/T 78—2010 供热工程制图标准.